“全国旅游高等院校精品课程”系列教材
上海市高职高专一流专业建设系列教材

茶饮文化

TEA CULTURE

余　杨/主　编
宋志敏/副主编

中国旅游出版社

编委会

总序

为全面落实全国教育大会精神和立德树人根本任务，根据《国家职业教育改革实施方案》总体部署和《上海深化产教融合推进一流专科高等职业教育建设试点方案》（沪教委高〔2019〕11号）精神，我校积极落实和推进高等职业教育一流专科专业建设工作，烹饪工艺与营养、酒店管理、西餐工艺、旅游英语、旅游管理和会展策划与管理六个专业获得上海市高职高专一流专业培育立项。在一流专业建设中我校拟建设一批省级、国家级精品课程，出版一系列专业教材，为专业建设、人才培养和课程改革提供示范和借鉴。

教材建设是旅游人才教育的基础，是“三教”改革的核心任务之一，是对接行业和行业标准转化的重要媒介。随着我国旅游教育层次和结构趋于完整化、多元化，旅游专业人才的培养目标更加明确。因此教材建设应对接现代技术发展趋势和岗位能力要求，构建契合产业需求的职业能力框架，将行业最新的技术技能标准转化为专业课程标准，打造一批高阶性、应用性、创新性高职“金课”。拓展优质教育教学资源，健全教材专业审核机制，形成课程比例结构合理、质量优良、形式丰富的课程教材体系。

以一流专业建设为契机，我校积极探索校企共同研制科学规范、符合行业需求的人才培养方案和课程标准，将新技术、新工艺、新规范等产业先进元素纳入教学标准和教学内容，探索模块化教学模式，深化教材与教法改革，在此基础上，学校酒店与烹饪学院组织了经验丰富的资深教师团队，编纂了本套系列教材。本套教材主要包括：酒店经营管理实务、酒店安全管理、酒店接待、酒店业概述、葡萄酒产区知识、酒店专业英语、茶饮文化、酒店会计基础、调酒技艺、咖啡技艺与咖啡馆运营、酒店督导技巧、食品营养学、烹调基础技术、厨房管理、筵席设计与宴会组织、中式烹调技艺、餐厅空间设计、酒店服务管理、酒店客房服务与管理、酒店工程与智能控制。既有专业基础课程教材，又有专业核心课程教材。专业基础课程教材重在夯实学生专业基础理论以及理解专业理论在实践中的应用场景，专业核心课程教材从内容上紧密对接行业工作实际；从呈现形式上力求新颖，可阅读性强，图文并茂；教材选取的案例、习题及补充阅读材料均来自行业实践，充分体现了科学性与前瞻性的结合；从教材体例编排上按照工作过程或工作模块进行组织，充分体现了与实际工作内容的对接。

本套教材的出版作为上海旅游高等专科学校一流专业建设的阶段性成果，必将为专业发展及人才培养成效再添动力。同时，本套教材也为国内同类院校相关专业提供了丰富的选择，对于行业培训而言，专业核心课程教材的内容也可作为员工培训的素材供选择。

上海旅游高等专科学校
一流专业建设系列教材编委会
2020 年 11 月于上海

前 言

“茶之为饮，发乎神农氏，闻于鲁周公。”（《茶经》“六之饮”）我国的茶饮文化历史悠久，传承至今。茶饮文化融合了儒道佛三家的深刻思想，可以说体现了我国传统文化的精髓，博大精深。优秀的传统文化是我们中华民族安身立命之本，我们每个人都有责任和义务将它传承下去，更好地铸就文化自信。为弘扬茶饮这一优秀传统文化尽绵薄之力，为大学生提升人文素养提供一个途径，更为茶饮相关从业人员提供一个指导，为广大茶饮爱好者提供一本基础读物，我们编写了《茶饮文化》一书。

笔者真正学茶始于2007年，遇到的第一位老师就是宋志敏老师，宋老师严谨的治学态度、锲而不舍的学习精神让人印象深刻。此书邀请宋老师一起来编写，说是合作，实则是得到了他的指导与帮助。在此，感谢宋老师接受笔者的邀请，将其对茶饮文化的所感所思所悟倾注于此书中。此书是笔者和宋志敏老师多年课堂教学与行业实践的一个阶段性总结，共分为9章内容，分别是概论、茶叶基础知识、中国茶饮文化、中国茶饮文化的外传、艺术品饮、茶饮器具、我国各地饮茶习俗、茶馆服务与管理、茶饮英语。内容包含了茶饮文化的方方面面，涉及的知识面较广，以期读者通过此书能喜欢上茶，走进茶饮文化的世界，感受茶饮文化的魅力。

本书第一章的第一节、第三节和第四节、第二章的第一节和第八节、第四章、第五章、第七章、第八章由笔者编写；第一章第二节、第二章的第二节至第七节、第三章、第六章、第九章由宋志敏老师编写。全书中，第二章、第三章、第六章、第九章图片，除另有署名的，均由宋志敏老师提供，并均经朱姗姗老师技术处理，在此表示衷心感谢。此书的编写过程中，参考了许多国内外学者的研究成果，在此对这些学者也一并表示衷心感谢。由于时间及笔者水平有限，书中难免有疏漏与不当之处，恳请同行、专家及广大读者批评指正！

余杨

2021 年 9 月于上海

目录
CONTENTS

第一章 概论 / 001

第一节 茶饮文化的概念 / 002

第二节 茶饮相关事物 / 003

第三节 茶饮文化的基本特征 / 007

第四节 茶饮文化的社会功能 / 009

第二章 茶叶基础知识 / 011

第一节 茶的起源 / 012

第二节 茶产概况 / 015

第三节 茶园建设与管理 / 019

第四节 茶叶初制与分类 / 024

第五节 茶叶储藏与包装 / 035

第六节 名茶概述 / 038

第七节 茶叶审评与品鉴 / 065

第八节 茶叶成分与健康 / 071

第三章 中国茶饮文化 / 077

第一节 神农发端 / 079

第二节 秦汉之际 / 081

第三节 魏晋茶风 / 083

第四节 唐代茶论 / 086

第五节 宋代闲事 / 102

第六节　元代曲韵　/ 117
第七节　明代意适　/ 123
第八节　清代讲究　/ 136

第四章　中国茶饮文化的外传　/ 149
第一节　中国茶的早期外传　/ 150
第二节　日本茶文化介绍　/ 152
第三节　韩国茶文化介绍　/ 157
第四节　英国茶文化介绍　/ 164

第五章　艺术品饮　/ 171
第一节　茶叶的冲泡　/ 172
第二节　环境的营造　/ 181
第三节　茶席的布置　/ 183
第四节　茶具的选择　/ 185
第五节　茶点的搭配　/ 188
第六节　茶礼的呈现　/ 190

第六章　茶饮器具　/ 195
第一节　器择陶拣　/ 197
第二节　廿四茶器　/ 199
第三节　茶具图赞　/ 202
第四节　景瓷宜陶　/ 210
第五节　清集其成　/ 221
第六节　当代器物　/ 229

第七章　我国各地饮茶习俗　/ 247
第一节　饮茶习俗与社会生活　/ 248
第二节　汉族饮茶习俗　/ 252
第三节　少数民族饮茶习俗　/ 256

第八章 茶馆服务与管理 / 265
第一节 茶馆的形成与发展 / 266
第二节 茶馆服务 / 269
第三节 茶馆管理 / 273

第九章 茶饮英语 / 277
第一节 茶叶的品质特点及其采制原因 / 278
第二节 茶艺冲泡及器具选用 / 290
第三节 茶饮文化历史的相关词语和句子 / 300
第四节 世界各国各地的茶 / 308

参考文献 / 328

第一章 概论

本章导读

纵观古今，被人类利用的物质不计其数，但并非所有都能介入精神领域被冠以文化之名，而茶却获此殊荣。茶因其独特的自然属性被人们发现和使用，故而茶文化的体系构建、形成基础或衍生发展的源头，仍在于茶叶作为一种饮料的根本用途。本书之所以以“茶饮”来命名主要就是想强调茶由其自然属性产生的最大用途是作为一种饮料，这也是茶文化之根本。由茶而引发的一些观念、知识、礼仪、技艺等，我们通常还以茶道、茶礼、茶艺来概括，在这一章节，我们将厘清包括茶饮文化在内的这些概念，并介绍茶饮文化的基本特征和社会功能。

学习目标

1. 知识目标：了解茶饮文化及相关的一些概念
2. 能力目标：理解茶饮文化的基本特征和社会功能

第一节　茶饮文化的概念

文化有广义与狭义之分。从广义来说，文化指的是在一切人类活动中产生的物质与精神现象；从狭义来说，文化主要指的是社会的意识形态，包括组织和制度等。

“茶饮”一词，来自陆羽《茶经》的“茶之为饮”，意为茶是一种饮料，这是茶最基本也是最主要的实用价值。为了获得这种饮料，就要种茶、采茶、制茶、储茶和泡茶，人类在这种饮料的利用过程中，又不断注入了深刻的文化内涵，产生了精神作用和社会功能。所以对于人类来说，茶首先是以物质形态出现的，并以它的实用价值不断发挥着作用。我们可以把茶饮文化等同于狭义的茶文化，即茶叶在被人类使用的过程中所产生的一系列文化现象和社会现象。狭义的茶文化更着重于茶文化的精神层面。

第二节　茶饮相关事物

茶道、茶礼、茶艺，粗略来说是同一事物的不同名称；同时，又由于各地各国各民族的传统和习惯对于事物内在意义和外在形式的偏重，而呈现这三个名称给予人们感受上的差异或各自的某种特性，从而形成事物的丰富性。

一、茶道

“茶道”一词历史久远，早期出现于唐代皎然的诗和封演的文。

诗僧皎然的《饮茶歌·诮崔石使君》里最后两句写道：“孰知茶道全尔真，唯有丹丘得如此。”相传丹丘子为汉末仙人，诗句的含义可以说明在汉唐时期茶的服用被认为是修身成仙的有效途径；行茶的方式和吃茶的身心体验，可以帮助人们摆脱日常烦恼，甚至可以是从根本上解决人生或生命问题之行而有效的通道。

封演于天宝十五载（756 年）登进士第、活动于唐玄宗至唐德宗时期（712~805 年），喜欢各处行走游历并且手自笔录地将所闻所见述诸文章。在他的《封氏闻见记》（见图 1-1）里这样记叙：“楚人陆鸿渐为茶论，说茶之功效，并煎茶、炙茶之法。造茶具廿四事，以都统笼贮之。远近倾慕，好事者家藏一副。有常伯熊者，又因鸿渐之论广润色之，于是茶道大行。”从文中可以看出，当时有位叫常伯熊的人，遵循陆羽（鸿渐系陆羽的字）《茶经》里所阐述的方法，对把茶叶变成茶汤的器物和程序进行了一番美化与演绎，“茶道”由于他这样的做法而大行其道。这里的茶道，当然就是陆羽的行茶之道。

不过我们应该看到，至少在当今世界，把“茶道”一词用来指称一种文化体系和事务趣旨，并承传有序且持续充实，从而形成内容丰富、观念完整、规则严谨且颇具民族特色的修行方式和艺术国粹的，是大和民族。以至于当人们提及“茶道”一词，多半自然就会联想到日本的那种茶文化样式。

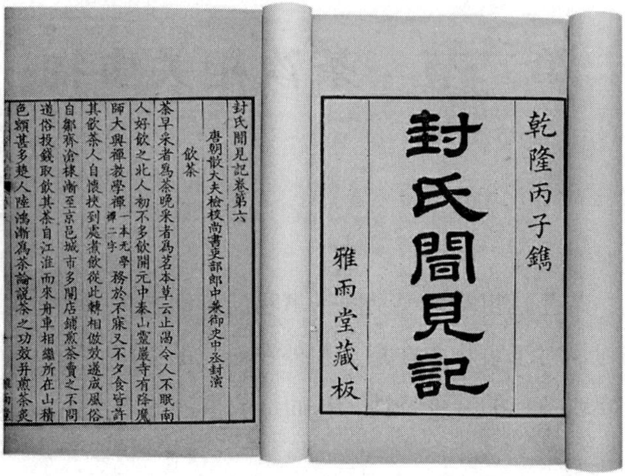

图 1-1　唐代封演《封氏闻见记》(彭丽供图)

中国的茶种、栽培技术和制茶、饮茶方式，有史为证而有迹可循的两次向日本的重要传播，分别在唐代（618~907 年）和宋代（960~1279 年）。前一次，大致于日本平安时代的嵯峨天皇时期（809~823 年），被人们经常提到的传茶主要人物，是随官方遣唐使赴中土研习佛法的学问僧永忠、最澄和空海。后一次，是在日本镰仓时代的源氏幕府时期（1192~1333 年），举足轻重的人物是被尊崇为日本茶禅双祖的荣西禅师（1141~1215 年），来学佛的时间是在中国的南宋。一般称为日本茶道的是指抹茶道的“草庵茶法”，它的创立是在相当于中国明代的安土桃山时代（1573~1603 年），开山之祖多推为是村田珠光，由武野绍鸥承传发展，再经千利休集其大成而终于形成，其至今驰名并居于日本茶道文化的主导地位。在江户时代的德川幕府时期（1603~1868 年），早已传入日本的散茶清饮法，经受了趋于理想状态的道化、系统化，在 18 世纪中叶，由禅僧卖茶翁（1675~1763 年）集大成而真正形成日本煎茶道。

虽然堪称蔚为大观，但茶道的内涵和外延、存在和发展，都远非仅限于日本茶文化。

作为茶文化的概念，当茶事、茶会等茶文化活动更注重精神内涵时，人们趋于更多地使用“茶道”一词来指称。在此层面上，各国茶文化都有或多或少的内容值得研究、了解和比对，而华夏民族本身在茶饮方面的人文历史、器物传承和风尚韵致，尤其需要我们进行由表及里的系统化认知以便全面把握和深入领悟。

二、茶礼

寺院茶礼大致于中唐时期形成，它所贯彻的观念和所采用的形式多源于百丈怀海的《禅门规式》（后由官方组织修订，以《百丈清规》颁行），到南宋时期趋于规制完整而成为佛教出家人和信众茶饮行事时奉行的圭臬，即所谓“茶汤之礼”。

到20世纪七八十年代，中国茶文化开始复苏时，曾有将“茶礼”一词归纳韩国茶文化这一不成文的约定，此做法也被韩国相关人士认可并采用。这其中的原因大致在于：韩国茶事、茶会及其他茶文化活动过程中，礼的表达或对礼的遵循与推崇令人瞩目；在时令节假、人生阶段性纪念和祭祀活动中，又多有茶礼的参与，并且他们所继承并贯彻施行的儒家观念比较完整。

如众所知，以茶待客是东亚尤其是我国各民族日常交往中的传统礼仪，同时，言语举止的得体和诚心待人的敬意之表达也需要有恰当的形式。换一个角度来说，茶礼是茶饮活动之和谐内涵的外在形式，表示为节制的语言和恭敬的举止，由行为的外在遵循来影响、教化、养成内在心性的贤明、平和及与他人相处的和睦谐调，同时，可以表达一种虔诚、敬畏和人格尊重。

三、茶艺

茶艺是生活艺术，以泡茶技艺和品茗艺术为核心。

“茶艺”一词，可考据的资料表明出现于1940年傅宏镇辑纂的《中外茶业艺文志》（见图1–2；“艺文志”是中国历代纪传体史书、政书、方志等，将历代有关图书典籍汇编成的目录，傅辑此书所涉更是广及古今中外的茶业茶饮茶器的相关文献），由曾任祁门茶叶改良厂厂长、复旦大学茶叶系主任的胡浩川所撰该书的《叙》中提及：“……即其所见，并其所知，辑成此书。津梁茶艺，其大裨助乎吾人者，约有三端：今之有志茶艺者，每苦阅读凭借太少，昧然求之，又复漫无着落。物无可物，

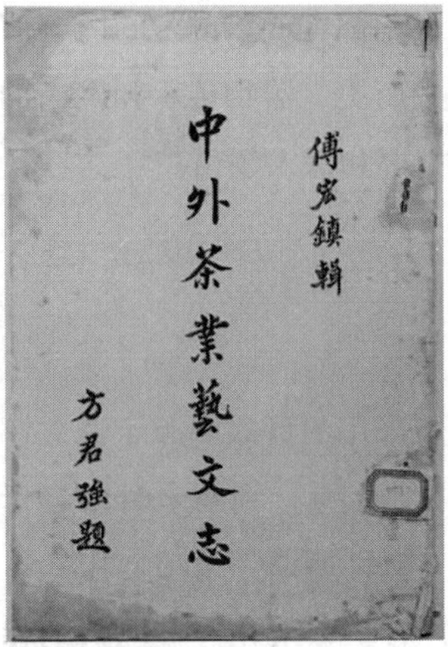

图 1-2 1940 年出版的《中外茶业艺文志》

莫知所取；名无可名，莫知所指。自今而后，即本书所载，按图索骥，稍多时日，将必搜之而不尽，用之而不竭。凭其成绩，弘我新知，其乐为何如也，此其一。技术作业，同其体用者，多能后胜乎前。茶之艺事，既已遍及海外。科学应用，又复日精月微，分工尤以愈细。吾人研究，专其一事，则求所供应，亦可问途于此。开物成务，存乎取舍之间；实验发明，参乎体用之际。博取精用，无间中外，其乐又何如也，此其二。吾国物艺，每多绝学。本书繁存茶业古籍，在专尚时代科学者，或将‘木乃伊’视之。抑知茶之栽培唐西蜀时，有所谓‘冬中作法’，出新极早。旋以违物之性，废于当时帝令。今也速成栽培法甚备，茶以早贵；试之，必有奇效。至制造古法之中绝者，尤不胜其多。即如绿茶杀青，今炒而古蒸。蒸青流入日本，远在千年之前，犹未更替。其茶之色泽特美，独赖乎此。其他有价值者，亦待专家试复。此浩川与觉农先生共著《中国茶业复兴计划》所由持以古代制法之试验，列为一要目也。应用科学，发皇绝学，其乐更何如也！此其三。”这里出现迄今所见于文字记载最早的“茶艺”一词，虽然侧重于茶树种植和茶叶加工的生产领域，但所列中外书、文的内容，实际涉及茶饮人文历史、茶业生产及行茶品茶的各个方面，更不仅限于“艺”原本含义所指的栽培种植。《中外茶业艺文志》的编纂，对研究历代及当时涉茶图书文献，考证学术源流，具有罗列参考文献的资料索引作用。

到 20 世纪 70 年代，“茶艺”一词在当时我国台湾省茶界人士在茶文化复兴的价值与概念大讨论中，被约定用来指代中华茶文化艺术的一个概念，并渐为海峡两岸及港澳的茶界人士所接受而概为共识。其很大程度上，是作为茶道、茶礼相对应的名词来运用。

第三节　茶饮文化的基本特征

一、传承性与时代性并存

中国的茶饮文化，源远流长，因此具有传承性，但又不是一成不变的，在穿越每个时代时，会被打上一层新的印记，具有相应的时代特征。从最初的咀嚼鲜叶、生煮羹饮、碾末烹煮到现如今的全叶冲泡，人们对茶的利用在经历不同的时代时发生了一系列的变革，但同时各地区、各民族的饮茶习俗中，仍保留了大量中国茶饮文化的精髓和传统。自魏晋南北朝时，就有了客来敬茶，一直延续至今，成了我国各民族、各地区一个共同的生活礼俗。三国时有了晒干或烘干而成的茶饼，唐代出现了蒸青技术，如今这一古老的制茶工艺仍然在使用，但制茶工艺不止于此，后又出现了炒青、晒青及其他各大新的茶类。从古至今，饮茶方式虽发生着变化，但人们所爱的茶之清韵却一脉相承，宋时文人将点茶、插花、焚香、挂画称为“四般闲事”，如今的爱茶之人喝茶时仍会以摆弄花、香、画来助兴。茶饮文化中融合了儒道佛的深刻思想，至今人们仍通过饮茶思悟内省。茶饮文化就在传承与变化中一路走来，我们应以崇敬的心态将它延续下去，更需以创新的精神开拓它的发展空间。

二、普遍性与地域性并存

中国地广人多，茶饮普及，以茶待客是各民族各地区人们共同的表达敬意的方式，而且中国人的婚丧嫁娶、日常交往中都离不开茶。因此，茶饮文化具有普遍性特征。同时，受饮食习惯、历史文化、环境气候、自然资源、经济发展等的影响，茶饮文化又呈现出明显的地域性特征，所谓“千里不同风，百里不同俗”。如各民族各地区都奉行以茶待客，但方式和习惯有很大的差异，喜欢的茶类和饮茶的方法也不尽相同，形成了带有地域风情的特色茶饮文化，如北方人尤爱花茶，江南人偏爱绿茶；潮汕地区的工夫茶、藏族地区的酥油茶等。

三、生活性与艺术性并存

自古开门七件事，“柴米油盐酱醋茶”。茶饮伴随着人们的日常生活，渴了要喝茶，乏了困了要喝茶，招待客人要喝茶。茶能让人们更加体会到世俗生活的美好。林语堂说:“只要有一壶茶，中国人走到哪儿都是快乐的。”茶饮文化生活性的特点，使其得以滋润人们的生存气息并营造平和的日常氛围。同时，茶饮文化也具有艺术性，这里强调的是饮茶过程的艺术性。自古，中国的茶人就很注重品饮艺术，从选茶、择水、备具、烹煮到品饮，整个过程不是简单的程序，而是将艺术审美注入其中，上升到美学的境界。古人对于品茗环境的营造也很用心，或青山竹水，或幽静雅室，讲究自然、和谐，赋予情趣。现如今，茶席的布置就是茶饮艺术性一个很好的体现。茶人以一定的审美情趣和艺术观念去调动个人对茶饮的认知与理解，遵循形式美的恰当法则，营造一方格调清新、氛围宜人、趣味盎然的品茗赏茶空间。

四、物质性与精神性并存

茶饮文化是以茶叶这一物质为载体的，脱离了茶叶这一物质，茶饮文化无从谈起。在人们使用这一物质时，又将深邃的思想和丰富的文化渗透其中，实现了茶从纯物质跻身于精神领域。值得一提的是，茶文化形成之初，就代表着一种高雅、健康的精神力量与两晋的奢靡世风相抗衡，很多政治家提出了“以茶养廉”。当然，不是所有的物质都能像茶一样跨入精神领域而被称为“某某文化”。茶生于名山秀水之间，吸天地之精华，性平而微苦，能醒脑助思、升清降浊，这个物质的自然属性本身就与我国传统文化的精髓是相吻合的。

第四节 茶饮文化的社会功能

一、促进茶业经济的发展

早在先秦两汉时期我国就有了茶叶生产活动，王褒《僮约》里“武阳买茶”是最早的茶经济活动的见证。唐代出现了全国性的饮茶之风，导致社会茶叶消费量的大量增长，茶叶生产规模不断扩大，茶贸易发达，茶税也随之出现，成为政府的重要财政收入来源。随后又实行榷茶制度，一直延续到清代，税利全部纳入政府囊中。如今，茶饮文化促进着茶叶经济的健康发展，主要表现在对茶馆业发展、茶产品的开发与创新、茶贸易以及旅游业等方面的促进上。中国茶经济也进入了一个快速发展的黄金期。

二、促进传统文化的传承

我国的茶饮文化吸取了儒、道、佛各家的思想精华，源远流长、内涵丰富。可以说我国茶饮文化就是我国传统文化的精髓。以当代的、全球性的眼光乃至深邃而博大的穿透性思维去对其进行分析和汲取、继承和扬弃，是我们的责任和义务。

三、促进和谐社会的建设

和谐社会的一个重要体现就是人与人之间的和谐。一个社会由成千上万个个体组成，个人的身心健康关系到整个社会人际关系的和谐。而茶有益身心健康，能陶冶情操，使人平和。在中国茶饮文化中，处处贯穿着和谐精神，中国茶道精神历来倡导“和”“敬”“美”等，这些都有利于人际关系的调和。同时，茶饮文化与中国传统文化中的天人合一、师法自然也是相契合的，所以也同样倡导人与自然的和谐。人们通过饮茶，与山川自然结为一体，将身心回归到自然中去，能更加地热爱自然、保护自然。

第二章

茶叶基础知识

本章导读

茶叶，是利用茶树鲜叶所制作的一种饮料。茶文化的基础，在于茶之为饮；对茶饮的善加运用，则以了解茶叶知识为必要前提。茶叶类型和品质，主要决定于采制工艺和再加工的差异。本章主要介绍茶叶的采制和分类知识，举例介绍代表性的名优茶和茶叶储藏、包装的日常方法，并简单介绍茶叶审评的基本常识。

学习目标

1. 知识目标：掌握茶叶的采制和分类知识
2. 能力目标：了解各地名茶，懂得茶叶审评的基本常识

第一节　茶的起源

关于茶的起源问题，我们可以从两方面来探讨：一个是茶树的起源，即从植物学角度来看茶作为一种植物是何时在地球上出现的、最初分布在哪些地区；一个是茶的利用与发现，即茶作为一种可食用的植物是何时被人们发现和利用的。

一、茶树的起源

首先，关于茶树的起源地。清朝顾炎武在《日知录》中提到，“自秦人取蜀而后，始有茗饮之事”，故后来人一般都称我国的茶始于巴蜀。一直以来中国是公认的茶树原产地，直到1824年一位名为勃鲁士的英国少校在印度阿萨姆发现野生大茶树，从此学术界就茶树原产地问题争论不休，出现了“印度是茶树原产地，至少是茶树原产地之一”的观点。但随着研究的深入，越来越多的证据表明，中国才是茶树的原产地。

全世界山茶科植物共有24属380种，其中16属260多种分布在我国西南地区，可见我国西南地区是世界山茶科植物的发源中心。另外，早在三国时期，我国西南地区，即云、贵、川就有关于野生大茶树的相关记载。至今，那里仍还分布着许多古老的野生大茶树。1961年，在云南省勐海县巴达区大黑山原始森林中，发现一棵主干高32.12米，树龄约1700年的野生大茶树。1996年，在云南省镇沅县九甲乡千家寨龙潭，发现占地约280公顷的万亩古茶林，这是全世界面积最大的乔木型野生大茶树群落，其中一株高25.5米，树龄2700年左右。据不完全统计，我国已有10个省份共200多处先后发现有野生大茶树，其中大多都集中在我国西南地区，这些野生大茶树都是茶树原产地的活见证。

20世纪80年代，日本学者志村桥和桥本实借助细胞生物学对茶树染色体进行比较，指出中国种茶树和印度种茶树染色体数目相同，表明从细胞遗传角度来说两者并无不同。之后，桥本实又全面分析对比了我国台湾省、海南省，以及泰国、缅甸、印度阿萨姆的茶树外部形态，随即又走访我国云南、广西、四川、湖南等产茶省区，发现从形态学角度来说也不存在中国种和印度种的区别之说，并认为茶树原产地在中国的云南与四川一带。

我国茶学专家庄晚芳根据物种起源中心学说以及在对实际材料进行全面分析的基础上，认为茶树起源于茶树类型最多，树态、叶片或花果等都有很大变异且利用历史也较早的云、贵、川三省交界的大娄山脉，即云贵高原，这也是目前比较公认的观点。

另外，关于茶树的起源时间，茶树育种专家刘其志基于茶树品种资源的调查、搜集、整理，根据茶树在植物分类学上的演化地位，结合古地理气候环境，认为茶树很有可能起源于第三纪，约有6000万年的历史。1980年，我国科研人员在贵州省晴隆县碧痕镇新庄云头大山还发现一颗茶籽化石，经鉴定距今已有100多万年，是世界上迄今为止发现的唯一的最古老的茶籽化石，由此推测，茶的起源时间至少也有100万年以上。

二、茶的发现与利用

人们究竟何时开始发现和利用茶的，这个问题至今无法明确，远在宋朝时就有很多学者议论纷纷，莫衷一是。

在日本和印度普遍认为茶起源于达摩祖师，传说达摩祖师为参悟佛法，在少林寺立下九年面壁修行的誓言，第四年终因精神不济而沉睡，醒后怒割眼皮，没想到被丢弃到地上的眼皮化为小树长成了枝繁叶茂的大树，这树就是茶树，之后达摩食用茶树叶驱赶睡魔终兑现誓言。

依我国神话传说来看，茶起源于神农时期，《神农本草》中有“神农尝百草，日遇七十二毒，得茶而解之”。说的是神农氏有一个透明的水晶肚，吃下去的东西都能被看见，那个时候人们还没有用火加热东西吃，经常生病，神农决心尝百草定药性，为百姓消灾祛病，但在试吃野草的过程中不幸中毒，随即又发现有一种树叶可以解毒，这就是茶。虽然神话传说都带有夸张的成分，但袁柯先生说神话不是空想出来的，其产生和现实生活有紧密的联系，所以我们不能说神话就是凭空臆断。茶史专家朱自振也认为大多数神农的传说资料是可信的，并指出茶的发现和利用与采集密切相关，神农部族发现和利用茶叶的历史，应该早于农业，最迟也和农业差不多时间，最终推断我国利用茶叶的历史，至少已有一万多年。茶史研究者方健从可征信的历史资料中考证了关于茶的记载，并认同余嘉锡先生的论证，即《神农本草》由战国名医扁鹊弟子子仪所撰，故而得出茶的饮用和药用，比较确切地见之于古代历史文献记载当始于战国时代（前 475~ 前 221 年）。

从以上两个神话来看，神农说似乎更有说服力。不过神农时代，人们对于茶树的利用还只是野生茶树的采摘。《华阳国志·巴志》中提及：“周武王伐纣，实得巴蜀之师……茶蜜……皆纳贡之”“园有方蒻、香茗”，茶学专家庄晚芳根据这些记载，认为西周初期已有人工种植的茶树。

总之，中国是茶树的原产地，并且也是最早发现和利用茶树的国家。世界各国“茶”字的发音几乎都受到了我国“茶”字北方音和广东、福建方言的影响，可见我国的茶文化传播之广、影响之深。中国给了世界茶的名字、茶的种植方法及加工技术，世界各国的茶文化都直接或间接与我国茶文化有千丝万缕的联系。

第二节　茶产概况

一、中国茶区分布

我国现在茶叶出产的所有区域，地理分布位于北纬18º~37º、东经94º~122º的广阔范围内；即北起山东荣成南至海南榆林，东起台湾花莲西至西藏察隅。茶叶产地所涉行政区域，包括山东、陕西、河南、西藏、甘肃、湖北、湖南、安徽、江苏、浙江、江西、贵州、四川、重庆、福建、台湾、云南、广东、广西、海南等20个省、区、直辖市的上千个县市。

在水平分布上，地跨按气候划分的地球热带和温带；在垂直分布上，高到云贵高原的海拔2600米，低到长江中下游平原的海拔几十米。在不同地区，栽培种植或自然生长着不同类型和不同品种的茶树，在加工原料的物质基础上，决定着茶叶的品质、风味特点及其适制性和适应性，形成了茶叶产品一定的类别结构。

划分作物的农业区域，出发点是为了更好地开发利用自然资源，为合理调整生产布局、因地制宜规划和指导农业生产提供条件分析的依据；同时，这样的划分也为对茶叶进行整体认知和局部把握提供了一个视角。我国国家级（一级）的茶区有4个，从北到南分别为江北茶区、江南茶区、西南茶区、华南茶区。由宏观到相对微观，二级茶区是在各产茶省（自治区、直辖市）内划分，三级茶区是在各产茶地县内划分。其中，同一省份的若干二级茶区，可分别归属于不同的一级茶区，这从皖北和皖南、苏北和苏南、鄂北和鄂南分别归属江北茶区和江南茶区可以看出端倪；同理，粤北和粤中南、桂北和桂南、闽中北和闽中南分别归属江南茶区和华南茶区。

（一）江北茶区

江北茶区南起长江，北至秦岭、淮河（因秦岭、淮河为我国地理上南北两方的分界线，故而江北茶区总体上仍属于中国南方，仅有泾渭茯茶等少数产地地处北方），西起大巴山，东至山东半岛，包括陇南、陕南、鄂北、豫南、皖北、苏北、鲁东南等地，是我国最北的茶区（见图 2–1）。

图 2–1　霍山黄芽采摘（刘侠供图）

江北茶区地形较为复杂，气温较低，降水量偏少，茶树新梢生长期较短。该区不少地方因昼夜温差大，茶树自然品质形成好，适制绿茶，香高味浓。

江北茶区茶树多为灌木型中、小叶种，名茶有六安瓜片和信阳毛尖等。

（二）江南茶区

江南茶区在长江以南，大樟溪、雁石溪、梅江、连江以北，包括粤北、桂北、闽中北、湘、浙、赣、鄂南、皖南、苏南等地。

江南茶区多丘陵，也有海拔千米的高山，如浙江天目山、福建武夷山及海拔近千米的太姥山、江西庐山和安徽黄山。其地气候温和、四季分明，降水量比较充足。该区产茶历史悠久，资源丰富，名茶如西湖龙井、君山银针、洞庭碧螺春、黄山毛峰、恩施玉露和大红袍、正山小种等，驰誉中外，为我国茶叶主产区，其出产茶量曾占全国总产量的2/3。

江南茶区茶树多为灌木型中、小叶种，小部分为小乔木型中、大叶种。

（三）西南茶区

西南茶区位于米仓山、大巴山以南，红水河、南盘江、盈江以北，神农架、巫山、方斗山、武陵山以西，大渡河以东；包括黔、川、滇中北和藏东南，是茶树原产地的中心区域。

西南茶区地形复杂，大部分为盆地、高原，各地气候变化大而水热条件较好，适宜茶树生长。该区适制红碎茶、绿茶、普洱茶、边销茶和名茶、花茶等。名茶有湄潭翠芽、碧潭飘雪和凤庆滇红等，普洱茶因其风味的独特及经存放而发生的变化而为人们津津乐道，有版纳、思茅、临沧三个产地。

西南茶区茶树资源较多，栽培茶树的种类也多，灌木、小乔木、乔木型茶树都有。

（四）华南茶区

华南茶区位于大樟溪、雁石溪、梅江、连江、浔江、红水河、南盘江、无量山、保山、盈江以南，包括闽中南、台、粤中南、海南、桂南、滇南。

华南茶区水热资源丰富，土壤肥沃，大部分地区四季常青，汇集了许多大叶种茶树，适制红茶、黑茶、乌龙茶等。

华南茶区代表性名茶有闽南的铁观音、广东的凤凰单丛、台湾的冻顶乌龙、广西的六堡茶等。

二、世界产茶概况

2018年，世界产茶居于前十位的国家是：中国（261.6万吨），印度（131.1万吨），肯尼亚（49.3万吨），斯里兰卡（30.4万吨），土耳其（25.2万吨），越南（16.8万吨），印度尼西亚（13.1万吨），孟加拉国（8.2万吨），阿根廷（8.0万吨），日本（7.9万吨）（国际茶业委员会 International Tea Committee，ITC）。

同年，全球茶叶出口总量约185万吨，主要出口国中，肯尼亚位居第一，约

47 万吨；中国第二，约 36 万吨；斯里兰卡第三，为 27 万吨。其他出口国中，印度约 24 万吨，越南近 14 万吨，阿根廷近 8 万吨，乌干达约 5 万吨，印度尼西亚近 5 万吨，马拉维 3 万多吨，坦桑尼亚近 3 万吨。

2020 年，我国茶叶产量为 298 万吨，其中绿茶占 61.7%，红茶占 13.5%，黑茶占 12.5%，乌龙茶占 9.3%，白茶占 2.5%，黄茶占 0.5%。

第三节　茶园建设与管理

到了今天这个时代，随着人类对大自然和社会发展相互关联认知的深入，茶园建设和管理中生态思想的贯彻无疑为主要趋势和必然选择。在尽其所能运用生态学理论成果的前提下，引入风景园林的方法使茶园呈现自然美，引入旅游管理的手段使茶园效益放大且可持续，则更利于生产性茶园的健康发展，也是我国实现全面小康后进一步振兴乡村的可取途径。

一、茶饮文化与景观茶园

茶饮文化数以千年的发展历史和丰富多彩的人文内涵，使得茶园具有容纳难以穷尽的文化艺术和形成赏心悦目的自然美景的可能性（见图 2-2）。

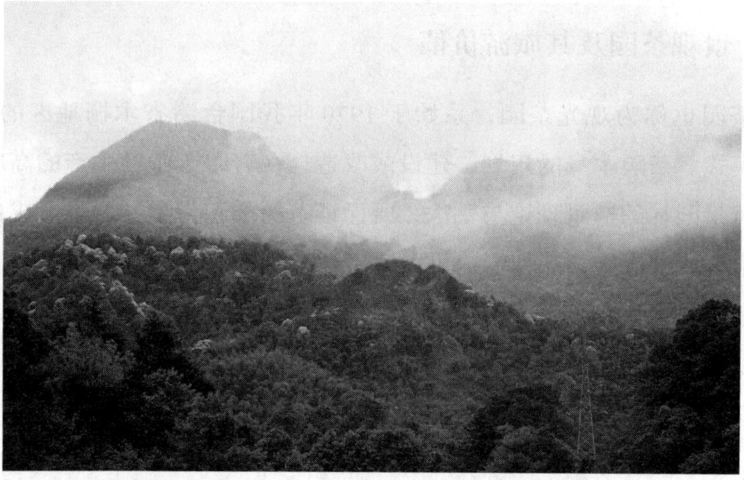

图 2-2　自然及人文各异的景观茶园（鲍丽丽供图）

（一）原生态茶园

“原生态”，特指空间发展处于原始生态的茶叶生产性园地，源于未经人工干预或干预很少而受损极微，立地条件未受工农业污染、化学物质侵扰，系统结构完好的自然生态环境。

原生态茶园的建设思路，是以现代生态学理论为指导，遵循自然的生态规律，承传“天人合一”的文化传统，实现自然资源的合理利用，兼顾茶叶生产与环境改善的效益，优质茶品得以可持续出产于高效能的自然生态系统。同时，其景观主要呈现为原始或原生风貌的自然美。

（二）生态茶园

生态茶园也可称多维茶园，一方面是指以茶树为主要物种，着重于通过复合栽培，创造出良好的多物种生态环境，使作物和谐相得，实现生命系统的多样性；另一方面是贯彻绿色、有机食品的生产要求，生物治虫、生态防病、合理施肥。生态茶园可使茶树获得最优生长，同时利于经济效益的多元化。

生态茶园的建设，需要地形地貌的合理改造和植物栽种的科学规划，建立健全排灌、道路、防护林等基础设施和蓄水池、喷淋灌溉等水利设施，使得茶树生长免受气候的制约来保证茶叶出产量和品质的原料前提。

（三）景观茶园及其旅游价值

景观茶园也称为观光茶园，系始于1970年我国台湾省木栅地区的“茶＋旅”复合运营模式。茶园本身的规划、建设或改造，在着眼于茶叶生产的高质高效的同时，引入风景园林的造景理论与手法，既保证茶树的正常生长，也形成良好的景观效果，再附设旅游设施，从而形成可以适度运营观光旅游的生态茶园。

景观茶园是现代社会休闲经济、款待业发展及乡村振兴的必然要求，其形式体现为一种复合茶叶生产需求、景观审美与体验经济、旅游开发的场域空间的运营方式。就对应性而言，景观茶园最为契合茶游学项目的展开。

（四）景观茶园的构成要素

依条件和需要，景观茶园类型可分为茶文化博览园、茶文化景区公园、茶文化国家公园、茶文化休闲旅游区等。景观茶园的特有或突出物质构成及“非遗”传承包括茶品物产、宜茶用水、涉茶历史人文、茶会雅集场所、茶用器物和建筑等。其中，尤以体现民族风情、地域特色的采茶习俗、制茶工艺与设施工具、行茶方式、茶歌茶舞等，样式最为别致而价值独特。

富于茶文化特点的景观要素，有名茶、名水、茶器和清净的环境等。名茶，集山水之灵和人文之秀，既可免渴解乏，也兼精神享受。明代张大复《梅花草堂笔谈》中说：“八分之茶、遇十分之水、茶亦十分矣。八分之水，试茶十分，茶只八分耳”，茶圣陆羽《茶经》中认为：“山水为上、江水为中、井水为下”。古代的文人雅士喜欢用雪水、雨水、露水烹茶，取名为“天泉之水”，其不仅是满足精神需求，更超越的是心理上的追求。茶器，首先是行茶品茗的工具，其次才是鉴赏、收藏的对象。成功的茶器，凝聚着工匠的心血，同时，“器者道之形也，道之体也，道之用也”，就是说茶器之用，不止于物品的使用，更是融入了文化精神，可能蕴含着儒、释、道的哲理，借物言志也是体现中国茶人情怀的方式。茶的自然清香需要静静品味，这也证实了道家思想中“虚静观复法”的理论。古往今来，茶人均主张茶境要清新、安静、干净。所谓静是茶之性、和是茶之魂、雅是茶之韵，三者概为茶事活动都具备的特征。

世界其他国家的茶文化空间载体与形式，也值得借鉴，如日本的茶庭、韩国宝城的茶神祭等。

二、茶园管理与茶叶品质

（一）农耕作业的现实方式

原生态茶园遵循传统的农耕方式，以不破坏自然环境为前提，引入现代农业技术与数字信息管理。其为内源式发展模式，外部投入非必要不施行；以资源调查为依据，因地制宜地开展农、牧、渔、林多维循环互补的生产方式，提升局域生态系统产能的提升和物质、能量的平衡，从而可持续地出产独具风味且品质良好的茶叶。

从形式上看，原生态茶园概为小农经济的作业模式，但通过传感器的设置来收集数据，可以做到把握茶树生长状态，以安排茶叶采制任务。

（二）现代茶园的作业原则

茶园建设，旨在茶叶采制，高效、高品质、可持续概为管理的目标。现代茶园源于英式茶叶种植园，以集约栽培技术为主，茶树连片，以修剪定型、施肥和病虫草害治理为手段促进茶树生长，讲求单位面积产量，新建茶园概属此类。同时，新的茶业经营观念可制订出新的茶园管理技术的运用原则，概列如下。

1. 施肥

茶园施肥为茶树提供矿质营养元素和改良土壤、提高肥力的手段。

施肥种类包含底肥、基肥、春肥（以催芽）、夏肥、秋肥、叶面喷肥等。基本原则是：以有机肥为主，有机肥与无机肥相结合；以基肥为主，基肥与追肥相结合；以春肥为主，夏、秋追肥相结合；以氮肥为主，氮、磷、钾及其他大量、微量元素相结合；以根部施肥为主，根部施肥与叶面施肥相结合。目的是改良土壤理化性质、提高土壤肥力、增加茶叶产量、优化茶叶品质、提高茶叶生产效益。肥料选择、施用数量、施用时间、施肥位置、开沟深度及施肥次数等应按当地茶园类型、土壤种类、肥料品种、气候条件、所产茶类和栽培管理水平等因地制宜、合理施用，防止过量、流失与污染环境。

有机茶园，也有修剪后的枝叶任其留田腐烂作肥的做法，作为施肥的补充（见图 2-3）。

图 2-3　茶园修剪枝叶，不做清理而待腐熟并结合施肥耕作的有机农作方法（王欣怡供图）

2. 修剪

茶树修剪是生态茶园树冠管理中最重要的技术措施。修剪的种类，有定型修剪、轻修剪、深修剪、重修剪、台刈和边缘修剪等。

3. 采摘

按茶园区域及茶树品种发芽展叶的先后，以及制作茶叶的需要，合理安排作业，即按标准采、及时多批次地采和留叶采。

4. 耕作

茶园耕作，作用在于改良土壤性状，使之适应茶树生长。合理耕作可以疏松茶园表土板结层，协调土壤水、肥、气、热状况，翻埋肥料和有机质，熟化土壤增厚耕作层，提高土壤保肥和供肥能力；同时还可清除杂草，减少病虫害。

茶园耕作包括耕锄和除草，常与施肥、灌溉等栽培措施密切结合，以发挥对提高土壤肥力、增进茶叶产量和品质的作用。

5. 病虫害治理

根据有机农业的基本原则，合理利用茶树的生长环境或通过地形改造、植物配置营造立地条件，通过采用农业技术、物理措施和生物防治等手段，建立符合茶树植物生理所需而平衡的生态环境，提升茶园生态系统自身的调控能力，从而控制病虫害的发生，降低或消除病虫害爆发的可能性。

利用动物一定程度地参与茶树芽叶生长，可以获得具有特殊风味的制茶原料，白毫乌龙具有突出的示范效应。小绿叶蝉为茶树主要害虫之一，成虫、幼虫均刺吸芽叶汁液，雌成虫还会在嫩梢内产卵，破坏输导组织，受害芽叶沿叶缘变黄，叶脉变红，叶片卷曲、粗老，严重时叶尖、叶缘红褐焦枯，芽叶生长停滞，甚至全叶焦枯脱落。控制小绿叶蝉对茶树芽叶汁液的吸食程度，及时采摘作为茶青，可以制作出具有如花似蜜独特香气的乌龙茶，即原创于台湾省的白毫乌龙，又称“东方美人”“椪风茶”“香槟乌龙”。

6. 茶果间作

茶果间作是指在同一茶园内，以茶为主，利用茶树行间或丛（株）间隙种植一种或一种以上果树的种植方式。茶园内间作果树，一定要加强管理，避免影响茶树生长，一般茶果间作的果树有柑橘、桃、李、杨梅等。茶园建设或改造，可以采用此法。

第四节　茶叶初制与分类

一、新梢采摘

（一）茶树形态

茶树属于多年生常绿木本植物，其外观形态以地上部分的不同分为乔木、小乔木和灌木。

1. 乔木型

树身高大，长成后达 10 米以上，主干明显而分枝部位高。

2. 小乔木型

又称为“半乔木型”，基部主干明显而分枝部位较低。

3. 灌木型

从根茎部分枝，长成后几无主干，树形较低，常为 6 米以下。

茶树按叶形大小来分，大叶种可以是上述三种外观形态的任何一种，而中小叶种则多灌木型。

（二）鲜叶采摘

茶树营养芽的伸育长成为新梢，采摘时按制茶需要而选取其不同部分，通常以芽叶为主，称为鲜叶、茶青等。

1. 采摘方法

有两种采摘方法，即手工采和机械采。

（1）手工采茶。细嫩名优茶的采摘，多用此法。根据芽叶嫩度又分为掐采、直采和双手采。

（2）机械采茶。其优点是采摘效率高，缺点是茶青不整齐，较多不完整叶片。茶叶生产技术的发展趋势，是机械采制比例逐步扩大。

2. 采摘标准

我国茶类丰富多彩，品质特征各具一格。因此，对茶叶采摘标准的要求差异很大，大致可分为四种情况。

（1）细嫩的标准。主要用来制作名优红绿茶，如高等级的西湖龙井、洞庭碧螺春、黄山毛峰、庐山云雾、祁门工夫红茶等。一般采摘全芽、一芽一叶及一芽二叶初展（见图 2–4），大多采于春茶前期。

图 2–4　芽及初展的叶（吴震供图）

（2）适中的标准。主要用来制作大宗红绿茶，如内销和外销的眉茶、珠茶、工夫红茶、红碎茶等。一般采一芽二叶为主，兼采一芽三叶和幼嫩的开面叶。

（3）成熟的标准。主要用来制作边销茶，如茯砖、康砖等。到新梢发生驻芽，基部成熟即木质化时，采一芽四叶、五叶和开面三叶、四叶且多带茎梗。

（4）特种采的标准。主要用来制造一些传统的特种茶，如乌龙茶。待新梢长到梢顶驻芽，顶叶尚未“开面”完全时采下三、四叶，俗称“开面采”或“三叶半采”。

3. 采摘技术

茶叶采摘技术主要内容有三个方面，即留叶采、及时采和集叶储运。

（1）留叶采。在生产实践中，留叶数量一般以“不露骨”为宜，即以树冠叶片刚好足够互相密接，看不到枝干为适宜。

（2）及时采。茶树的生长和发芽有轮性的特点，故而处于采摘周期时，芽叶一批达到标准即应采摘一批，形成分批多次采的生产特点。

（3）集叶储运。鲜叶采下后，应及时装入通透性好的竹筐或编织袋中，并防止相互挤压，然后尽快送入茶厂付制。

（三）茶树叶特征

1. 外观特征

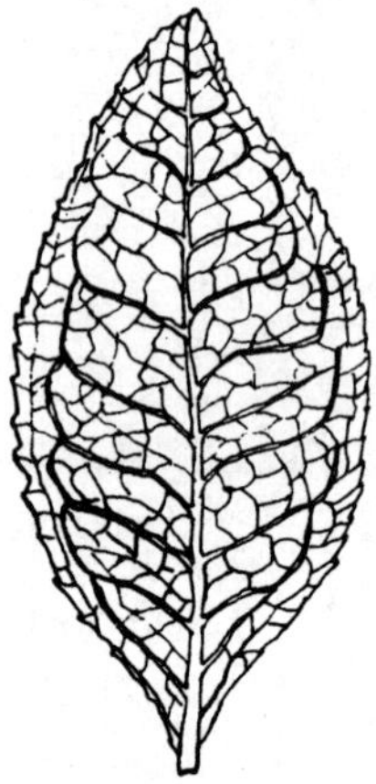

图 2-5　茶树叶的形态特征

椭圆或长椭圆形，叶缘有 16~32 对锯齿，其上半部密而下半部稀疏，近叶柄处光滑无齿；有明显主脉，从主脉分出平行侧脉 10~15 对，侧脉延展至叶缘 2/3 处向上方弯曲呈弧形与上方侧脉相连，侧脉再分出细脉，构成网状脉。网状脉和叶缘锯齿为茶树叶片形态学的重要特征，也是鉴别真假茶的主要依据（见图 2-5）。

作为常绿植物，茶树在同一时期长有新叶和老叶，当年由顶芽和腋芽萌生的新梢之芽叶及部分茎梗，用来制作茶叶。芽及嫩叶背面的密生茸毛是茶树的稳定性状，其随叶的成熟程度提高而逐渐减少。

2. 内含物质

主要含有茶多酚、咖啡因、茶氨酸等，其中茶氨酸是茶叶所特有的物质。

二、茶叶制作与分类

以采制工艺和品质特点为依据，茶叶分为基本茶类和再加工茶类，基本茶类又分成六大类。

同时，在商业流通和日常生活中，也有以产地、产季、品质和销售方向等为依据的分类方法，如安徽茶、浙江茶、台湾茶，春茶、夏茶、秋茶、冬茶，名优茶、大宗茶，内销茶、外销茶、边销茶等。

（一）基本茶类

基本茶类的细分以颜色命名，分为绿茶、红茶、青茶、黄茶、白茶和黑茶。

1. 绿茶

绿茶属不发酵茶类，以清汤绿叶为其品质特点。

绿茶的制作程序为杀青、揉捻、干燥。杀青：利用高温抑制多酚氧化酶的活性，制止茶多酚的酶促氧化，奠定绿茶作为不发酵茶的品质基础。同时，高温挥发低沸点的“青臭气”，初步发展出“茶香”。揉捻：对杀青叶施加压力，揉破细胞壁使茶汁流出黏附于叶表，便于冲泡；并使叶张卷曲，初步成形。干燥：巩固前道工序形成品质，并缩小体积，便于运输储存。

（1）炒青绿茶。条形或珠形紧结，外观美而较细或较小。加工方式为锅炒杀青、揉捻、锅炒干燥。茶品包括西湖龙井、碧螺春、眉茶、珠茶等。炒青制茶技术成熟于明代，明代许次纾的《茶疏·炒茶》中说：“生茶初摘，香气未透，必借火力以发其香。然性不耐劳，炒不宜久。多取入铛，则手力不匀，久于铛中，过熟而香散矣”。

（2）烘青绿茶。外形较松散而舒展。加工方式为锅炒杀青、揉捻、烘焙干燥。茶品包括黄山毛峰、太平猴魁、六安瓜片、苏烘青、闽烘青、浙烘青等。以绿茶为茶坯的花茶窨制，多选此类。

（3）晒青绿茶。因干燥时经长时间日晒，故色呈褐绿之间。加工方式为锅炒杀青、揉捻、曝晒干燥。茶品包括滇青、陕青、川青、黔青、桂青等。晒青绿茶因长时间曝晒而干茶多呈褐绿色，其制作之后内含成分在存放过程中会转化，是后发酵的一种方式，所谓“生普”陈化就是对这一理化机制的突出运用。

（4）蒸青绿茶。干茶和茶汤色泽在绿茶中显得最绿或说色度最高。加工方式为蒸汽杀青、揉捻、锅炒或烘焙干燥。茶品包括恩施玉露、日本煎茶。蒸青绿茶的制作技术在制茶史上是最早成熟的，其具有“色绿、汤绿、叶绿”的三绿特点。

2. 红茶

约17世纪中叶发源于福建，英文名“Bohea”为“武夷”的音译，即指崇安武夷地区出产的正山小种，早期也代称所有的红茶。其品质特点是红汤红叶。

红茶的制作程序为萎凋、揉捻/揉切、发酵、干燥。萎凋：鲜叶挥发青草气和水分散失的过程，使得叶内多酚氧化酶的浓度升高、活性增强，形成一部分的色、香、味品质。揉捻或揉切：破损叶的细胞组织，使茶汁流出黏附于叶表、茶多酚接触空气并在酶的促进下开始氧化。其中，揉捻对应制作条形红茶，揉切对应制作红碎茶。发酵：茶多酚的酶促氧化过程，生成茶黄素、茶红素和茶褐素，是形成红茶“红汤红叶”特征性品质的关键工序。从香味来判断，适度发酵的茶叶具有果香，青草气消失，若带酸馊则表示发酵过度。干燥：停止发酵、固定品质，挥发水分、固定外形，便于运输和存储。

（1）工夫红茶。因精制阶段工艺复杂、耗时费工、技术性强而得“工夫”之名。茶品包括祁门工夫红茶（祁红）、云南工夫红茶（滇红）。工夫红茶是我国特有的红茶，也是传统出口商品；在出茶省份中，多有生产。按产地，其品类有滇红工夫、祁门工夫（含浮梁工夫、霍山工夫）、宁红工夫、宜红工夫（含石门工夫）、川红工夫（含黔红工夫）、湖红工夫、闽红工夫（含坦洋工夫、白琳工夫、政和工夫）、台湾工夫、越红工夫、江苏工夫和粤红工夫等。

（2）小种红茶。特点是具有桂圆味、松烟香。茶品包括正山小种。初制程序为鲜叶采摘、萎凋、揉捻、发酵、过红锅、复揉、烟焙、毛茶。红茶发源于福建，小种红茶为福建特产，武夷山所产以“正山”命名，有“真正高山地区所产”小种红茶的含意，正山小种概为红茶之祖。

（3）红碎茶。又称红细茶、切细红茶、分级红茶或简称CTC。CTC是英语Crushing（碾碎）、Tearing（撕裂）、Curling（卷紧）三词首字母组成的缩写。印度、斯里兰卡、肯尼亚是世界主要的红碎茶生产国且总体品质较好（见图2-6和表2-1）。

图2-6 红碎茶

表 2-1 红碎茶花色分类及名称

类	茶叶形态	英文简称	英文全名
片茶	经超精细揉捻制成的高品质茶叶	SFTGFOP	Super Fine Tippy Golden Flowery Orange Pekoe
	经精细揉捻制成的高品质茶叶	FTGFOP	Fine Tippy Golden Flowery Orange Pekoe
	含有较多金黄芽叶的茶叶	TGFOP	Tippy Golden Flowery Orange Pekoe
	质地较轻的茶片	F	Fanning
叶茶	较完整的毫尖茶	FOP	Flowery Orange Pekoe
	较完整的嫩芽茶	OP	Orange Pekoe
碎茶	细小重实含毫尖的碎茶	FBOP	Flowery Broken Orange Pekoe
	颗粒较细的碎茶	BOP1	Broken Orange Pekoe 1
	颗粒稍大的碎茶	BOP2	Broken Orange Pekoe 2
	颗粒较大的碎茶	BOP3	Broken Orange Pekoe 3
	质地较轻的细碎茶	BOPF	Broken Orange Pekoe Fanning
	较粗硬的梗朴	BP	Broken Pekoe
末	细碎呈沙粒状的碎茶	D	Dust

词汇含义：

F/Flowery：如花蕾上的芽一般形状的嫩芽。

P/Pekoe：带有白毫的嫩芽。

O/Orange：嫩芽完全没有叶绿素如橘色般的意思。

B/Broken：碎型茶。

F/Fanning：片型茶 指 BOP 筛选下来的小片茶叶。

D/Dust：粉尘状的细末茶 筛选到最后的粉末状碎屑。多以茶包形式出现。

G/Golden：金黄色泽。

T/Tip：含有大量新芽。

其中，BP 也称茶尾（residue），系以红碎茶初制中不能通过规定分筛网的粗大茶为原料，切碎精制制成所谓碎白毫。

3. 青茶（乌龙茶）

原产地称为“乌龙茶”，英文名 Oolong Tea，属于半发酵茶类，结合了红茶的萎凋和绿茶的杀青工艺。

青茶的制作程序为萎凋、做青、炒青、揉捻、干燥。青茶的品质特点为既有绿茶的清香和花香，又具有红茶的醇厚滋味。萎凋：包括晒青和晾青两个环节的多次反复，以达到失水量均匀适度。萎凋过程中，花香渐渐显露，又是做青前的准备。

做青：传统做法是将萎凋叶放入竹筛颠摇，因而称为“摇青”或“浪青”。一方面是茶多酚的氧化，另一方面则是香气的发展，是形成乌龙茶品质特征的关键作业。炒青：即高温杀青，以制止多酚类的酶促氧化，固定做青形成的品质而不致发酵过度。揉捻：基本作用是出汁和做形。干燥：按成型和品质要求，结合进一步的揉捻或包揉，固定品质，并便于储存与运输。

（1）闽南青茶：以安溪为中心，铁观音、本山、黄金桂、毛蟹为代表。

（2）闽北青茶：以崇安为中心，其中岩茶以其品质与风味突出而自成群体，以大红袍、肉桂、水仙为代表；传统名品还有白鸡冠、铁罗汉和水金龟。

（3）广东青茶：以潮安、饶平出产为主，凤凰单丛、岭头单丛为其代表。

（4）台湾青茶：以台北、新竹出产为主，文山包种、冻顶乌龙、东方美人和木栅铁观音为其代表。

4. 黄茶

黄茶属于茶多酚氧化程度较轻微的后发酵茶类，制作工艺接近于绿茶，但制作过程中特意形成一定温湿度及缺氧条件，而使成品具有色黄、味醇的特点。

按鲜叶老嫩的不同，分为黄芽茶、黄小茶和黄大茶三种。

黄茶的制作程序为杀青、揉捻（非必要环节）、闷黄、干燥。黄茶的品质特点为黄汤黄叶；微发酵。杀青：其过程与绿茶差异无多，相对而言某些黄茶投叶量偏多、锅温偏低、时间偏长，使叶子较长时间处于湿热条件下，叶色略黄，已产生轻微的闷黄现象。揉捻：不是黄茶必不可少的工艺过程。闷黄：黄茶特有的关键性制作工序，但从杀青开始到干燥结束，都可以为茶叶的黄变创造适当的湿热条件。由于“闷黄”主要在杀青之后进行，故而有的分类方法把黄茶归入“后发酵”的制作工艺类型。干燥：采用分次干燥，先低后高的温度，实际上是减慢水分散失速度，增大闷黄效应。

（1）黄芽茶：如君山银针，由单芽制成。冲泡时三起三落，泡成后茶芽多竖立于杯底。闷黄程度较重。

（2）黄小茶：如蒙顶黄芽，由一芽一叶标准的茶青制成。

（3）黄大茶：如皖西黄大茶、广东大叶青，由一芽二叶以上的茶青制成（见图 2–7）。

图 2-7　俗称“叶大好包盐，梗长好撑船”的皖西黄大茶

5. 白茶

白茶属于轻发酵茶类，主产于闽东地区的福鼎、政和及建阳、松溪。

白茶的制作程序为萎凋、干燥，即茶青经摊放后，不炒不揉，日晒成茶。白茶的品质特点为上品满披白色茸毛，色白隐绿，汤色浅淡，味甘醇；轻微发酵。萎凋：是白茶品质形成的核心环节，水分散失过快，成品会有青草气，滋味偏生而苦涩，茶汤单薄；水分散失过慢，成品色泽偏暗偏深，茶汤失去鲜爽度。干燥：在烈日下晒至全干或烘笼文火慢焙至干，从而固定萎凋所形成的品质。

（1）白毫银针：通常用大白茶品种茶树新梢的肥壮单芽制成。

（2）白牡丹：茶青以一芽二叶为主，间有一芽一叶和一芽三叶，叶底成朵。

（3）寿眉：以叶片为主，因部分茶青或来自白毫银针制作“抽针”所余，故间有瘦芽。

（4）贡眉：以小白品种（菜茶）的芽叶为原料制成。

6. 黑茶

黑茶属于后发酵茶类，历史上多为边销茶而较少内销，产于四川、陕西、两湖、广西、云南等地，为藏族、蒙古族、维吾尔族等少数民族牧民的生活必需品。

黑茶原料通常选用到新梢已木质化的部分，外形粗大、叶老梗长。渥堆变色，为其独特工艺，其中湖北老青茶、四川茯砖为干坯，湖南黑茶、六堡茶、普洱茶为湿坯。通常经高温蒸压成型。

黑茶的制作程序为杀青、揉捻、渥堆、复揉、干燥、蒸压成形；或杀青、揉捻、干燥、散茶存放（非必要环节）、蒸压成形、存放。黑茶的品质特点为叶色油黑或褐绿，汤色深红、深黄或褐红；香气呈木香、菌香，滋味醇和、厚而滑；通常叶底多老叶及梗。

（1）泾渭茯茶：原制于泾阳，工艺原创可追溯至明代初期，为北方黑茶的代表。

（2）安化黑茶：产于湖南安化，外形上分篓装散茶和蒸压定型茶两种，规格上有花卷之“一卷”即“千两茶”（见图 2-8），黑砖、花砖、茯砖之“三砖”和天尖、贡尖、生尖之“三尖”等品种。

图 2-8　千两茶的户外自然干燥（钟彩凤供图）

（3）普洱茶：传统普洱茶，以云南乔木大叶种茶树鲜叶为原料，制作晒青绿茶即“滇青”，并存放经年后压制而成，即俗称“生普”。通常，成型后再予以存放以达到所需陈化程度才饮用。“熟普”则以渥堆工艺制成，据分析此过程中产生多种微生物，若叶底粘烂，则可判断为不宜饮用。

（二）再加工茶类

再加工茶类是以绿茶、红茶、青茶、白茶、黄茶、黑茶的毛茶或精茶为原料，进行再加工或深加工制成的产品。根据加工途径与方法的不同，可分为花茶、紧压茶、工艺花茶、袋泡茶、保健茶、速溶茶、含茶饮料等。

1. 花茶（以茉莉花茶为例）

（1）工艺：利用茶叶的吸附性和花的吐香性制作而成。通常以烘青绿茶为茶坯。

（2）程序：鲜花维护＋茶坯处理，茶、花拌和，通花散热，收堆续窨，起花，复火干燥，转窨或提花，匀堆装箱。从茶、花拌和到复火干燥为一个窨制循环，重复之即称“二窨”“三窨”等。“窨”字与“熏”同音同义，然多误读，其不明当念音为“yìn”时，其义为用于地下或半地下的构筑物，如“窨井”。

（3）特点：茶味花香；以浓度、纯度、鲜灵度来衡量和描述。

（4）茶品：茉莉银毫、茉莉珍珠。除茉莉花茶之外，还有白兰花茶、珠兰花茶、玳玳花茶、玫瑰花茶、桂花茶、栀子花茶等；茶坯也不止于绿茶，也可选用红茶、青茶等。

2. 紧压茶

紧压茶又称压制茶，按工艺分为篓装黑茶和压制茶两类，后者又主要有压制黑茶、压制红茶和压制绿茶三种。

（1）工艺：以基本茶类的成品茶为原料，蒸软、模压而成。

（2）特点：储存方便。

（3）茶品：篓装黑茶，有湖南的湘尖、广西的六堡茶和四川的方包茶。压制黑茶，有陕西的泾渭茯茶、湖南的黑砖茶、茯砖茶、花砖茶、花卷茶，湖北的青砖茶，四川的康砖茶、金尖茶，云南的紧茶、渥堆圆茶、饼茶和普洱沱茶等。压制红茶，主要是湖北的米砖。压制绿茶，有云南的生普圆茶、云南沱茶、普洱方茶等。

自古以来，紧压茶茶叶形态为散、紧并存，只是在总体生产或区域销售上所占比例有差异而已。

3. 工艺花茶

（1）工艺：以茶叶和可食用花朵或花瓣为原料，经整形、扎制而成。

（2）特点：名称寓意美好，冲泡时具有动态变化，泡开后造型美观。

（3）茶品：仙桃献瑞、丹桂飘香。

4. 其他再加工茶

有袋泡茶、保健茶、速溶茶及速溶果味茶、速溶奶茶、含茶饮料等。

（三）商品茶的拼配

依各类筛号茶的品质特征，按比例组合成商品茶，使其外形、内质符合花色等级的要求。达到量产的茶叶，必定经过拼配，才能保证其外观和风味的品质，典型者如工夫红茶。

（四）产量

世界范围内，红茶出产居于主要地位，稳定占总量的 75% 以上。2018 年，中国茶叶出产在 261.6 万吨的总量中，绿茶为 172.24 万吨，占 65.8%；黑茶 31.89 万吨，占 12.2%；乌龙茶 27.12 万吨，占 10.4%；白茶 3.37 万吨，占 1.3%；黄茶 0.8 万吨，占 0.3%。

第五节　茶叶储藏与包装

茶叶的储藏保管条件和运输销售包装，需要因茶而异，采取相应妥当的措施和方法，才能获得既经济合理又符合茶叶品质及特殊性的存储和包装效果。

一、茶叶存储

（一）常温储藏

常温储藏为常温条件下的保管，若有一定批量，多存储于常温仓库（俗称“热库”）。无论存储或展示，都必须卫生清洁、干燥、避光、无异味，不宜与其他物品混放。

（二）低温冷藏

低温冷藏为低温条件下的保管，批量小的店铺，用冰箱冰柜储存；批量大则用低温仓库（俗称“冷库”）储存。通常，温度设置在2℃ ~7℃，实际温度控制在0℃ ~10℃。茶叶必须密封包装，且同样不宜与其他物品混放。

名优绿茶在低温冷藏之外，还可用（充氮）祛氧存储保鲜法。

（三）民间存储方式

江南一带存储绿茶，传统有用牛皮纸包成小包，放入摆有生石灰块的大缸或瓮中，并置于建筑北侧空间及避光阴凉处的做法。这种石灰缸贮藏法，利用生石灰（CaO）吸收茶叶中的水分，降低空气中的湿度，来保持茶叶的干燥，其要点是

"陶瓷缸，纸包茶，生石灰、布袋装，勤换灰、紧压盖、避光储"，并要求储存前茶叶含水量控制在6%以下，其保质期可达12个月左右。所用生石灰在吸收空气水分的同时又有一定的杀虫消毒作用，有效而经济。

石灰除湿之外，还有木炭除湿存储和热装真空法等。

二、茶叶包装

茶叶属于食品中的饮料，其包装目的在于在流通和存储过程中，防止生物、化学和物理等外来因素的损害，并保持本身质量的稳定、符合企业食品生产许可标准，且方便需要时启封取用。作为展示、携带、礼品等用途的包装，也要在符合牢固、防潮、卫生、整洁、美观和具备格调的同时，能够得体、经济合理而不过度，从而体现既"精行"又"俭德"的茶文化精髓。

（一）包装材料

包装材料有金属、玻璃、陶瓷、纸质、塑料、复合材料、天然材料等，其中，对于无须冷藏或短时间内用完的茶叶，包装材料取材于竹的箬叶和编织物、内附铝箔的牛皮纸、陶瓷制品更为适用，切忌有异味者。

（二）包装形式

包装形式有袋、盒、罐、筒、柱、箱等，处于商品流通阶段，必须附规定信息。

（三）包装层次

紧贴茶叶的为内包装，外观所见为外包装；简单的只有一层，复杂的礼品可多至四层。

（四）包装方式

包装方式以采取的技术手段分，有真空包装、充氮包装、无菌包装、自然散装等。

图 2-9　六堡茶利于后期转化的竹篓包装存储方式

三、古代储藏方式

唐代的茶叶储藏，在陆羽的《茶经》里提到两点：一是形制上的蒸青紧压茶；二是茶叶采制工具中的“育”这一器物，所谓“育者，以其藏养为名，其以木制之，以竹编之，以纸糊之”。

宋代，在蔡襄《茶录》里的“藏茶”一节里叙述到：“以箬叶封裹入焙中，两三日一次用火，常如人体体温”，着眼点仍主要在于“以御湿润”。

明代，许次纾《茶疏》“收藏”条为：“收藏宜用瓷瓮，大容一二十斤，四围厚箬，中则贮茶，须极燥极新。”

第六节　名茶概述

所谓名茶，概指为特定消费群体或社会所广泛认同的商品茶，其附加值高、形质兼优而风格独特。名茶的缘起、盛衰，某种程度上反映了茶业和社会生活、风尚习俗的沧桑变迁。名茶的发展史和所积淀的人文意味，是茶文化重要而富于趣味的组成部分，相关认知诚为茶学素养的必要底蕴。

一、常见常用名茶

（一）名优绿茶

相对于普通的大宗绿茶，名优绿茶造型独特，香气、滋味各具一格而口碑颇佳。其品质形成受限于环境条件，生产区域较小、产量较少，具有不可复制性。其采制要求较为严格，工艺技术独特。

1. 西湖龙井

产于浙江杭州西湖的龙井茶，为中国绿茶的最著名茶品。龙井既是地名，又是泉名和茶名，历史上曾分为“狮、龙、云、虎”四个品类，至今仍以产于狮峰及其近旁的梅坞龙井品质最佳。

西湖龙井的基本制作工序是：鲜叶摊放、青锅、摊凉回潮、辉锅。

特级西湖龙井茶扁平光滑挺直，色泽嫩绿光润，香气高爽馥郁，滋味醇厚甘鲜，叶底芽叶呈朵、嫩绿明亮，有“色绿、香郁、味甘、形美”四绝之称。清明节前采制的龙井茶简称明前龙井，美称“女儿红”，所谓“院外风荷西子笑，明前龙井女儿红”（见图 2-10）。

图 2-10　西湖龙井

龙井茶出产自三个茶区，即西湖产区、钱塘产区和越州产区。

2. 顾渚紫笋

顾渚紫笋产于浙江湖州长兴县水口乡顾渚山一带，因其芽叶微紫，嫩叶背卷似笋壳而得名。此茶在当时以紧压蒸青工艺制作，于唐代广德年间（763~764 年）因陆羽推荐而成为贡茶。

其采制于每年清明节前至谷雨期间，采摘一芽一叶或一芽二叶初展，经摊青、杀青、理条、摊凉、初烘、复烘等工序制成。

品质特点：上品紫笋茶芽叶相抱似笋，完整而灵秀，色泽翠绿，银毫明显，香孕兰蕙之清，味甘醇而鲜爽；茶汤清澈明亮，叶底细嫩成朵。

3. 安吉白茶

安吉白茶产于浙江安吉，因温敏致色白，因氨基酸含量高而分外鲜爽形成特色。

安吉白茶为半烘炒形绿茶或烘青绿茶。其中“凤形”安吉白茶以烘焙干燥为主，其条直显芽，壮实匀整；色嫩绿，鲜活泛金边。“龙形”安吉白茶（安吉白龙井）则以锅炒干燥为主，其扁平光滑，挺直尖削；嫩绿显玉色，匀整。两种茶的汤色均嫩绿明亮，香气鲜嫩而持久；滋味或鲜醇、或馥郁，清润甘爽，叶白脉翠（见图 2-11）。

图 2-11　安吉白茶（吴震供图）

4. 径山茶

径山茶又名径山毛峰，产于浙江余杭西北境内之天目山东北峰的径山。

外形纤细显毫，色泽翠绿；茶汤呈鲜明绿色，板栗清香持久，口感清醇回甘，叶底嫩匀成朵。

制作工艺要点：鲜叶摊放、小锅杀青、微型揉捻、竹笼烘焙，密封储藏。

庄晚芳先生曾就径山茶宴赋诗："径山茶宴渡东洋，和敬清寂道德扬。古迹创新景色异，一杯四美八仙仰。"

5. 开化龙顶

开化县茶区地势高峻，气候温暖湿润，地力肥沃。所谓"兰花遍地开，云雾常年润"，自然环境十分优越。

开化龙顶始创于 1959 年，而此地所产茶叶在明代已被列为贡茶，在清道光至光绪年间（1821~1911 年）则为眉茶主要产区。

清明至谷雨前，选用长叶形、发芽早、色深绿、多茸毛、叶质柔厚的鲜叶，以一芽二叶初展为标准。经摊放、杀青、揉捻、烘干至茸毛略呈白色，以 100℃斜锅炒至显毫、烘至足干而成。

外形壮芽紧直挺秀，银绿披毫；茶汤杏绿清澈明亮，香气馥郁持久，滋味鲜醇爽口，回味甘甜；叶底肥嫩、匀齐、成朵。

6. 雪水云绿

雪水云绿产于浙江桐庐县，该地山峦层叠，平均海拔800米，茶区常年云雾笼罩，年均降雨量超过1400毫米，高山昼夜温差5℃~10℃。

采制分工艺分为八道：采摘、摊青、杀青、初烘、理条整形、复烘、辉锅提香、产品分级。

干茶形似莲心，色泽透翠；泡后玉立，嫩香持久。

7. 平水珠茶

平水珠茶由浙江绍兴日铸茶发展而来，为传统名茶；曾以外销为主，百年不衰，系我国出口绿茶的大宗产品。1984年9月，在西班牙马德里举行的第23届世界优质食品评选会上，特级平水珠茶荣获金质奖。

平水珠茶初制的干燥工序较为复杂，传统制法分为炒二青、炒三青、炒对锅、炒大锅四个步骤。手炒一锅珠茶需要10多个小时，劳动强度很大，以至产生“斤茶斤汗淌脚跟，一季茶落瘦煞人”的说法。

8. 六安瓜片

六安瓜片产于安徽金寨、霍山、六（lù）安，过去这三县均属六安府所辖且茶叶于此集散，故称为六（lù）安瓜片。主产于金寨齐头山一带，约定俗成称金寨所产的为“内山瓜片”，而以蝙蝠洞所产为最佳，金寨以外所产为“外山瓜片”。瓜片创制于清末，作贡茶，为历史名茶，是我国绿茶中唯一去梗去芽的片茶。

炒制时，用生锅、熟锅、芒花帚和栗炭，拉火翻烘，人工翻炒。成茶单片不带梗芽，外形叶缘背卷，形似瓜子，自然平展；色泽宝绿，起润有霜，大小匀整；茶汤澄明碧绿、香气清高、味甘鲜醇而回味悠长；叶底黄绿明亮。

六安瓜片的品质高下与储存条件密切相关且要求干燥密封。目前，普遍采用镀锌铁皮茶桶包装，每桶装干茶25千克左右。老火茶下烘后趁热踩桶，用锡焊封。

9. 太平猴魁

太平猴魁黄山北麓以黄山区（原太平县）新明乡为核心产区，也产于龙门、三口一带，属绿茶的尖茶类，创制于1900年。1915年，在巴拿马万国博览会上荣膺一等金质奖。

干茶外形两叶抱芽即所谓“两刀夹一枪”，魁伟重实，扁直而自然舒展，白毫隐伏，有“猴魁两头尖，不散不翘不卷边”之称。叶色苍绿匀润，叶脉绿中隐红俗称“红丝线”；兰香高爽，有“头泡香高，二泡味浓，三泡四泡幽香犹存”之说；味醇鲜浓而回甘，有独特的韵味，汤色清绿明澈，叶底嫩绿匀亮，芽叶成朵肥壮（见图 2–12）。

图 2–12　太平猴魁的捏尖工序

其品质按传统分法分为以下几种：猴魁为上品，魁尖次之，再次为贡尖、天尖、地尖、人尖、和尖、元尖、弯尖等传统尖茶。

10. 黄山毛峰

黄山毛峰产于安徽黄山，清代光绪年间（1875~1908 年）由谢裕泰茶庄创制。

每年清明谷雨，选摘初展肥壮嫩芽，手工炒制。特级茶外形微卷而似雀舌、匀齐壮实，绿中泛黄、锋毫显露而称“象牙色”，且带有金黄色鱼叶俗称“黄金片”。汤色清碧微黄，香气如兰而高长，滋味鲜醇甘甜，叶底嫩黄成朵。由于新制茶叶白毫披身，芽尖锋芒，且鲜叶采自黄山高峰，遂取此名。

其干燥烘焙分两个步骤完成。第一步是毛火（子烘）。一般四个烘笼并列一起，火温由 90℃ ~65℃而逐个递降（幅度 5℃ ~7℃），烘后摊晾。第二步是足火（老火），烘至全干，并及时拣剔，除去劣茶杂质，同时叶脉水分继续向全叶渗透，稍有“还软”，再以 70℃火温进行复火，使其充分干燥。

11. 碧螺春

碧螺春原产于江苏苏州太湖洞庭山，因茶果间作而具有特殊的花香果味。传说清帝康熙南巡苏州，品尝“吓煞人香”而赞赏，又嫌其名不雅，遂赐称“碧螺春”，并列为贡品。据《随见录》载：“洞庭山有茶，微似岕茶而细，味甚甘香，俗呼为‘吓煞人香’，产碧螺峰者尤佳，名碧螺春”（见图 2-13）。

碧螺春的品质特点：纤细多毫，卷曲呈螺；嫩香淡雅，滋味鲜醇，回味甘甜；汤色碧绿清澈，叶底嫩绿明亮。概有“一嫩（芽叶）三鲜（色、香、味）”之称，当地茶农则把碧螺春描述为：“铜丝条、螺旋形、浑身毛、花香果味、鲜爽生津。”

图 2-13　洞庭碧螺春（唐珊珊供图）

12. 南京雨花茶

南京雨花茶创制于 1958 年，以优良品质先后获省优、部优产品称号。

主要采制以祁门槠叶种、宜兴小叶种、鸠坑种和龙井 43。其外形似松针而长度均匀，条索紧直，两端略尖，色呈墨绿，茸毫微显，绿透银光。茶汤碧绿清澈，香气清幽，滋味醇厚，回味甘甜（见图 2-14）。

图 2-14　南京雨花茶外观形似松针（徐玥供图）

13. 婺源茗眉

婺源茗眉产于江西婺源县，始创于 1958 年。

其以白毫披露、纤秀如眉而得名。工艺为在“毛峰”和“明前茶”采制技术基础上的创新，其中锅炒干燥工序是形成纤秀如眉的关键，系半烘炒条形绿茶。

外形紧结纤秀，弯曲似眉，色泽翠绿光润，银毫披露；茶汤黄绿清澈，高香浓郁，滋味鲜爽甘醇，浓而不苦，回味甘甜。

14. 庐山云雾

庐山云雾产于江西庐山。据《庐山志》记载：“东汉时……僧侣云集。攀危岩，冒飞泉。更采野茶以充饥渴。各寺于白云深处劈岩削谷，栽种茶树，焙制茶叶，名云雾茶。”

明代李日华《紫桃轩杂缀》记述：“匡庐绝顶，产茶在云雾蒸蔚中，极有胜韵”。

高级云雾茶外形条索秀丽，嫩绿多毫；茶汤幽香如兰，滋味深厚，鲜爽甘醇，经久耐泡，汤色明亮，饮后回味香绵。

15. 蒙顶甘露

蒙顶甘露产于四川雅安蒙山，所谓“扬子江中水，蒙山顶上茶”，蒙山茶古已出名。

蒙顶甘露之名，首见于明代嘉靖年间（1522~1566 年），后失传。现茶为 1959 年以“玉叶长春”和“万春银叶”的采制工艺为基础创新研制而成。其外形纤细而叶嫩芽壮，紧卷多毫，色泽嫩绿油润，身披银毫；汤色黄碧，清澈明亮；香馨高爽，味醇甘鲜，沏二遍时，越发鲜醇，使人齿颊留香。

白居易的《琴茶》诗中有云：“琴里知闻唯渌水，茶中故旧是蒙山”。

16. 竹叶青

竹叶青于20世纪60年代由峨眉山万年寺高僧创制，因其采摘精细、制作精湛、形状扁平直滑、翠绿显毫形似竹叶，由诗人元帅陈毅建议得名。

外形扁平光润，挺直秀丽，两头尖细；内质清香浓郁，汤色嫩绿明亮，滋味鲜嫩醇爽，叶底匀嫩。

17. 都匀毛尖

都匀毛尖产于贵州都匀市团山、大定一带，属黔南布依族苗族自治州。

都匀毛尖茶选用当地的苔茶良种，具有发芽早、芽叶肥壮、茸毛多、持嫩性强的特性，内含成分丰富。优良的芽梢，为形成毛尖茶的品质提供了物质基础。

现茶为 1968 年恢复历史名茶、改进采制工艺而成。其有“三绿透黄色”的特色，即干茶色泽绿中带黄，汤色绿中透黄，叶底绿中显黄。其外形色泽翠绿，条索卷曲而匀整，白毫显露；茶汤清澈，香气清嫩，滋味鲜浓，回味甘甜；叶底明亮，芽头肥壮。

茶界前辈庄晚芳先生曾写诗赞曰："雪芽芳香都匀生，不亚龙井碧螺春。"

18. 湄潭翠芽

1939年，代表国民政府经济部中央农业实验所和中国茶叶总公司的茶叶、昆虫、农业专家辗转抵达湄潭，筹建中国现代史上第一个国家级茶叶科研生产机构——中央实验农场。此后十年，湄潭一度成为现代茶叶的科研和种植推广中心之一。

其为扁形绿茶，有形美、色翠、香高、味爽四大亮点。

19. 信阳毛尖

信阳毛尖产于河南大别山北麓的信阳市西南山区，创制于清末，为历史名茶。

鲜叶要求"五不采"：不采老、不采小、不采马蹄叶（鱼叶）、不采花果（花蕾、幼小果实）、不采老枝梗。严格做到分批及时采。

制法吸取六安瓜片的帚扫杀青和西湖龙井的理条手法。外形细、圆、光、直、有锋苗，色泽银绿隐翠；内质香气高鲜，有熟板栗香，汤色碧绿明净，滋味鲜爽醇厚，回甘生津，叶底嫩绿匀整而明亮。

20. 恩施玉露

恩施玉露发源于现恩施市芭蕉乡一带，是我国目前保留下来的为数不多的传统蒸青绿茶。

选用一芽一叶或一芽二叶、大小均匀、节短叶密、芽长叶小、色泽浓绿的鲜叶为原料。

外形条索紧圆光滑、纤细挺直如针，色泽苍翠绿润，被日本商人誉为"松针"；茶汤嫩绿明亮如玉似露，香气清爽，滋味醇和，芽叶复展如生，初时婷婷地悬浮杯中，继而沉降杯底，平伏完整。

21. 凌云白毫

凌云白毫原名"白毛茶"，又名"凌云白毛茶"。产于广西西北部的凌云、乐业两县境内的云雾山中。

茶树品种属有性繁殖系，小乔木型大叶种，采一芽一两叶。其芽叶肥壮，叶质柔软，持嫩性强，茸毫长而密，具有天然清香。

外形条索肥壮，满披白毫，色泽银灰绿色；茶汤清绿明亮，香气清高持久，滋味浓厚、鲜爽耐泡，叶底肥嫩柔软。

《中国名茶志》载："凌云白毛茶为历史名茶，创于清乾隆以前，原产于凌云县。"

《凌云县志》载："凌云白毫自古有之（指茶树而言），玉洪乡产出颇多。"

22. 日本蒸青绿茶

日本为当今蒸青绿茶的主要生产国，按采制工艺分为玉露茶、碾茶、煎茶、玉绿茶、深蒸煎茶和番茶。另外，日本也于九州地区，出产炒青绿茶。

（1）煎茶。日本茶的代表，其高品质者，滋味好、香气浓郁。其制作工艺为蒸青、粗揉、揉捻、中揉、精揉。

（2）深蒸茶。煎茶的一种，蒸汽杀青时间较长，故涩味变淡，滋味圆润。

（3）玉露。高级茶的代表，经特殊栽培，即茶园遮阳网，以抑制苦涩成分，培养香甜口味，制法同煎茶。

（4）抹茶。遮阳网培育如玉露，未经揉捻，杀青后即行干燥，制成碾茶，再碾成粉末，用于茶道。碾茶制作工艺为杀青、干燥（荒茶，即毛茶）、取肉（去茎、梗、脉）、磨碎（不见光），全程机采机制，不落地。

（5）番茶。低档夏秋茶，采一芽四五叶为原料；涩味较浓，制法同煎茶，多茶农自饮。

（6）糙米茶。在煎茶、番茶中加入烘焙过的米，特点是米香浓郁。

（7）焙茶。将煎茶、番茶经高温烘焙而茶香浓郁，常作饭后茶，为人们所喜爱。

（二）红茶

1. 祁门工夫红茶

祁门工夫红茶简称"祁红"，创制始于清光绪二年（1876 年）。1915 年，在巴拿马万国博览会上获金质奖章。

其茶树品种以槠叶种为主，采一芽二三叶及同等嫩度开面叶。干茶外形条索紧秀，锋苗好，色泽乌黑泛灰光，俗称"宝光"；内质香气浓郁高长，似蜜糖香，又蕴藏有兰花香，汤色红艳，滋味醇厚，回味隽永，叶底软而红亮，在国内外享有盛誉。

国际市场把“祁红”与印度大吉岭茶、斯里兰卡乌伐的季节茶，并列为世界公认的三大高香茶，而尤以如花似蜜的“祁门香”为最。

附一：大吉岭茶

大吉岭（Darjeeling）是位于美丽的喜马拉雅山坡上的小镇，海拔7000英尺（约2100米），茶园常年笼罩在云雾中。其地所产红茶，因茶汤有浅金色光泽且口感似麝香葡萄而驰名，被誉为“茶中香槟”。

附二：乌伐茶

乌伐（Uva）红茶产于斯里兰卡东部海拔4000~6000英尺（1200~1800米）的乌伐茶区。产区早晚多雾，中午阳光充裕，山风凛冽。采制于6~9月，茶有果香，隐有紫罗兰的淡雅香气；茶汤铜色，似镶金边，剔透华贵；口感柔滑醇厚，回味鲜甜。

2. 云南工夫红茶

云南工夫红茶简称“滇红”，产于云南省南部与西南部的临沧、保山、凤庆、西双版纳、德宏等地（见图2-15）。

其茶树品种为凤庆大叶茶、勐海大叶茶和勐库大叶茶，叶张厚，持嫩性强。

优质成品茶外形条索紧结，雄壮肥硕，色泽乌润，金毫特显；茶汤红浓透明而常显金圈，甜香高醇持久，滋味醇厚而浓，富有收敛性，叶底红润匀亮。其毫色有淡黄、菊

图2-15　滇红（云南工夫红茶）

黄、金黄之分，为外销名茶。

3. 福建工夫红茶

福建工夫红茶简称“闽红”，系政和工夫、坦洋工夫和白琳工夫的统称，均为福建特产。

政和工夫产于闽北，按品种分为大茶小茶两种，大茶是用政和大白茶制成，是闽红三大工夫茶的上品，外形条索紧结肥状多毫，色泽乌润，内质汤色红浓，香气高而鲜甜，滋味浓厚，叶底肥状尚红。小茶是用小叶种制成，条索细紧，香似祁红而欠持久，汤色稍浅、味醇和，叶底红匀。

坦洋工夫外形细长匀整，带白毫，色泽乌黑有光；内质香味清鲜甜和，汤鲜艳呈金黄色，叶底红匀光滑。其中坦洋、帮宁、周宁山区所产工夫茶香味醇厚、条索较为肥状，东南临海的霞浦一带所产工夫茶色鲜亮、条形秀丽。

白琳工夫茶产于福鼎太姥山白琳、湖林一带。其外形条索细长弯曲，茸毫多叶，颗粒绒球状，色泽黄黑，内质汤色浅亮，香气鲜纯有毫香，味清鲜甜和，叶底鲜红带黄。

4. 正山小种

正山小种产于风景秀丽的世界自然遗产和世界文化遗产双重遗产地、国家级自然保护区——福建武夷山崇安县星村乡桐木关一带，也称“桐木关小种”或“星村小种”。福建政和、坦洋、北岭、屏南、古田、沙县和江西铅山等地所产仿制者，统称“外山小种”。

图 2-16　正山小种

诞生于明末清初，是中国最早闻名于世的红茶，早在 17 世纪初就远销欧洲，被当时的英格兰皇家选为皇家红茶，并因此而引发了闻名天下的“下午茶”茶饮方式。历史上的 Bohea 就是指“正山小种红茶”，当时它是中国茶的象征（见图 2-16）。

红茶鲜叶一般以一芽两叶为标准，但传统小种红茶的要求是有一定成熟度的半开面三叶、四叶。原创于桐木关的金骏眉、银骏眉等高档红茶，原料等级高，工艺近似正山小种但不用烟熏萎凋与烟熏干燥工序，风味大相径庭。

正山小种茶的内质，汤色红亮，滋味甘醇，具有天然的桂圆味及特有的松烟香。

5. 金骏眉

金骏眉创制于 2005 年。采茶青于武夷山国家级自然保护区内海拔 1200~1800 米高山的原生态野茶树，6 万 ~8 万颗芽尖制成一斤金骏眉，结合正山小种传统工艺，全程手工制作。

其外形条索紧秀，略显绒毛，色泽黑、金相间而光润。内质为金黄汤色，清澈有金圈；滋味鲜活甘爽，香味为果、蜜、花、薯等复合型，杯底香持久；叶底古铜色，芽尖鲜活，秀挺亮丽。

（三）青茶

1. 安溪铁观音

安溪铁观音既是茶叶、又是茶树品种名称，“红心（芽）歪尾桃叶”是纯种铁观音叶张的重要特征，其为制作乌龙茶的特优茶树品种。

外形茶条卷曲，重实圆结，沉重匀整，色泽砂绿鲜润，久而带霜，整体呈青蒂绿腹蜻蜓头状（其毛茶之梗枝状如鼓槌，肥润而不脱皮，俗称青蛙腿）；茶汤金黄浓艳似琥珀，天然的兰花香、桂花香清幽细长，滋味醇厚鲜爽，回甘悠久，且味中有香、香中有味，俗称的“音韵”有层次和厚度，茶汤缓咽入喉后口中仍回甘带蜜味、味存悠长；叶底枝身圆，梗皮红亮，叶柄宽肥厚，叶片肥厚软亮，叶面呈波状，称“绸缎面”（见图 2–17）。

图 2–17　安溪铁观音

上品铁观音叶身沉重，取少量茶叶放入茶壶，可闻“当当”之声，其声清脆为上；汤色金黄，浓艳清澈，茶叶冲泡展开后叶底肥厚明亮、叶背外曲，具绸面光泽；香味鲜溢，芬芳扑鼻且馥郁持久。所谓“铁色皱皮老带霜，含英咀美入诗肠”，正是对其外形特征及品饮感受的生动写照。

2. 黄金桂

黄金桂是以黄棪（又名黄旦）品种茶树嫩梢制成的乌龙茶，因汤色金黄色有奇香似桂花而得名，也称“黄金贵”。

植株为小乔木型，中叶类，萌芽、采制、上市早，与外形的“黄、匀、细”和内质的“香、奇、鲜”并称“一早二奇”。叶为椭圆形，先端缩小，叶片薄。

外形条索紧细匀整，色泽润亮金黄。内质香气高锐鲜爽，带桂花香型，有“未尝清甘味，先闻透天香”之誉，言其香气“露在外面”而一闻即知的特点；滋味浓爽，汤色浅金黄明亮；叶底黄亮柔软，红边显。

3. 漳平水仙

漳平水仙产于福建漳平的方块形水仙茶饼，为青茶中较为少见的紧压茶（见图2-18）。

其采摘标准为一芽三四叶。制作工序有萎凋、晾青、做青（摇青、静置）、炒青、揉捻、干燥（含摊放和足火）。

图 2-18 漳平水仙干茶

其茶，茶梗粗壮、节间长，叶张肥厚、含水量高。其香，清高悠长而呈淡淡的兰花香、果香；茶汤醇厚，甜润甘爽而有喉韵，久饮不伤胃。

4. 白芽奇兰

白芽奇兰芽叶生育力强，发芽较密，持嫩性强。一芽三叶盛期在 4 月下旬。

外形紧结匀整，色泽翠绿油润，香气清高持久，兰花香味浓郁；茶汤杏黄明亮，滋味醇厚，鲜爽回甘，汤色叶底肥软。白芽奇兰茶干嗅能闻到幽香，冲泡后兰花香更为突出。

5. 武夷岩茶

武夷山因典型的丹霞地貌和深厚的人文传承被列为世界自然与人文遗产地。

武夷茶最早的茶名叫作“晚甘侯”源自唐代孙樵（825~885 年）的《送茶与焦刑部书记》：“晚甘侯十五人，遣侍斋阁。此徒皆乘雷而摘，拜水而和。”

武夷名丛是从大量菜茶（即奇种，为当地有性群体茶树品种）品种选育形成的茶树优良单株的总称，其自然品质优异，风格独特。其均产于岩凹石壁之上，产量不多，其发现、培育和制作多与寺庙有关。传统四大名丛有大红袍、白鸡冠、铁罗汉、水金龟，现当家品种为水仙（见图 2-19）和肉桂。

图 2-19　武夷水仙

武夷岩茶（大红袍）传统制作技艺，系国家级非物质文化遗产。

（1）大红袍。大红袍的相关文字，最早见诸清代中叶。1839 年郑光祖《班录杂述》：“若闽地之腰坎园上产大红袍、建旗，五十年来盛行于世。”茶树之名，以其嫩叶呈紫红色而得。

以无性繁殖培育的纯种大红袍茶树，由福建省茶科所和所在县茶场研究栽培成功，采制的成品茶品质可以媲美母树原料所制。以其他品种茶树的鲜叶为原料，拼配焙制成的是品质风格相似的大红袍商品茶。

外形，条索紧结壮实、稍扭曲，色泽绿褐鲜润带宝光，俗称“砂绿润”，叶背起蛙皮状砂粒，俗称“蛤蟆背”。内质，汤色深橙黄而明亮，香气高锐悠长，滋味醇厚、回味甘爽、“岩韵”明显，叶底软亮匀齐、红边或带朱砂色。

叶底的“三红七青”是指茶的发酵程度较重，其叶底周边红色，中间青色，三分红边七分青叶，亦即“绿叶红镶边”。

（2）白鸡冠。在慧苑岩火焰峰下外鬼洞和武夷山公祠后山的茶树，芽叶奇特，叶色淡绿，绿中带白，芽儿弯弯又毛茸茸的，那形态就像白锦鸡头上的鸡冠，故名白鸡冠。制成的茶叶色泽米黄呈乳白，汤色橙黄明亮，入口齿颊留香，神清目朗，其功若神，遂称为“白鸡冠”。

（3）铁罗汉。茶名最早见于宋代，郭柏苍《闽产异录》载，“铁罗汉为武夷宋树名”，其原产于慧苑岩内鬼洞。铁罗汉树丛较高，通常生长势茂盛，叶形狭长而大似柳叶，叶面平展而叶肉隆起略皱，叶脉显粗。香气浓郁清长，有铁罗汉独特香气，岩韵显；味醇厚，具有爽口回甘。外形紧结，色泽青褐较油润。汤色金黄明亮，叶底软亮显红边。

（4）水金龟。产于武夷山区牛栏坑社葛寨峰下的半崖上，树形敦实如龟体、枝干纵横如龟背纹路，叶片油绿肥厚似金龟。每年 5 月中旬采摘，以二叶或三叶为主。外形紧结，色泽墨绿带润，绿里透红；香气清细幽远，滋味甘醇浓厚，汤色金黄，叶底软亮。

6. 肉桂

该茶用灌木型中叶类肉桂良种茶树鲜叶，以岩茶方法而制成，为武夷岩茶中的高香品种。因其品质优异，性状稳定，不但为如今武夷岩茶的当家品种，而且广为引种。因香气浓锐，滋味刺激性强、带辛辣似中药材肉桂而得名。

外形匀整卷曲，色泽褐禄，油润有光，部分叶背有青蛙皮状小白点，干茶嗅之有甜香，佳品常有一层极细的白霜；茶汤橙黄清澈，香气辛锐持久，桂皮香明显，佳者带乳味；入口醇厚回甘，咽后齿颊留香，茶汤叶底匀亮，红点鲜明，呈淡绿底红镶边。

7. 水仙

水仙茶树品种属小乔木大叶类，原产于福建省南平市建阳区小湖乡岩叉山祝仙洞，茶名系方言谐音而来。其发芽较晚，春季茶一般要到清明后开采。

成品茶外形：条索粗壮，呈油亮蛙皮青或乌褐色，干嗅有幽而甜柔的兰花香，也有带乳香和水仙花香的。开汤后，香味更为明显且细长，滋味醇厚而平和，有明显的甘、鲜感，口感厚稠而滑爽，回味长久。其正岩者，三、四泡韵味最佳，七泡犹觉甘醇。

武夷茶区，素有“醇不过水仙，香不过肉桂”之说。

8. 凤凰单丛

凤凰单丛产于粤东凤凰山，从水仙群体中经过单株培育、单株采制、单株品质鉴定而逐渐培育出凤凰单丛。其干茶外形条挺直成条，色泽黄褐或灰褐油润呈鳝鱼皮色；冲泡后花香扑鼻而持久，滋味浓醇鲜爽，润喉回甘而耐泡；汤色清澈橙黄，叶底肥厚柔软、边缘朱红、叶腹黄亮。其滋味香气共同构成所谓独特的“山韵”。

其香型主要有蜜兰香、芝兰香、黄枝香、桂花香、杏仁香、玉兰香、夜来香、肉桂香、茉莉香、柚花香等。

凤凰水仙由于选用原料优次和制作精细程度不同，按成品品质依次分为凤凰单丛、凤凰浪菜和凤凰水仙三个品级。其中，单丛是指从凤凰高山上的水仙群体品种中选取优异单株，经单株培育、单株采摘、单株制作的优质产品，其次为浪菜级，再次为水仙级。

9. 冻顶乌龙

冻顶乌龙产自台湾省中部的南投县、云林县、嘉义县等地，在台湾高山乌龙茶里最负盛名。

所谓冻顶，系其山多雾、路陡滑，上山采茶都要将脚尖“冻”（蜷缩）起来，避免滑下去，山顶叫冻顶、山脚叫冻脚。故而冻顶茶产量有限，尤为珍贵。

台湾包种茶属轻度或中度发酵茶，亦称“清香乌龙茶”。包种茶按外形不同可分为两类：一类是条形包种茶，以“文山包种茶”为代表；另一类是半球形包种茶，以“冻顶乌龙茶”为代表。素有“北文山、南冻顶”之美誉。

外形，条索自然卷曲成半球形，整齐紧结，色泽翠绿有光泽，干茶显香。内质，清香带自然花香、果香，汤色蜜黄至金黄，清澈明亮，滋味醇厚甘润、富活性、回韵强，叶底柔嫩连理带芽。

10. 东方美人

东方美人又名白毫乌龙、香槟乌龙、椪风茶，为青茶中发酵程度最重的茶品。主要产地在台湾的新竹、苗栗一带，坪林、石碇一带也有生产（见图 2-20）。

东方美人茶名字的由来，据说是英国茶商将此茶献给维多利亚女王，其黄澄澄清透的色泽与醇厚甘甜的口感，令她赞不绝口，既然来自东方的中国台湾，遂赐名“东方美人茶”。

图 2-20　东方美人茶（白毫乌龙）

采收期在芒种到大暑中间的炎夏六七月份，即端午节前后 10 天。东方美人茶最特别的地方在于茶青必须让小绿叶蝉（又称浮尘子）叮咬吸食，昆虫的唾液与茶叶内含物混合出特别的香气。茶品的高低在原料方面主要决定于小绿叶蝉的叮咬程度，这也是东方美人茶醇厚果香蜜味的来源。

为使小绿叶蝉生长良好，东方美人茶在栽培管理上绝不使用农药，因此生产较为不易，也更显其珍贵。

外形不重条索紧结，白、绿、黄、红、褐五色相间，以白毫愈多愈高级。内质汤色呈琥珀色，滋味圆柔甘醇，并带有熟果香和蜜糖香，叶底淡褐有红边，芽叶成朵。

（四）黄茶

1. 君山银针

君山银针产于湖南岳阳洞庭湖君山岛。

茶青全部为肥嫩芽头。外形芽头肥壮，挺直匀齐，色泽内呈橙黄色，外裹一层淡黄色茸毫，故得雅号“金镶玉”，又因茶芽外形很像一根根银针，故而得名。内质汤色橙黄清澈，香气清鲜，滋味甘醇甜爽，叶底肥厚匀亮，久置不变其味。

冲泡后，芽竖悬汤中冲升水面，徐徐下沉，再升再沉，三起三落，形如群笋出土，又像银刀直立，蔚成趣观。

2. 莫干黄芽

莫干黄芽主产于浙江德清县西部的南路乡，位于莫干山的北麓。

早在晋代佛教盛行时，即有僧侣上莫干山结庵种茶。清乾隆《武康县志》载：“莫干山有野茶、山茶、地茶，有雨前茶、梅尖，有头茶、二茶，出西北山者为贵”，西北山即为莫干山主峰塔山。清道光《武康县志》载：“茶产塔山者尤佳，寺僧种植其上，茶吸云雾，其芳烈十倍。”

外形细紧匀齐略勾曲，茸毛显露，色泽绿润微黄；内质汤色橙黄明亮，香气清鲜，滋味醇爽，叶底嫩黄成朵似莲心。

3. 蒙顶黄芽

蒙顶黄芽产于四川省雅安市名山区蒙顶山，1950 年前为黄芽，后改为甘露，现部分恢复。

采于春分，叶片初展，摘圆肥单芽及一芽一叶初展。

制作工艺：杀青、初包（纸包 55℃ ~60℃，60~80 分钟）、复炒（拍扁做形）、复包（50℃，60 分钟）、三炒、堆积摊放（堆厚 5~7 厘米，24~36 小时）、四炒、烘焙（定香、干透至含水量达 5% 以下）。

包黄是形成蒙顶黄芽品质特点的关键工序。将杀青叶迅速用草纸包好，使初包叶温保持在 55℃左右，放置 60~80 分钟，中间开包翻拌一次，促使黄变均匀。待叶温下降到 35℃左右，叶色呈微黄绿时，进行复锅二炒。

外形芽条整齐、扁直，色泽黄润、显金毫；内质汤色黄中透绿，甜香鲜嫩，滋味鲜醇回甘，叶底嫩黄多芽。

4. 霍山黄芽

霍山黄芽产于安徽霍山县金鸡山、金竹坪、乌米尖、金家湾等大别山腹地的佛子岭水库上游。

霍山黄芽源于唐朝之前。唐李肇《国史补》把寿州霍山黄芽列为十四品目贡品名茶之一。霍山黄芽唐时为饼茶，唐《膳夫经手金录》载：“有寿州霍山小团，此可能仿造小片龙芽作为贡品，其数甚微，古称霍山黄芽乃取一旗一枪，古人描述其状如甲片，叶软如蝉翼是未经压制之散茶也。”

外形条直微展，匀齐成朵，形似雀舌，嫩绿披毫；内质汤色黄绿、清澈明亮，清香鲜爽，有熟栗子香，滋味鲜醇浓厚回甘，叶底黄亮、嫩匀厚实（见图 2–21）。

图 2–21（1） 霍山黄芽干茶

图 2–21（2） 霍山黄芽含叶茶汤（刘侠供图）

5. 北港毛尖

北港毛尖产于湖南岳阳北港乡、康王乡，其地制茶始于唐代，至清乾隆年间成名。

新梢开采于清明后三天，有小茶和大茶。

制作工艺：锅炒、锅揉（手法似制作碧螺春）、拍汗、复炒、烘干、热包装（进一步闷黄至透的程度）。其中“拍汗”是盛以簸箕而拍扁之，盖以棉被，内温 50℃ ~60℃（嫩度高则 60℃ ~70℃）。

外形：芽叶肥壮，毫尖显露，呈金黄色；内质：香气清高，汤色橙黄，滋味醇和。

6. 沩山毛尖

沩山毛尖产于湖南宁乡市沩山乡，所在为高山盆地，环境美而生态优越，多竹林而溪河环绕，芦花瀑布高悬而泻，常年云遮雾罩，素有“千山万山朝沩山，人到沩山不见山”之说。山中“十方密印寺”为佛教圣地，在日本、东南亚一带享有崇高声誉。其茶极受边民喜爱。

雨前进行采摘，黄小茶，摘一芽一二叶，拣剔紫芽叶和虫叶。制作工艺为：杀青、闷黄、轻揉、熏烟。

品质特征：外形卷成块状，黄亮油润而显毫；汤色橙黄透亮，松烟香气浓郁，滋味醇甜爽口，叶底黄亮嫩匀。

7. 平阳黄汤

平阳黄汤产于浙江平阳、泰顺、瑞安等地，以平阳北港朝阳山所产为最佳，故而得名。

其为黄小茶的代表性茶品，历史悠久，于清代位列贡品而闻名。

制作工艺：杀青、揉捻、闷堆（茶堆后20厘米，闷48~72小时）、初烘、闷烘。

外形：条索细紧平秀，色泽黄绿多毫；内质：汤色橙黄鲜明，香气清芬高锐，滋味鲜醇爽口，叶底成朵匀齐（有揉捻所致短碎情形）。

8. 广东大叶青

以云南大叶种茶树鲜叶为原料，采一芽二三四叶，多出口。

制作工艺：萎凋、杀青、揉捻、闷黄、干燥。

外形：梗壮叶肥，梗叶相连，形似鱼钩，金黄显褐而油润；内质：汤色深黄显褐，具焦香或锅巴香，滋味浓厚醇和，叶底黄中显褐。

（五）白茶

1. 白毫银针

白毫银针主产于福建省福鼎、政和两地。

以头采单芽或一芽二叶“抽针”即剥下叶片为原料，成品茶因白毫密披、色白如银，全为肥芽、形状似针而得名。

外形：芽头肥壮，满披白毫，挺直如针，色泽银亮；内质：汤色浅杏黄，香气清鲜、毫味鲜浓，滋味鲜爽微甜。

在空气湿度相对较低的北风晴天采制，其芽白梗绿，品质较好；在湿度相对较高的南风天或雨天时采制，则色暗梗黑品质低。

白毫银针主要香气成分以芳樟醇含量最多，其他偏少，故而醇和并略显单一，但风格清鲜。

2. 白牡丹

白牡丹主产于福建省福鼎、政和两地。

采摘标准以春茶为主，一般为一芽二叶，并要求“三白”，即芽、一叶、二叶均要求有白色茸毛。因绿叶披银毫、形似花朵而得名。由于长时间萎凋，叶脉微红，夹于叶片之中，呈绿叶红筋，故有“红装素裹”之誉（见图 2-22）。

图 2-22　白牡丹（孙凡祎供图）

外形芽叶连枝，叶缘垂卷、叶态自然呈波纹隆起，叶色灰绿，夹以银白肥壮毫心，呈“抱心形”。内质汤色杏黄或橙黄清澈，毫香高长，滋味鲜醇清甜，叶底浅灰，叶脉微红，嫩匀肥厚。

白牡丹的主要醇类香气成分含量分布平均，且相对白毫银针多出几种定香、增香成分，从而形成层次多、花香显著而略带木香的特点。

3. 贡眉

贡眉以“小白”菜茶茶树品种的芽叶制成。叶张小，毫心也小。

优质的贡眉成品茶毫心明显，茸毫色白且多，干茶色泽翠绿，冲泡后汤色呈橙色或深黄色，叶底匀整、柔软、鲜亮，叶片迎光看去，可透视出主脉的红色，品饮时感觉滋味醇爽，香气鲜纯。但总体上逊于白牡丹。

4. 寿眉

寿眉以低等级鲜叶或制作银针时“抽针”即择下顶芽而剥离出的叶片所制成，尤宜存放若干年后饮用。

（六）黑茶

1. 安化黑茶

因主产于湖南益阳安化县而得名。

安化茶最早见于唐中期的《膳夫经手录》，缘于山水宜茶，此地先民早已享用这一自然恩惠，在15世纪的明代前期参照四川乌茶的制造方法，加以改进，制成黑茶。湖广黑茶最合西北区域人们的口味，而黑茶主产于安化一带，后统称安化黑茶。

把茶叶制作成立柱的形状，经过炒、渥、蒸、踩等数道工序，为传统工艺的花卷，俗名“千两茶”（见图2–23）。有三重含义：一是用竹篾捆束成花格篓包装；二是黑茶原料含花白梗，特征明显；三是成茶身上有经捆压形成的花纹。茶呈圆柱，像一本卷起来的书，故称“花卷”。

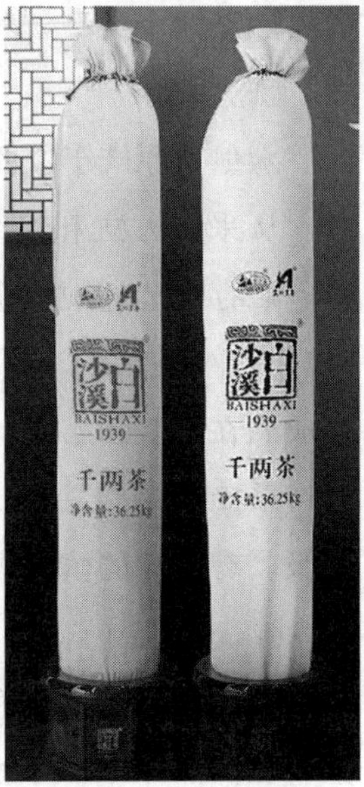

图2–23　安化千两茶
（钟彩凤供图）

毛茶外形条索尚紧，色泽尚黑润，内质香气纯正，带松烟香，汤色橙黄，滋味较醇和，叶底黄褐。花卷茶以三级黑毛茶为原料。“三尖”中的天尖（湘尖一号）以一级毛茶为主，贡尖（湘尖二号）用二级毛茶，生尖（湘尖三号）用三级毛茶，都是篓装散茶，篾篓尺寸为58厘米 ×35厘米 ×50厘米，各号茶的重量分别为50千克、45千克和40千克。“三砖”都重2千克，花砖，砖面四边有花纹；黑砖，干茶色泽黑润；茯砖，早期毛茶运往陕西泾阳筑制，曾称“湖砖”“泾阳砖”，因加工于伏天，又称“伏砖”，特点是压制后先发花、后干燥，断面金花（冠突散囊菌）繁茂为其显著品质特点。

2. 普洱茶

普洱茶产于云南澜沧江流域的西双版纳及思茅（县名已改称普洱）等地，因集中于普洱镇加工、销售，故而得名。

按《地理标志产品 普洱茶》国家标准所述，其为以地理标志保护范围内的云南大叶种晒青绿茶为原料，并在此区域范围内采用特定工艺加工制成、具有独特品质风格的茶叶。

国标规定的普洱茶地理标志产品保护范围包括：云南省昆明、楚雄、玉溪、红河、文山、普洱（原思茅）、西双版纳、大理、保山、德宏、临沧11个自治州、市所属639个乡镇。

按照工艺和品质特征，普洱茶分为刚制成时属于绿茶的普洱生茶和属于黑茶的普洱熟茶两个类型。其中，生普洱经存放而陈化，品质渐渐趋于转向黑茶特点。

3. 六堡茶

六堡茶原产于广西苍梧县六堡乡，后发展到广西 20 余个县。

从采制方法和组织有序化程度上，六堡茶大致可分为各自作主的农家茶和生产、贮存规范的规模企业出品两大类。前者主要适合当地湿热气候条件，加强了沤堆环节；后者除工艺完整而规范外，还强化了木板仓库、窖藏等贮存技术，使茶叶制成品在卫生和品质一致性上更有保障。

采摘一芽二三叶，经摊青、低温杀青、揉捻、沤堆、干燥制成。分特级、一至六级。有特殊的槟榔香气，存放越久品质越佳。主销广东、广西、港澳地区，外销东南亚。

外形条索紧结、色泽黑褐光润；内质汤色红浓明亮，香气纯陈，滋味浓醇甘爽，显槟榔香味，叶底红褐或黑褐色，具有所谓“红、浓、醇、陈”的特点。

4. 四川边茶

四川边茶分南路边茶和西路边茶两类，西路边茶的毛茶色泽枯黄，是压制“茯砖”和“方包茶”的原料，南路边茶是压制砖茶和金尖茶的原料。

南路边茶品质优良，经熬耐泡，制成的“做庄茶”分为 4 级 8 等，做庄茶的特征为茶叶质感粗老，且含有部分茶梗，叶张卷折成条，色泽棕褐有如猪肝色，内质香气纯正，有老茶的香气，冲泡后汤色换红明亮，叶底棕褐粗老，滋味平和。

“毛庄茶”叶叫作“金玉茶”，其叶质粗老不成条，均为摊片，色泽枯黄，无论是外形、香气，还是滋味都不及“做庄茶”。

南路边茶最适合以清茶、奶茶、酥油茶等方式饮用，深受藏族人民的喜爱，故常以“藏茶”驰名。

5. 泾渭茯茶

1368 年前后，由陕西咸阳人发明的特殊工艺加工而成，因制于三伏天且效用与土茯苓相类似而形似砖，故称“茯砖茶”。此茶曾沿丝路驼队一路流香，远销西亚、东欧和俄罗斯。

汉中（县）紧挨四川，为茶树生长的北缘。白岩茶山位于午子乡，海拔 1000~2000 米，茶地分散。

其特殊的新茶加老茶的拼配和单菌种后发酵，形成了独具一格的菌香，并对身体在血脂、血压等方面有一定的调理作用。

6. 湖北老青茶

湖北老青茶别称“青砖茶”或“川字茶”（见图 2–24），主产于咸宁地区的赤壁、通山、崇阳、通城等县，故常称为“湖北老青砖”。

青砖的用料从外到内有撒面、二面和里茶三层。面层有模压形成的“川”字，少数民族消费者即便不懂汉语，手摸三道凹陷的印迹，就会放心，“三道道”概为边疆人民心目中诚信的标识。

图 2–24　湖北“川”字青砖

（七）再加工茶（以茉莉花茶为例）

再加工茶为我国花茶最主要的茶品。主产于广西的横县、福建的福州、江苏的苏州、四川的峨眉等地。

常见茶品有茉莉春毫、茉莉银毫、茉莉珍珠等。

由原苏州茶厂创制的茉莉苏萌毫，是唯一获得原农牧渔业部优质名茶称号的产品，系以高档烘青绿茶和苏州优质茉莉经“六窨一提”精制而成。其外形条索紧细匀直，色泽绿润显毫，香气鲜灵持久，汤色黄绿明亮，滋味醇厚鲜爽，叶底嫩黄柔软（见图 2–25）。

图 2–25　茉莉花茶的干茶

二、历代名茶概况

“名茶”一词，据现存文史资料最早记载的见于东晋常璩《华阳国志》：“南安、武阳，皆出名茶。”

唐代李郢《茶山贡焙歌》写道：“十日五程路四千，到时须及清明宴”，是当时名茶作为贡茶在生产和送达时间上的严格要求。卢仝《走笔谢孟谏议寄新茶》的“天子须尝阳羡茶，百草不敢先开花”诗句，则透露出与长兴顾渚紫笋齐名同为贡茶的阳羡紫笋，在唐代整个贡茶产供体系中占有特殊地位的信息。

唐代李肇《国史补》记载，“风俗贵茶，茶之名品亦众。剑南有蒙顶石花，或小方或散芽，号为第一。东川有神泉小团、昌明兽目，峡川有碧涧、明月、芳蕊、茱萸。福州有方山之露芽，夔州有香山，江陵有楠木，湖南有衡山。岳州有灉湖之含膏，常州有义兴之紫笋。婺州有东白，睦州有鸠坑。洪州有西山之白露，寿州有霍山之黄芽，蕲州有蕲门团黄”，可见当时名茶已非零星一二。

宋代产供时间最早的贡茶，来自福建北苑，其前身，则是南唐皇家所属。熊蕃《宣和北苑贡茶录》记载：“五代之季，建属南唐。岁率诸县民，采茶北苑。初造研膏，继选腊面，既又制其佳者，号曰京铤。圣朝开宝末，下南唐。太平兴国初，特置龙凤模，遣使即北苑造团茶，以别庶饮。龙凤茶，盖始于此。”接受南唐遗产的宋代北苑贡茶，在品第和形制上有堪称奢侈的要求和发展，记有龙园胜雪、万春银叶、玉叶长春、瑞云翔龙、长寿玉圭、上品拣芽、密云龙、雀舌鹰爪、银线水芽、龙焙贡新等50余个品目。而《宋史·食货志》记载产于东南的名茶有：“顾渚生石上者，谓之紫笋。毗邻之阳羡、绍兴之日铸、婺源之谢源、隆兴之黄龙、双井，皆绝品也。”

著名文学家欧阳修，则对产于自己家乡的名茶颇为自豪。在他的《归田录》中记载：“草茶盛于两浙，两浙之品，日注第一。自景祐以后，洪州双井白芽渐盛，近岁制作尤精，囊以红纱，不过一二两，以常茶十数斤养之，用辟暑湿之气，其品远出日注上，遂为草茶第一。”洪州，即今江西南昌。

元代，贡茶仍以蒸青紧压茶为主，但民间已广泛饮用散茶。王祯《农书》记载，当时有茗茶、末茶和腊茶三种。茗茶为芽茶和叶茶，末茶为“先焙芽令燥，入磨细碾”而成，腊茶即腊面茶、团茶和饼茶，而以“腊茶最贵”，且多为贡茶。

元代贡茶的主要产地，已由建安转移到武夷山区。董天工《武夷山志》载：“至元十六年（1279 年），浙江行省平章高兴，过武夷制石乳数斤入献。”

明代，太祖朱元璋在洪武年间下诏“惟采茶芽以进”，强劲促进了炒青技术的发展，名茶品目由此大量增加。据顾元庆《茶谱》、屠隆《茶笺》和许次纾《茶疏》等记载，明代见诸文字的茶有 100 多种。

清代名茶，有些自明代传承，有些属新创。在清代近 300 年的历史中，发展完成了我国茶叶的种类格局，其中不少优良的茶叶品目，继续保留至今即为历史名茶。

从留存至今的清宫藏茶，并结合清代档案记载，可知清宫用茶至少有如下一些：包括碧螺春茶、银针茶、珠兰茶、莲心茶、花香茶、郑宅芽茶、普洱、仙茶、陪茶、菱角湾茶、观音茶、岩顶花香茶等。

三、传播与影响

饮茶起源于中国，时至唐宋，茶法已极盛。其东传至日本，得到了继承与合乎其社会条件、民族特性的运用并自成体系。到 17 世纪 30 年代，中国茶叶通过荷兰传入了英国。现存于日本、英国等地的实物与文献材料清晰地体现出了这种传播、影响与独具特色的发展。

现藏于英国国立维多利亚与埃尔伯特博物馆（V&A）的《村舍老妇备茶图》（A Cottage Interior: An Old Woman Preparing Tea）。画中所显示出的，是 18 世纪英国平民阶层茶器的使用状况（见图 2-26）。画中所绘的茶叶罐与中国茶叶罐形制一致。

图 2-26 村舍老妇备茶图（局部，英国国立维多利亚与埃尔伯特博物馆藏）

英国贵族在茶器使用上则更为讲究。他们在进口中国茶具并逐渐了解其使用方法的同时，也生产使用自制茶器，其装饰极具特色，并显示出贵族式的奢华。观察其基本形制及质地，相比中国的用具并没有实质性的变化。

日本更是如此。在日本《卖茶翁茶器图》中，对于锡制茶罐的描绘对比故宫藏品，形制几乎没有差别。

有趣的是，中国茶叶最初传入英国，是被当作药物传入的；故而会对茶叶的多种“神奇功效”进行描述。在清宫茶器中，已有类似此种“广告”性质的标签，同样对茶叶的药用功效进行了描述与宣传。

仅做简单比对，已明显可见中国茶叶、茶器、茶文化的传播与影响。虽然现在所见各国饮茶习惯与茶文化已有所差别，然而追根溯源，可知这种差别是由同源传播开来后，又结合各自文化不断传承、相继发展的结果。

第七节　茶叶审评与品鉴

一、评茶概述

茶叶审评，“审”是鉴别、比对，“评”是写下评语，也简称“评茶”。

茶叶审评的方法称为“感官审评”（sensory evaluation of tea），它的过程是使用合乎标准的器具、按照规范的程序使被评茶样较为全面地呈现其外形和内质，评茶人员以其经过专业训练的眼、鼻、舌、手等感觉器官进行感受和比较，以判断茶样在色、香、味、形各方面的品质特点和优次。

评茶分为“对样审评”与“非对样审评”两种，前者主要从贸易角度考虑，往往与茶价相关联，多用于茶叶加工、出厂、验收、销售等方面；后者不必用标准茶样做对照，主要用于评定茶叶品质、制茶工艺上存在哪些瑕疵、不当，以便对生产者、流通环节的包装储存等经营管理环节提出改进的意见和建议。

茶叶感官审评的立足基础，在于茶叶作为饮料的根本用途是解渴和品尝，在于人的感官之感受体验为饮茶的最终诉求；同时，感官审评具有直接、迅捷的长处，故而它被视为也实际运用为判断茶叶品质之优次和特点的根本方法。理化分析是对茶叶物质组分和有效成分进行物理、化学上的检测与指标比对，至今尚未形成真正与感官感受能够完全对应的方法和指标体系。故而，理化分析虽已具备一定的发展历史和器具设备，但仍主要运用于一般品质界定和卫生属性判断方面，而尚不能够周全反映或建立起茶叶内含成分与其产品级别和更为丰富细致的风味特点的对应关系。理化分析至今未成为茶叶审评的主要方法，也源于对设备条件的相应要求相对于感官审评要高得多的原因。换言之，茶叶作为饮料，归根结底是由人来判断其优劣和感受其特点的，科学仪器设备及其测试指标体系至今也未能够代替感官审评。

审评应以具备茶叶采制知识和审评理论为基础，评茶人员如果想要有效地进行茶叶感官审评必须掌握以下前提。

第一，正确掌握因子审评法，评茶时其身体尤其是感官状态处于正常感受能力范围内。

第二，具备整套器具设备，至少是基本条件，如照明、开水、开汤器具和记录纸笔。

第三，审评茶样和对照茶样。

第四，明确审评目的和主要关注点。

评茶方法若从科学性角度进行考察，则其主要体现在评茶用具的完整成套及其使用的合理、评茶流程的正确和评茶环境的合乎标准，以及最终评茶结果的可靠上。其中，评茶人员的感知能力、专业素养、识茶经验和操作技能，实为有效评茶的必要前提。

二、评茶类型与流程

按照操作时茶叶和水的用量（对应审评杯碗规格）、浸泡时间的差异，感官评茶分为以下四种类型。

（一）基本类型

也称通用型。茶样 3 克，沸水 150 毫升，浸泡 5 分钟。操作规程为：干、湿评台准备→出茶匀样→取样→称样→冲泡→评外形（含摇盘、簸盘）→出（沥）茶汤→快看汤色→热嗅→尝滋味→温嗅→冷嗅→评叶底→写评语。

审评杯容量：150 毫升；审评碗容量：200 毫升。

（二）传统类型

茶样 5 克，沸水 110 毫升，浸泡三次，分别用时 2 分钟、3 分钟、5 分钟。

钟形审评杯容量（见图 2–27）：110 毫升；审评碗容量，110 毫升。

操作规程与基本类型大致相同，但闻香气部分，在出汤前增加一次湿嗅。三次开汤，也各有审评的偏重。多用于乌龙茶的审评。

图 2-27　钟形审评杯（吴佳娜供图）

（三）毛茶类型

茶样 4 克，沸水 200 毫升，浸泡 5 分钟。操作规程与基本类型一致。

审评杯容量：200 毫升；审评碗容量：250 毫升。

（四）紧压类型

紧压茶种类多，先干评外形，以形状完整、花纹图案清晰、轮廓分明、厚薄一致、无脱面、具有各自茶品色泽特征为优。湿评取样，需在茶面选若干点，用电钻穿孔，将所得茶样充分混匀后称取试样。开汤用茶量、水量各不相同，见表 2-2。

表 2-2　紧压茶评茶统计

茶名	金尖	芽细	康砖	方包	茯茶	紧茶	饼茶
开汤方式	煮渍	冲泡	煮渍	煮渍	煮渍	泡或煮	冲泡
茶量（克）	5	3	5	10	5	3	3
水量（毫升）	250	150	400	500	400	150	150
茶水比例	1∶50	1∶50	1∶80	1∶50	1∶80	1∶50	1∶50
煮泡时间（分钟）	10	10	10	10~15	10	8	15

（五）切细类型

也称碎茶。国际碎茶 4 套，开汤时间为 30 秒。红碎茶可采用加奶审评的方法，在150毫升茶汤中加入15毫升牛奶，使茶汤呈现“乳色”。汤色呈粉红，则滋味浓爽，红茶品质好；呈姜黄色，则表明含茶多酚、茶黄素一类物质较少，滋味浓度较差；呈棕褐色，表明茶味不新鲜，浓强度较低。

三、评茶因子与权重

依据审评内容，感官评茶可分为五项评茶法和八因子评茶法两种。总体而言，两者的差异在于八因子评茶法的外形四因子在五项评茶法中合为外形一项。

（一）各因子的审评要素

1. 外形审评

干茶的条索、嫩度、色泽、匀整度、净度等。若分解为八因子评茶法中的外形四因子，则为以下4点。

（1）条索。茶叶的外形规格是颗粒还是条形，并判断其大小、粗细、松紧等。

（2）色泽。颜色和光泽，颜色比对色调和饱和度，光泽对比润枯、鲜暗、匀杂等。

（3）净度。茶叶中含夹杂物的有无、多少。若有，则需要判断其为茶类杂质还是非茶类杂质。

（4）整碎。外形的匀整程度。

商业系统对成品茶的检验倾向于八因子评茶法，八因子对应为八个检验项目。

2. 汤色审评

茶叶冲泡后形成溶液所呈现的色泽，比对其颜色种类与色度深浅、明暗度、清浊度等。出汤后，汤色会随时间发生变化，故观色需及时。

3. 香气审评

茶叶冲泡后随水汽挥发的气体，分三次进行：热嗅纯异、温嗅类型和浓淡、冷嗅长短即持久性等。其中，热嗅时将茶汤从评茶杯倒出后，待杯内茶叶散发的热气温度降到45℃左右，趁热审评茶叶香气，利于判断杂异气味。冷嗅是在茶汤倒出后，当叶底温度接近室温时审评，若此时茶叶有较高香气，说明其茶香持久、品质好。春茶、高山茶和多窨花茶常有此特点。

4. 滋味审评

纯正的滋味辨别其浓淡、强弱、厚薄、鲜、爽、醇、和；不纯的滋味辨别其钝、苦、涩、粗、异等。

5. 叶底审评

冲泡后叶张的嫩度、色泽、明暗度、匀整度；并以手指按揿叶底对比其软硬、厚薄等，再看芽头和嫩叶含量、叶张的卷摊、光糙等。

相对而言，运用加权的五项评茶法审评，得到的结果较具综合性，其也是与国外茶叶审评要领更靠近的一种，运用此法较利于同国际的接轨和结果互换。

（二）评茶因子的权重

茶叶品质的判断，各因子的重要程度因茶类而异。因此，实际评茶时对各因子要加上权数，以获得更符合茶类特点的审评结果。根据《茶叶感官审评方法》国家标准（2009 年 9 月 1 日实施），稍做同值合并如表 2–3 所示。

表 2–3　各类茶品质因子评分系数（%）

<table>
<tr><th>茶类</th><th>外形（a）</th><th>汤色（b）</th><th>香气（c）</th><th>滋味（d）</th><th>叶底（e）</th></tr>
<tr><td>名优绿茶</td><td>25</td><td>10</td><td>25</td><td>30</td><td rowspan="10">10</td></tr>
<tr><td>大宗绿茶</td><td>20</td><td>10</td><td>30</td><td>30</td></tr>
<tr><td>工夫红茶</td><td>25</td><td>10</td><td>25</td><td>30</td></tr>
<tr><td>红碎茶</td><td>20</td><td>10</td><td>30</td><td>30</td></tr>
<tr><td>乌龙茶</td><td>20</td><td>5</td><td>30</td><td>35</td></tr>
<tr><td>黑散茶</td><td>20</td><td>15</td><td>25</td><td>30</td></tr>
<tr><td>黑压制茶</td><td rowspan="3">25</td><td rowspan="3">10</td><td rowspan="3">25</td><td rowspan="3">30</td></tr>
<tr><td>白茶</td></tr>
<tr><td>黄茶</td></tr>
<tr><td>花茶</td><td>20</td><td>5</td><td>35</td><td>30</td></tr>
</table>

四、评茶术语

评茶术语，简称评语，是记述茶叶品质感官审评判断结果的专业性术语。学习和正确运用评语，是实现茶叶审评科学性和有效性的必要前提。

评语分等级评语和对样评语两种。等级评语反映各级茶的品质要求和级差特性，如绿茶珍眉的外形条索，特级茶的“细嫩多毫”高于一级茶的“紧细匀齐”，更高于二级茶的“紧结匀整”。对样评语反映审评样（被评茶样）相对于对照样的品质差距，是相比较而具意义的表述而不反映等级特征，即同一评语可用于不同等级的茶样品质表述，如“紧实”一词表明审评样的条索紧实度高于对照样，而“粗松”表明审评样的相对粗松却并不表示其等级的低下。

部分评语的褒贬含义并非一成不变，而是因茶而异。最明显的例子是：“陈味”和“烟味”对一般茶而言均属缺点甚至意味着劣质，但普洱茶和六堡茶却必须具有“陈味”，小种红茶和安化黑茶以“烟味”为其品质特点，当然其表述也相应改为明确为褒义的“陈香味”和“松烟香”。可见，评语的褒贬与茶叶的品质特点相关，而其正确使用必须以了解和把握相关茶叶的采制工艺要求和风味特点为必要前提。

五、审评与品鉴

审评，是要做出对茶叶品质的判断；品鉴，则是对茶叶风味的辨别和欣赏。两者都通过感官进行，但前者偏于理性，后者着重体验。

（一）行茶方式的差异

从冲泡的角度看，茶叶审评是以标准或固定的茶叶投量、冲泡水温和浸泡时间（冲泡三要素）把茶叶转变成茶汤，以完整呈现其色香味甚至以找出茶样的不足为主要关注点；茶叶品鉴则以因茶而异的三要素来冲泡出最能呈现茶品优点并避免其缺点的茶汤。

（二）活动目的的差异

茶叶审评的目的，在于比对出其品质的优次，重点在于对茶叶品质的特点和等级进行判断，感官的感知和判断决定了其高低优劣；茶叶品鉴则更多在于对茶叶品质之风味的品尝和欣赏，而等级低的茶叶，其品鉴价值未必就低，品质特点除了类型的规定外，还有了风格的含意，所对应的除了口味的愉悦之外，还有了伦理和美感等人文价值的判断与感受。

第八节　茶叶成分与健康

一、茶叶中的成分

对于茶叶中的成分，可以从以下几个层面来探讨：首先，茶叶中的营养成分。营养物质指的是含有一定量人体所需的物质，它们是维持生命体的物质组成和生理机能不可缺少的要素，也是生命活动的物质基础。茶叶中的营养成分有维生素、氨基酸、矿物质、黄酮类化合物等。其次，茶叶中的功效成分。功效成分指的是能通过激活体内酶的活性或其他途径调节人体功能的化学成分。茶叶中的功效成分一般包括茶多酚、咖啡因、氨基酸等，这些物质都具有实际应用价值。再者，茶叶中的药用成分。“诸药为各病之药，茶为万病之药”，茶被当作药用，自古有之，越来越多的研究表明茶叶对很多疾病具有药理作用。茶的药用成分包括了生物碱、茶多酚、茶氨酸、茶多糖等。最后，茶叶中的特征性成分。所谓特征性成分指的是茶叶中特有的或含量特别高的，且溶于水，被人体吸收后具有一定功效性的物质，通常包括了茶多酚、氨基酸、咖啡因。

下面就茶叶中一些常被提及的成分进行简单介绍。

（一）茶多酚

茶多酚，又称茶单宁、茶鞣质，是茶叶中多酚类物质的总称。茶多酚在茶叶中含量很高，占茶叶干重的20%~30%。茶多酚的主要成分为黄烷醇类，花青素类，花白素类、黄酮类、酚酸和缩酚酸类。其中以黄烷醇类最为重要，占茶多酚总量的60%~80%，其次是黄酮类，其他酚类物质含量较少。这些物质大多都具有药理作用，特别是属于黄烷醇类的儿茶素类化合物是茶叶区别于其他食品饮料具有保健功效的关键成分。茶多酚是一种优良的天然抗氧化剂，它能清除自由基，抑制催化机体产生自由基的氧化酶。而且茶多酚和其他抗氧化剂也可协同作用，如维生素 C、维生素 E、类胡萝卜素及谷胱甘肽等，这些协同作用可增强抗氧化效果。茶多酚还具有抗肿瘤、抗衰老和调节血脂等多种功效，这些都和茶多酚的抗氧化特性有着密切的关系。茶多酚带给我们的味觉感受是涩。由于茶叶加工工艺不同，绿茶中茶多酚含量最高。

（二）氨基酸

目前为止，茶叶中所发现的游离氨基酸种类非常丰富，有 26 种。其中，20 种为蛋白质氨基酸，6 种为非蛋白质氨基酸。茶叶中含有我们人体所需的 8 种必需氨基酸中的 6 种，分别是赖氨酸、苯丙氨酸、苏氨酸、异亮氨酸、亮氨酸、缬氨酸。其他还有胱氨酸、半胱氨酸、天冬氨酸、组氨酸、精氨酸等，这些氨基酸虽然含量不高，但对人体而言都发挥着各自的作用，例如，防止早衰、促进生长发育、抗辐射性损伤、增强造血功能等。另外，属于非蛋白质的茶氨酸是茶叶中含量最高的游离氨基酸，占茶叶干重的 1%~2%。茶氨酸不但能保护神经，预防帕金森等疾病，还有利于增强记忆、平复情绪、缓解身心疲劳等，可拮抗茶叶中咖啡因产生的副作用。茶氨酸带给我们的味觉感受是鲜爽，可以缓解茶的苦涩感，与茶的滋味等级呈强正相关性。

（三）生物碱

生物碱是茶叶中重要化学成分之一，也是茶叶区别于其他植物而成为饮料的主要原因。茶叶中的生物碱主要有咖啡因、可可碱和茶碱，都属嘌呤类生物碱。茶中的咖啡因、可可碱、茶碱其药理作用相似，都具有兴奋中枢神经、强化血管、强心利尿等功效，就是功效强弱有所不同。茶叶中咖啡因的含量最高，占茶叶干重的 2%~4%。咖啡因最早发现于咖啡中，因此命名为咖啡因，其实咖啡中的咖啡因含量不如茶叶中的含量，为 0.8%~1.8%。咖啡因带给我们的味觉感受是苦。冲泡好的茶汤，特别是红茶茶汤会产生“冷后浑”现象，这和咖啡因的络合作用有关。咖啡因和多酚类的络合物溶于热水，但不溶于冷水，茶汤冷却后被析出，使得茶汤变浑浊。“冷后浑”现象是茶叶品质好的表现。

（四）矿物质

茶叶中所含的矿物质元素非常丰富，且多半溶于热水，易被人体吸收。其中，氟、铝、硒、钙、铁、硅、硼在相对粗老的茶叶中含量较高；锌、镁、钾、镍等在嫩叶中含量较高。茶叶中矿物质元素的含量还和茶叶品质有一定关系，品质较好的茶叶，锌、磷、钾、镍、铜元素含量较高；品质稍差的茶叶，锰、铝、钙、钡元素含量较高。这些矿物质元素对人体健康有着重要意义。钾在人体内的主要作用是维持酸碱平衡，参与能量代谢以及维持神经肌肉的正常功能。当体内缺钾时，会造成全身无力、疲乏、心跳不规律、头昏眼花等。磷和钙都是构成骨骼、牙齿的重要成分。铁参与氧的运输和储存，对人体的功能表现在许多方面，铁元素不足会造成缺铁性贫血。锰参与人体内多种酶的组成，影响酶的活性，锰元素不足会造成多种病态，对骨骼的正常生长和发育、糖的新陈代谢等都有一定影响。锌是很多酶的组成成分，也是某些酶的激活剂，缺锌会影响生长发育、导致消化功能紊乱、降低免疫力等。氟是人类所需要的一种有毒元素，是牙齿和骨骼不可缺少的矿物质，少量的氟有助于骨骼和牙齿的正常发育，可预防龋齿和骨质疏松症等。

（五）维生素

茶叶中水溶性维生素主要有维生素 C 和 B 族维生素。茶叶中维生素 C 的含量相对较高，一般来说每 100 克茶叶中含有 100~500 毫克维生素 C，这意味着茶叶中维生素 C 的含量比很多水果都高。由于加工工艺的不同，绿茶的维生素 C 含量通常高于其他茶类，红茶含量较低。其次，茶叶品质越好，维生素 C 含量也越高。维生素 C 在人体正常代谢中起到了非常重要的作用，它可以提高人体免疫力，起到抗氧化、抗坏血病、治疗贫血的功效。若是每天饮用 10 克左右的高档绿茶，基本可以满足人体每日维生素 C 的需求量。茶叶中还含有丰富的 B 族维生素，包括了 B_1（硫氨酸）、B_2（核黄素）、B_3（泛酸）、B_5（烟酸）、B_{11}（叶酸）、B_{12} 等，它们有着不同的功效，其中 B_2（核黄素）在茶叶中含量比一般的蔬菜高出 10~20 倍，它可以促进机体的生长发育、预防口腔内及皮肤的炎症反应、促进体内铁的吸收。一般茶叶冲泡 10 分钟左右，这些可溶于水的维生素浸出量为 80%。茶叶中还含有一些不溶于水的维生素，通常称为脂溶性维生素，如维生素 A、维生素 D、维生素 E、维生素 K，光喝茶汤是无法摄取这些维生素的，得把茶叶也统统吃进肚子里去。

（六）茶多糖

茶多糖是一种天然活性物质，普遍存在于茶叶之中，是一类与蛋白质结合在一起的酸性多糖或酸性糖蛋白。茶多糖易溶于热水，在粗老叶片中的含量高于嫩叶片。作为茶叶中重要的活性成分，茶多糖具有良好的保健功效，除了最显著的降血糖作用外，还有如调节脂质代谢、抗氧化、抗癌等功效。

二、茶与健康

（一）饮茶利于身心健康

在介绍茶叶中的成分时，已有提到这些成分都各有各的功效，这些成分同时存在于茶叶中，又达到了协同增效的效果，这些功效都和人体的生理健康有着密切的相关性。特别是茶多酚、氨基酸、咖啡因、茶多糖等，都具有明显的药理作用。随着现代医学的不断发展，茶叶中的这些功效物质越来越多地被提取利用。总的来说，茶叶具有抗氧化、抗辐射、防癌、调节血脂、预防肥胖、保护大脑、提高免疫力、抗菌消炎、养颜祛斑、消除口臭等作用。

唐人刘贞亮的《茶十德》写道："以茶散郁气；以茶驱睡气；以茶养生气；以茶除病气；以茶利礼仁；以茶表敬意；以茶尝滋味；以茶养身体；以茶可行道；以茶可雅志。"可见，除了保健功效外，饮茶对人们心理健康也有好处。茶生于名山秀水间，其性中平而味苦，自古就被视为是健康、高雅、圣洁之物，人们通过饮茶不但能获得其保健功效，同时还能修身养性、陶冶情操、增进人际交往。

（二）饮茶宜忌

饮茶虽能促进人们的身心健康，但也不宜过多，茶中含有微量元素氟，含量较高，饮茶过量容易引起氟中毒。饮茶还讲究时间，如饭前饭中饭后都不宜饮茶。饭前饮茶会促使消化器官吸收蛋白质的功能下降，长此以往会造成营养不良；饭中饮茶会影响人体铁元素的吸收；饭后立即饮茶会冲淡胃液，茶中的碱性物质也会与胃酸中和，不利于食物的消化，增加胃负担。建议饭前、饭中、饭后一小时内不饮茶。空腹时也不宜饮茶，特别是茶多酚含量较高的绿茶，茶多酚会和胃中的蛋白质结合，对胃造成刺激。空腹饮茶还容易出现“茶醉”现象，即出现心慌、头晕等症状，这主要是由茶中咖啡因引起。缺铁性贫血患者不宜饮茶，茶中的茶多酚会与食物中的铁结合发生化学反应，影响人体铁元素的吸收。脾胃虚寒者不宜饮绿茶，茶中的茶多酚对胃会造成一定刺激引起不适，可饮用茶性相对温和的普洱茶、红茶等。失眠者少饮茶、避免睡前饮茶，茶中咖啡因会兴奋中枢神经，加重失眠症状。经期、孕期、哺乳期、更年期女性不宜饮茶，主要因为茶中的多酚类物质会影响人体对铁的吸收，咖啡因会引起心悸失眠、对胎儿发育造成影响等。服药时饮茶慎重，茶在中医中本就是一味药，其成分复杂，对于其他药物的影响尚不完全明确。醉酒时忌饮浓茶，浓茶咖啡因含量高，醉酒人摄取后，心跳加快会更为难受，茶叶冲泡时咖啡因较先浸出，建议少量茶叶冲泡，第一泡、二泡茶汤不喝，饮第三泡茶汤，茶汤里的氨基酸有安神的作用，茶多酚有抗乙醇急性中毒的作用，可帮助醉酒人解酒。

第三章 中国茶饮文化

本章导读

作为人文历史概念的茶文化，既与时空维度相关，又与自然生态条件和社会生活形态相关。中国茶饮富有人文含义，其源流既体现了人类对自然资源利用方式的演变，也融入了人们的精神追求以及相应的文化创造力。中国茶文化产生于农业时代，其萌芽于魏晋南北朝、成形于唐代、鼎盛于宋明、衰微于清代以后并复兴于工业化信息化时代。本章主要叙述各个时期茶文化的概貌。

学习目标

1. 知识目标：了解茶饮源流体现了人类对自然资源利用方式的演变
2. 能力目标：把握作为人文历史概念的茶饮文化

茶饮文化，一方面，相关于时间和空间，其内容源自一定时期、一定地域人们的生活和劳作；另一方面，它相关于自然条件和社会生活，其观念、方式及其他都是民族文化的组成部分。

中国茶饮富有人文含义，其为与中华文明相生相伴的饮食文化。其文化构成的传统部分，通常认为产生于农业时代，概括而言萌芽于魏晋南北朝、成形于唐代、鼎盛于宋明而衰微于清代以后；而其现代部分，则苏醒和渐兴于工业制造时代和互联网时代，是今日中国走向现代化、中华民族伟大复兴进程中应有的文化元素。要实现传统文化积极的承续、转换和发展，必须以对历史传统的脉络有一个准确把握为前提。对茶饮文化而言，其主要部分就是各个时期茶饮的概貌，涵盖茶饮的物质形态、涉茶人物及其人文和生活艺术内涵。

第一节　神农发端

对自然界中草木类食物的利用方式，始于采集；距今大约一万年前人类进入新石器时代，才有农业——有预期、有方法的食物生产的出现，其包括对食用植物尤其是谷类的自觉栽培和对动物的驯养。同样，对于茶树叶子的利用，无疑也是从在野生茶树上采集开始的；在食用过程中发现其调理身体、调节精神的药物用途，正是茶饮“发乎神农氏”的含义所在。

一、茶之为用

广为引用的《本草》叙述“神农尝百草，一日而遇七十毒，得茶以解之”的传说，难免有牵强附会甚至杜撰的嫌疑，然而其中所传递的当时人们对事物的价值取向和认知信息却是确切的。神农得茶解毒的传说表明，我们人类对于茶树叶子的药用价值的发现和利用可能是较早的。中药有寒温的区别，对于唐代的蒸青绿茶，当时人们的认识是“茶之为用，味至寒”（陆羽《茶经·一之源》）。

二、茶之为饮

“茶之为饮，发乎神农氏”，出自唐代茶圣陆羽《茶经》“六之饮”，是对茶饮源头的追溯，也真正奠定了神农氏作为茶饮之祖的历史地位。

三、文史记载

（一）武王伐纣

东晋常璩撰写的《华阳国志》，是一部专门记述古代西南地区历史、地理、人物等的地方志著作。其中广被采信作为贡茶之始记载的《巴志》相关文字是："周武王伐纣，实得巴蜀之师……茶蜜皆纳贡之"，其中"茶蜜皆纳贡之"的对象，实际并非周武王，但茶作为原产地"巴蜀"的特产传入中原却是可能的。

（二）晏婴

《晏子春秋》中记载："婴相齐景公时，食脱粟之饭，炙三弋、五卵茗菜而已"，其中"弋"是用系有丝绳的短矢射下的鸟或者是家禽。晏婴（前 578~ 前 500 年）是春秋后期北方齐国的政治家，这里的脱粟之饭、三弋五卵和茗菜，表明的是其生活的节俭，是否茶入菜肴或怎样的入法，含义并不明确、充分，且其中的"茗"还可能是"苔"之讹误。

第二节　秦汉之际

“茶由药用时期发展为饮用时期，是在战国或秦代之后”（《茶经述评》，吴觉农主编）。

汉初，湖南长沙及其所属茶陵县已成为重要的茶产区。长沙马王堆西汉墓中，发现陪葬清册中有“槚笥”的竹简文和木刻文以及“荼陵”封泥印鉴，说明在当时饮茶已成为湖南地区的习俗。

一、茗饮之事

清代学者顾炎武在《日知录》中判断：“自秦人取蜀而后，始有茗饮之事。”即蜀地的茶饮，因秦攻取其地而被更广阔地域上的人们所了解和接受。

二、书契信息

中国古代，编有专门用于启蒙的识字课本，其中汉代司马相如（前179~前127年）的《凡将篇》中有“乌喙，桔梗，芫华，款冬，贝母，木檗，蒌，芩草，芍药，桂，漏芦，蜚廉，萑菌，荈诧，白敛，白芷，菖蒲，芒硝，莞椒，茱萸”等药用之物的记载，其中“荈诧”就是茶的一个名称。

汉代王褒的《僮约》，拟订了童仆的日常劳作内容，包括“烹荼尽具，哺已而盖藏”和“牵犬贩鹅，武阳买荼”，要求茶在烹煮和饮用时应使用完整的器具，也印证了汉代时武阳（今四川省眉山市彭山区，地近成都）已是茶叶集散地的历史情形。

三、丹丘仙人

南朝陶弘景《杂录》记：“苦茶轻身换骨，昔丹丘子、黄山君服之。”丹丘子、黄山君是传说中汉代的神仙人物，按此记载，他们的成仙有赖于茶的功效。唐代诗僧皎然也有诗句道“孰知茶道全尔真，唯有丹丘得如此”（《饮茶歌诮崔石使君》）和“丹丘羽人轻玉食，采茶饮之生羽翼”（《饮茶歌送郑容》）。可见从魏晋南北朝到隋唐时期，丹丘子作为仙人是被当时的人们认作饮茶羽化成仙的代表人物。

第三节　魏晋茶风

魏晋时期，茶饮发展进入烹煮饮用阶段；其方式主要有茶品尝、伴果而饮、茶宴、茶粥等类型。

茶饮方法，据魏国张揖《广雅》中的记述：“荆、巴间采叶做饼。叶老者，饼成以米膏出之。欲煮茗饮，先炙令赤色，捣末，置瓷器中，以汤浇覆之，用葱、姜、橘子芼之。其饮醒酒，令人不眠。”可见当时采下的茶树鲜叶，先制成饼（其中粗老者还要借助米膏来黏结），饮用时再炙烤、捣碎成末放到瓷质的盛器中，然后用烧开的水浇冲，但要加入调味的葱、姜和橘子之类拌和，也就是一种调饮。

《三国志·吴书·韦曜传》记载，在廷宴上，嗜酒的吴王孙皓对甚得其欢心、受委修史重任却酒量颇小的韦曜“密赐茶荈以代酒”。

一、助益修行

《晋书·艺术传》记载：“单道开，敦煌人也……时夏饮茶苏，一二升而已。”单道开是佛教徒，曾在河北临漳县的昭德寺首创禅室，在其中昼夜不卧，通过饮茶来祛睡意解困乏以坐禅入定。

晋僧怀信的《释门自镜录》中有云：“跣足清淡，袒胸谐谑，居不愁寒暑，食不择甘旨，使唤童仆，要水要茶。”

《续名僧录》记载：“宋释法瑶，姓杨氏，河东人……年垂悬车，饭所饮茶。”法瑶是东晋名僧慧远的再传弟子，著名的即涅槃师。法瑶性喜饮茶，每饭必饮。

二、名士风流

简略看来，大致是到汉后的魏晋时代，茶从药物和日常饮食中出落为一种富于意味的饮品；在那时，其意味呈现为一种“风流”——艺术化而有相当精神要求的生活方式，是“精神上臻于玄远之境的士人的气质的外观”（关剑平《茶与中国文化》）。

风流表现为秀出于一般人的言谈、举止、趣味、习尚，并为人们所倾慕、学样和跟随。风流人物的言行趣尚，被引为人们心向往之的礼仪和作派。

弘君举的《食檄》记载：“寒温既毕，应下霜华之茗；三爵而终，应下诸蔗、木瓜、元李、杨梅、五味、橄榄、悬豹、葵羹各一杯。”其情形是有客到来，在见面寒暄之后，先请饮茶。也有自认为风雅而以茶待客，却过于殷勤甚至“逼迫”来客不断饮茶而让人受不了的尴尬情形。南朝宋人刘义庆《世语新说·纰漏》中记，“晋司徒长史王蒙好饮茶，人至辄命饮之，士大夫皆患之。每欲往候，必云今日有水厄”，即让受此“待遇”的人感到是一种遭遇厄运般的不堪承受。

三、俭性素业

晋代桓温，官至征西大将军，在任扬州牧时，“性俭，每宴，唯下七奠柈，茶果而已”。

同时代的陆纳，在陆羽《茶经·六之饮》中被称为“远祖纳”，曾任吴兴（今浙江湖州）太守。他通过以茶待客来培养“素业”，即清廉不奢的名声，且曾经将预备佳肴招待贵宾谢安（320~385 年）的侄子陆俶杖打四十，责备他：“既不能光益叔父，奈何秽吾素业。”

南朝齐的世祖武皇帝萧赜（440~493 年）在《遗诏》中嘱咐：“我灵座上慎勿以牲为祭，但设饼果、茶饮、干饭、酒脯而已。”

四、茶文之初

迄今所见，最早以茶为主题的文学作品是西晋杜育的《荈赋》。文中叙述：“水，则岷方之注，挹彼清流；器择陶拣，出之东瓯；酌之以匏，取式公刘。”大意是说：在煮茶时选用的水，是挹取自高高的岷山流注而下的清泉；选择的盛茶器具，是东边瓯窑出产的青瓷；引用来酌分茶汤的器具是匏，借以效法周朝的兴邦之祖先公刘治理邦国所遵循的礼仪制度，从而使得行茶过程呈现一种形式感甚或仪式感，“文化”意味显而易见。

五、味溢九州

西晋文学家左思所作《娇女诗》，描绘了他的两个娇美的女儿日常游玩时的一个童趣场面：“止为茶荈据，吹嘘对鼎鬲。”

西晋孙楚的《出歌》，记述了物产出处，其中有“姜桂茶荈出巴蜀，椒橘木兰出高山”的诗句。

张载的《登成都白菟楼》中有诗句“芳茶冠六清，溢味播九区。人生苟安乐，兹土聊可娱”，其中六清，分别为：水；浆，即煮米时沥出的米汤；醴，即甜酒；凉，即冰水；医，即梅汤；酏，即酿酒用的薄粥。其登高而歌咏蜀地堪为谋求安乐之人的乐土，重要的缘由之一在于这里有冠于六清的茶饮，而“芳茶”的美名已然播扬天下。

第四节　唐代茶论

唐代茶饮普及，茶叶生产已形成 8 个产区，遍布 43 州，包括了现在行政区划的四川、重庆、浙江、安徽、湖南、湖北、广东、广西、福建、江西、江苏、河南、贵州等地，而长江中下游地区已发展成为当时的生产和技术中心所在。茶从一种小众饮品普及为大众饮料，中唐时期更形成“比屋之饮”的盛况。以此为物质基础，通过丰富的实践形成了系统化的理论，茶文化从而真正形成，其标志就是陆羽《茶经》的付梓。

茶马古道（见图 3–1）自唐代开始，经宋、明、清以至民国时期成为汉、藏之

图 3–1　茶马古道（吴美东供图）

间以茶马交易为主而形成一条条交通要道。主要分南、北两条，即滇藏道和川藏道。滇藏道起自云南西双版纳一带产茶区，经丽江、中甸、德钦、芒康、察雅至昌都，再由昌都通往卫藏地区。川藏道则以今四川雅安一带产茶区为起点，首先进入康定，自康定起，川藏道又分成南、北两条支线。

一、陆羽《茶经》

《茶经》为中国茶书经典，世界第一部茶学专著。全篇 7200 字，其中正文 6313 字，陆羽自注 887 字（沈冬梅《茶经校注》）。

（一）陆羽其人

《茶经》的作者陆羽（733~804 年），字鸿渐，复州竟陵（今湖北天门）人；又名疾，字季疵。在《陆文学自传》里自述身世和品貌：“不知何许人。有仲宣、孟阳之貌陋，相如、子云之口吃。”因安史之乱徙居吴兴（今浙江湖州），访泉问茶并著书立说。

（二）《茶经》其著

《茶经》（见图 3–2）内容，相关于“茶之为饮”的物质源头、人文历史以及行茶品茗的器物、方法、茶道原理。全书分上、中、下三卷共十个部分。其主要内容和结构为：上卷一之源，二之具，三之造；中卷四之器；下卷五之煮，六之饮，七之事，八之出，九之略，十之图。

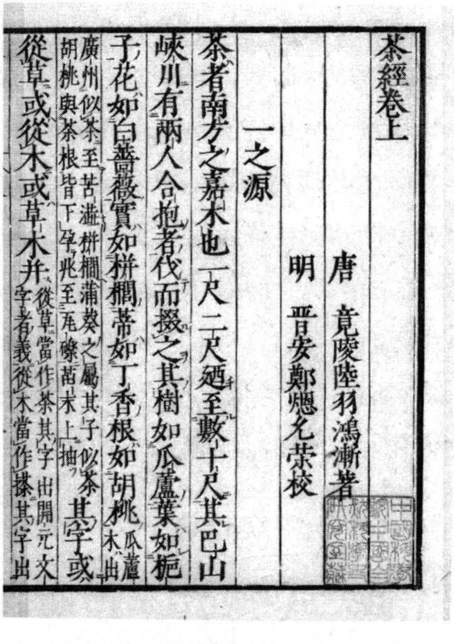
茶經卷上
唐 竟陵陸羽鴻漸著
明 晋安鄭熜名荣校
一之源
茶者南方之嘉木也一尺二尺迺至數十尺其巴山峽川有兩人合抱者伐而掇之其樹如瓜蘆葉如梔子花如白薔薇實如栟櫚蒂如丁香根如胡桃瓜蘆木出廣州似茶至苦澀栟櫚蒲葵之屬其子似茶胡桃與茶根皆下孕兆至瓦礫苗木上抽其字或從草或從木或草木并從草當作茶其字出開元文字音義從木當作搽其字出

图 3–2　陆羽《茶经》

上卷三章：一之源，说明茶树的性状，茶叶品质与土壤的关系，提出“精行俭德”的茶学思想；二之具，说明采制茶叶的各种工具；三之造，说明鲜叶种类与采制方法、时机。中卷一章：四之器，说明煮茶和饮茶的用具，各地和不同材质茶具的优劣和使用规则，以及器具对茶汤品质的影响。下卷六章：五之煮，说明煎煮技艺对茶汤之色、香、味的影响；六之饮，说明茶饮起源和饮茶应具备的常识；七之事，记述唐代以前有关饮茶的故事、药理等；八之出，记述茶叶产地与品质高低的关系，分析了中国茶区的演变过程；九之略，说明在何种条件下，哪些采制茶叶的工具和煮茶饮用的器物可以省略，并强调整套茶器的使用才是饮茶之道的真正体现；十之图，建议人们将前九章写在绢帛、悬挂于墙隅，在事茶时一目了然，以便遵循。

（三）精行俭德

陆羽在《茶经·一之源》即开宗明义地倡导，“茶之为饮，最宜精行俭德之人”。“精行”，就是做事不断精进、精益求精，是陆羽认为从事茶业的人应该乃至必须遵循的时时处处的行为准则和应该乃至必须秉持的做事态度，唯有如此，思想观念才能体现出它对于技艺提升与完善的指导价值，这同时也是一种精神上的价值实现。

为了强调自己所倡导观念的必须遵循，陆羽在《茶经·六之饮》中通过借喻作了生动而逻辑明晰的阐述。他先是列举了人们在日常生活中居住、衣着、饮食上都有不厌其精的追求，即“所庇者屋，屋精极；所着者衣，衣精极；所饱者饮食，食与酒皆精极之”。既然，人类对于住、衣、食的需求都能够精益求精以至于达到极致的地步，那么，同样为生活内容组成的茶饮，其“精行”也就顺理成章甚至理直气壮地完全具备值得追求的价值，且应为从事茶业、制备茶饮的必要选择。这就为茶饮之必须精行的观念构建了宽厚的立论基础，某种程度上，是人类共有的价值观、世界观在茶饮这一具体事物上的体现，理应坚定施行。

提出观念的倡导，指出实践的途径并笃行之，对于茶事从业者而言，将因坚持践行而培育出自身的一种良好的职业习惯，以至固着为一种坚定的操守。其源于脚踏实地而符合实际，也源于不断精进而益于身心，其善莫大焉。千百年而下，其依然令人心向往而殊应奉行不悖。

（四）三癸建亭

唐大历八年（773 年），由陆羽等人发起，湖州刺史颜真卿出资，在湖州杼山建茶亭一座，因该茶亭建成于癸年癸月癸日，故取名为三癸亭（见图 3–3）。此后颜真卿、陆羽、皎然等人便时常聚会于此，品茶赋诗，抚琴弈棋，观花赏月，茶事或茶事伴随的活动源于此而推演为一种既高雅又润泽身心的文化活动。在这时期，他们著书立说，推广茶事，品评茗茶，评鉴水品，演绎茶会、茶宴形式，开创了茶法的格局和程序。

图 3-3 湖州杼山三癸亭

二、卢仝《走笔谢孟谏议寄新茶》

卢仝（795~835 年），号玉川子，有《玉川子诗集》传世。其歌道：

日高丈五睡正浓，军将打门惊周公。
口云谏议送书信，白绢斜封三道印。
开缄宛见谏议面，手阅月团三百片。
闻道新年入山里，蛰虫惊动春风起。
天子未尝阳羡茶，百草不敢先开花。
仁风暗结珠琲瓃，先春抽出黄金芽。
摘鲜焙芳旋封裹，至精至好且不奢。
至尊之余合王公，何事便到山人家。
柴门反关无俗客，纱帽笼头自煎吃。

碧云引风吹不断，白花浮光凝碗面。

一碗喉吻润，两碗破孤闷。

三碗搜枯肠，唯有文字五千卷。

四碗发轻汗，平生不平事，尽向毛孔散。

五碗肌骨清，六碗通仙灵。

七碗吃不得也，唯觉两腋习习清风生。

蓬莱山，在何处？

玉川子，乘此清风欲归去。

山上群仙司下土，地位清高隔风雨。

安得知百万亿苍生命，堕在巅崖受辛苦！

便为谏议问苍生，到头还得苏息否？

这首饮茶诗作，朗朗上口而通俗易懂，常简称为“茶歌”。其中，尤以从一碗到七碗由上而下、自内而外以至于飘然若仙的吃茶的深切感受和比拟的生动贴切，令人有酣畅淋漓的痛快而为他文所不及，因而又被直接称为《七碗茶诗》。正源于此，卢仝、其名号和诗中有关吃茶感受的种种词语描述，为当时和后世的文人雅士在论及茶饮时常常引用为茶及茶事的指代（见图 3-4），影响广泛而深远，故而他被尊为“茶中亚圣”。

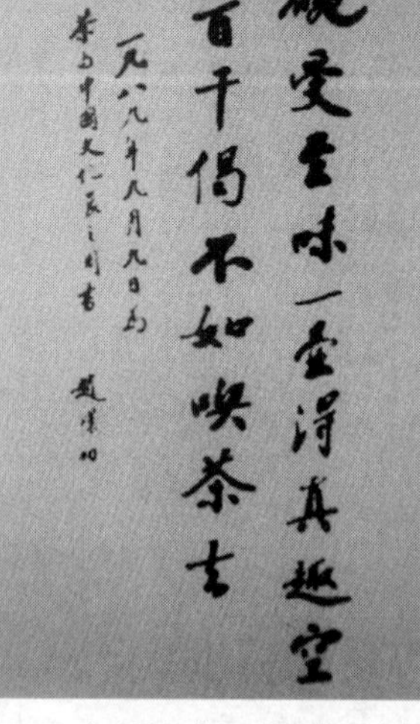

图 3-4　赵朴初《七碗受至味》墨迹

三、张又新《煎茶水记》

该文记载了唐代刘伯刍（755~815 年）和陆羽鉴别各地水质并予以排序的故事。其中，刘伯刍将唐代两浙（大致包括今天的浙江省全境，江苏省的镇江、苏州、无锡、常州地区，上海市，福建省闽东地区）一带的水对应于煎茶的适宜程度做出比较，列为七等：

扬子江南零水第一；

无锡惠山寺石泉水第二；

苏州虎丘寺石泉水第三；

丹阳县观音寺水第四；

扬州大明寺水第五；

吴淞江水第六；

淮水最下，第七。

元和九年（814 年），张又新偶遇一位楚僧，在他随身携带的书中发现《煮茶记》一文，文中记录了陆羽品鉴南零水的往事以及对“所经历处之水”的优劣判断。陆羽的排序为：

庐山康王谷水帘水第一；

无锡县惠山寺石泉水第二；

蕲州兰溪石下水第三；

峡州扇子山下有石突然，泄水独清冷，状如龟形，俗云虾蟆口水，第四；

苏州虎丘寺石泉水第五；

庐山招贤寺下方桥潭水第六；

扬子江南零水第七；

洪州西山西东瀑布水第八；

唐州柏岩县淮水源第九，淮水亦佳；

庐州龙池山岭水第十；

丹阳县观音寺水第十一；

扬州大明寺水第十二；

汉江金州上游中零水第十三，水苦；

归州玉虚洞下香溪水第十四；

商州武关西洛水第十五；未尝泥。

吴淞江水第十六；

天台山西南峰千丈瀑布水第十七；

郴州圆泉水第十八；

桐庐严陵滩水第十九；

雪水第二十，用雪不可太冷。

张又新再作亲身尝试和验证，进而得出“夫茶烹于所产处，无不佳也，盖水土之宜。离其处，水功其半，然善烹洁器，全其功也”的结论。

四、封演《封氏闻见记》

此书成于8世纪末，为纪实性文本，史料价值颇高。

其中卷六“饮茶”记载：

南人好饮之，北人初不多饮。开元中，泰山灵岩寺有降魔师，大兴禅教。学禅务于不寐，又不夕食，皆许其饮茶。人自怀挟，到处煮饮，从此转相仿效，遂成风俗。

自邹、齐、沧、棣，渐至京邑城市，多开店铺，煎茶卖之。不问道俗，投钱取饮。

茶罢，命奴子取钱三十文酬茶博士。

往年回鹘入朝，大驱名马，市茶而归。

楚人陆鸿渐为《茶论》，说茶之功效并煎茶炙茶之法，造茶具二十四事，以都统笼贮之。远近倾慕，好事者家藏一副。有常伯熊者，又因鸿渐之论广润色之。于是茶道大行，王公朝士无不饮者。

由封演的记述中可以获知，在中唐时期茶饮能够形成习俗，是跟佛教禅宗的传播、兴盛与影响有相应关联的，饮茶的风气由南方迅速扩展到北方，而且从中原传到了塞外，因此开启了茶马的交易。在包括京都长安和洛阳在内的北方城市，到处开设有煮茶售卖的店铺。“投钱取饮”一词所描绘的情形，隐约表达出价格不高、买饮方便的含意。今日犹有耳闻的“茶博士”是对茶饮从业人员的称呼；而包含政治、军事意义的“茶马交易”的经济现象，在唐代已有。而遵循陆羽《茶经》所述的行茶方法并以艺术的手法加以“广润色之”的常伯熊，更像是今日的茶艺表演之声名卓著者，并且他的行为社会效果很好，使得陆羽的行茶方法大为流行。受此影响，社会上层的王公贵族也没有不饮茶的。

五、茗为人饮与盐粟同资

《旧唐书·李钰传》记叙：“茶为食物，无异米盐。于人所资，远近同俗；既蠲渴乏，难舍斯须。田闾之间，嗜好尤甚。”茶对于人们如同米、盐一样为日用所不可缺少的生活所需品，可以用来缓解干渴和困乏，人们一刻不能缺少般地总想着去喝；而在首都长安城内，人们更是嗜好此道。可见，中国人以饮茶作为一种习俗，于中唐已蔚为成风，陆羽在《茶经·六之饮》中将这样的情形概括为“比屋之饮”。

六、吕温《三月三日茶宴序》

唐代中期，户部员外郎吕温（771~811 年）和几位才子一起来过传统的修禊节日，不同于习俗惯常的饮酒做法，大家商议下来决定以茶代酒。文人雅聚，兴之所至当然要创作诗文且汇编成集，吕温为诗集作序，以说明缘由。《序》中写道：

> 三月三日，上巳禊饮之日也，诸子议以茶酌而代焉。
>
> 乃拨花砌，憩庭阴。清风逐人，日色留兴。卧指青霭，坐攀香枝；闲莺近席而未飞，红蕊拂衣而不散。乃命酌香沫，浮素杯，殷凝琥珀之色。不令人醉，微觉清思。虽五云仙浆，无复加也。
>
> 座右才子，南阳邹子、高阳许侯，与二三子顷为尘外之赏，而曷不言诗矣。

大致时期相近而稍早的天宝（742~756 年）进士钱起，在他的《与赵莒茶宴》中记述道：“竹下忘言对紫茶，全胜羽客醉流霞。”可见，“茶宴”在更多情形下，是文人雅集的一种方式；或者说，其精神的怡然自得，要远多于饮食的大快朵颐，而后者甚至可以全无，至少在以“茶宴”为题的吕温的《序》和钱起的诗里，看不到踪迹。故而，“茶宴”跟请客招待或宴请没什么关联。

七、相关书画与诗文

（一）阎立本《萧翼赚兰亭图》

阎立本（601~673 年），唐代画家，出身贵族，官至宰相。

《兰亭集序》在王羲之家族内代代相传到第七代孙智永和尚（陈、隋间人，本名王法极，善书法，作品以《真草千字文》最为驰名），智永再传辨才。此图传为阎立本所绘，内容是为完成皇帝李世民获取王羲之兰亭真迹的心愿，大臣萧翼打听到法帖下落后，身携召帖圣旨到藏帖的云门寺（原永欣寺），用以文交友的方式从辩才手中计赚书圣墨宝的故事。

画面中（见图 3-5），居中的辩才和右侧的萧翼正谈文论艺，左下角有两人在烹茶和侍奉——老者煮茶，少者持带托茶盏等待盛汤。

图 3-5　阎立本《萧翼赚兰亭图》（宋摹本，台北故宫博物院藏）

（二）怀素《苦笋帖》

怀素，唐代著名书僧，长于狂草。

该帖文曰："苦笋及茗异常佳，乃可径来"，是迄今发现最早的佛门涉茶书札（见图 3-6），透露出怀素获得非常好的苦笋和茶叶，邀约朋友来共享的信息。

在中国古代，书札系人际交往和记事的主要途径之一，其受推崇而为法帖，则正是书写时的心手如一而非故意造作所致，所谓胸臆存焉。

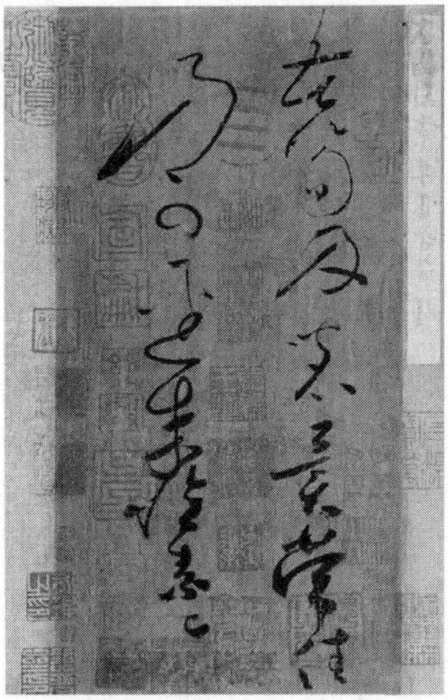

图 3-6 怀素《苦笋帖》(上海博物馆藏)

(三)佚名《宫乐图》

画中(见图 3-7),后宫仕女或嫔妃十人围着一张大长方桌而坐,或品茗或行令,或舀取茶汤或畅饮不辍。上方四人,分别吹弹筚篥、琵琶、筝和笙,侍立的一女击打拍板以为节奏而助兴宴饮。

图 3-7 佚名《宫乐图》(台北故宫博物院藏)

（四）李白《答族侄僧中孚赠玉泉仙人掌茶（并序）》

李白（701~762 年），字太白，盛唐最有天赋的诗人（见图 3–8）。

图 3-8　李白像

余闻荆州玉泉寺，近清溪诸山；山洞往往有乳窟，窟中多玉泉交流。其中有白蝙蝠，大如鸦；按仙经，蝙蝠一名仙鼠，千岁之后，体白如雪，栖则倒悬，盖饮乳水而长生也。其水边，处处有茗草丛生，枝叶如碧玉。唯玉泉，真公常采而饮之，年八十余岁，颜色入桃花。而此茗清香滑熟异于他者，所以能还童振枯，扶人寿也。余游金陵，见宗僧中孚，示余茶数十片，拳然重叠，其状如手，号为“仙人掌茶”。盖新出乎玉泉之山，旷古未见。因持之见遗，兼赠诗，要余答之，遂有此作。后之高僧大隐，知仙人掌茶发乎中孚禅子及青莲居士李白也。

常闻玉泉山，山洞多乳窟。
仙鼠白如鸦，倒悬清溪月。
茗山此中石，玉泉流不歇。
根柯洒芳津，采服润肌骨。
丛老卷绿叶，枝枝相连接。
曝成仙人掌，以拍洪崖肩。

举世未之见，其名定谁传。

宗英乃禅伯，投赠有佳篇。

清镜烛无盐，顾惭西子妍。

朝坐有余兴，长吟播诸天。

此篇的序和诗文，叙述了荆州（今湖北当阳县城西）玉泉寺所在山岭的水边，生长着茶树并为僧人采摘制成仙人掌茶，诗人受赠此茶及附诗并被邀约答和的雅事。从中可以读出李白看重此茶的助益养生功效，对茶树“枝叶如碧玉”、茶汤“清香滑熟异于他者”的赞美。

（五）皎然《饮茶歌诮崔石使君》

皎然，俗姓谢，名清昼，吴兴（今湖州）人，传为六朝诗人谢灵运的十世孙。在时间上，“茶道”作为一个词语在此为迄今所见之最早。

越人遗我剡溪茗，采得金芽爨金鼎。

素瓷雪色缥沫香，何似诸仙琼蕊浆。

一饮涤昏寐，情思朗爽满天地。

再饮清我神，忽如飞雨洒轻尘。

三饮便得道，何须苦心破烦恼。

此物清高世莫知，世人饮酒多自欺。

愁看毕卓瓮间夜，笑向陶潜篱下时。

崔侯啜之意不已，狂歌一曲惊人耳。

孰知茶道全尔真，唯有丹丘得如此。

作为忘年之交的皎然与陆羽，茶饮为其交往的内容和载体，如《九日与陆处士饮茶》中记述：

九日山僧院，东篱菊也黄。

俗人多泛酒，谁解助茶香。

在九月九的时令，东篱菊黄，生成山寺悠然的隐居氛围。诗僧与茶圣未像大多数人撒菊入酒来饮用那样醺然于酒乡梦境，却是煎茶自酌，在秋英的氤氲中陶然于茶的芬芳。而若以菊花入茶汤，则沁人肺腑的香意恐怕不仅来自花与茶，还源于禅僧处世的致远心境。这样的心境，源于一种宁静的态度而思及浩瀚辽阔，却可能恰好是还原清净自我的安然于当下。

（六）韦应物《喜园中茶生》

韦应物（737~792 年），京兆长安人。

韦应物被认为是神韵诗大家，作品平淡却山高水深。《喜园中茶生》正是他身在官场、心思悠闲之念想，借种植茶树一事所作的委婉表达：

洁性不可污，为饮涤尘烦；
此物信灵味，本自出山原。
聊因理郡余，率尔植荒园；
喜随众草长，得与幽人言。

（七）刘禹锡《西山兰若试茶歌》

刘禹锡（772~842 年），字梦得，洛阳人，贞元九年（793 年）进士。其名作《秋词》之“晴空一鹤排云上，便引诗情到碧霄”和《乌衣巷》之“旧时王谢堂前燕，飞入寻常百姓家”便常为人们所吟诵激赏而脍炙人口。

山僧后檐茶数丛，春来映竹抽新茸。
宛然为客振衣起，自傍芳丛摘鹰觜。
斯须炒成满室香，便酌沏下金沙水。
骤雨松风入鼎来，白云满碗花徘徊。
悠扬喷鼻宿酲散，清峭彻骨烦襟开。
阳崖阴岭各殊气，未若竹下莓苔地。
炎帝虽尝未解煎，桐君有箓那知味。
新芽连拳半未舒，自摘至煎俄顷余。
木兰沾露香微似，瑶草临波色不如。
僧言灵味宜幽寂，采采翘英为嘉客。
不辞缄封寄郡斋，砖井铜炉损标格。
何况蒙山顾渚春，白泥赤印走风尘。
欲知花乳清泠味，须是眠云跂石人。

诗句展现了春来时采制茶叶的生动画面，诱人神往。

（八）柳宗元《夏昼偶作》

柳宗元（773~819 年），字子厚，唐宋八大家之一，他的诗作清淡平畅、修辞上干净简洁，这些则离不开对于字句的精心锤炼，如《江雪》所吟：“千山鸟飞绝，万径人踪灭。孤舟蓑笠翁，独钓寒江雪。”

南州溽暑醉如酒，隐几熟眠开北牖。

日午独觉无余声，山童隔竹敲茶臼。

“南州”，也就是古代诗文中经常文雅地被称为“潇湘”的湖南永州。“溽暑”，为潮湿闷热的盛夏，让人昏沉如同醉酒。开北牖，以引来相对凉爽的风；靠着小桌正处于深睡的状态。此时，隔着竹林传来山童捣茶成末的敲臼声，清脆而怡人；若联想煎茶来饮可有的酣畅，不失为度暑的赏心乐事。

（九）白居易茶诗

白居易（772~846 年），字乐天，号香山居士（见图 3-9）。其诗自然平易、浅畅贴切，节奏轻快、词语清丽，但“看似平易，其实精纯”。

图 3-9 白居易画像

他的《琴茶》诗，叙述了逍遥自在的赋闲生活，源于琴曲《渌水》的聆听和蒙山名茶的品饮，而看淡世事、越发自由通达。诗里写道：

兀兀寄形群动内，陶陶任性一生间。

自抛官后春多醉，不读书来老更闲。

琴里知闻唯渌水，茶中故旧是蒙山。

穷通行止长相伴，谁道吾今无往还。

《山泉煎茶有怀》诗，有怀，有所感念；泠泠，清凉的样貌；瑟瑟，碧色；尘：茶叶细末；无由，无须特别的缘由，遥寄一份情怀给同好中人：

坐酌泠泠水，看煎瑟瑟尘。

无由持一碗，寄与爱茶人。

（十）陆龟蒙和皮日休的茶事吟咏

晚唐皮日休（838~883 年）的《茶中杂咏》和陆龟蒙（？ ~881 年）的《奉和袭美茶具十咏》对茶事进行了吟咏，成了解当时涉茶事物的确凿资料（见图 3-10）。其吟咏以写景咏物为多，陆龟蒙还是中国历史上著名的农学家，推广曲辕犁为其重要事迹。

图 3-10 陆龟蒙画像

皮陆同题诗选录于下：

茶舍（皮日休）

阳崖枕白屋，几口嬉嬉活。棚上汲红泉，焙前蒸紫蕨。

乃翁研茗后，中妇拍茶歇。相向掩柴扉，清香满山月。

茶舍（陆龟蒙）

旋取山上材，驾为山下屋。门因水势斜，壁任岩隈曲。

朝随鸟俱散，暮与云同宿。不惮采掇劳，只忧官未足。

茶灶（皮日休）

南山茶事动，灶起岩根傍。水煮石发气，薪然杉脂香。

青琼蒸后凝，绿髓炊来光。如何重辛苦，一一输膏粱。

茶灶（陆龟蒙）

无突抱轻岚，有烟映初旭。盈锅玉泉沸，满甑云芽熟。

奇香袭春桂，嫩色凌秋菊。炀者若吾徒，年年看不足。

茶焙（皮日休）

凿彼碧岩下，恰应深二尺。泥易带云根，烧难碍石脉。

初能燥金饼，渐见干琼液。九里共杉林，相望在山侧。

茶焙（陆龟蒙）

左右捣凝膏，朝昏布烟缕。方圆随样拍，次第依层取。

山谣纵高下，火候还文武。见说焙前人，时时炙花脯。

茶瓯（皮日休）

邢客与越人，皆能造兹器。圆似月魂堕，轻如云魄起。

枣花势旋眼，苹沫香沾齿。松下时一看，支公亦如此。

茶瓯（陆龟蒙）

昔人谢塸埞，徒为妍词饰。岂如珪璧姿，又有烟岚色。

光参筠席上，韵雅金罍侧。直使于阒君，从来未尝识。

煮茶（皮日休）

香泉一合乳，煎作连珠沸。时看蟹目溅，乍见鱼鳞起。

声疑松带雨，饽恐生烟翠。尚把沥中山，必无千日醉。

煮茶（陆龟蒙）

闲来松间坐，看煮松上雪。时于浪花里，并下蓝英末。

倾余精爽健，忽似氛埃灭。不合别观书，但宜窥玉札。

第五节　宋代闲事

北宋首都汴京（今河南开封），是当时世界最大的商品集散中心。

在张择端的《清明上河图》中，显现出当时经济旺盛、生活丰富的社会状况。图中描绘了景象繁华的东京（今河南开封），汴河两岸茶楼、酒肆生意兴隆，城中的朱雀门、新门、龙津桥一带及其以南地区则茶坊尤多。除了卖茶，茶坊也会买卖衣物、图画、花环、领抹之类，主要功能则还是提供饮茶、休闲和娱乐。

南宋时代，虽然是半壁江山的偏安，但依然与世界各国保持密切的经济文化交流。杭州的茶坊，是重要的社会交际场所。其布置颇具雅趣，张挂有字画，安放有花架；茶饮供应随季节而变换，冬天有七宝擂茶、葱茶、盐豉汤，夏天有雪泡梅花酒、缩脾饮、暑药冰水。与此不同的“花茶坊”，则有歌楼的娱乐色彩，《武林旧事》描述其为“朝歌暮弦”。

一、官焙南移与精细制茶

由于气候变冷的关系，中国的茶业在宋代发生了一次重心的南移，正所谓“年年春自东南来，建溪先暖冰微开”（范仲淹《和章岷从事斗茶歌》），又“建安三千里，京师三月尝新茶”（欧阳修《尝新茶呈圣俞》）。

太平兴国二年（977年），宋太宗赵光义诏令在福建建安北苑（今建瓯东峰镇凤凰山）设立官焙采制龙凤茶，所谓“取象于龙凤，以别庶饮，由此入贡”。

至咸平年间（998~1003年），福建转运使丁谓造贡“大龙团”，庆历时（1041~1048年）任转运使的蔡襄造贡较“大龙团”更胜一筹的“小龙团”，后更精改为“密云龙”，采制技术也更为精致、讲究。北苑贡茶品色繁多，极盛时贡品花色几乎不可胜数。

二、蔡襄《茶录》

蔡襄（1012~1067 年），字君谟，庆历年间任福建路转运使，为北宋一代名臣。

作为茶学家的蔡襄，在制茶上有创新，在品鉴上闻名遐迩。他在任职转运使期间，主导研制出小龙团。熊蕃《宣和北苑贡茶录》中记述为：“蔡君谟将漕，创造小龙团以进，被旨仍岁贡之。”

《茶录》（见图 3–11），是宋代茶饮的代表性专著。皇祐三年（1051 年），宋仁宗赵祯垂问建安贡茶及用其点试的情形，蔡襄撰写此书进呈，向皇帝说明有关知识和技艺要领。全书分为两篇，上篇论茶，下篇论器，上篇中对茶的色、香、味和藏茶、炙茶、碾茶、罗茶、候汤、火胁盏、点茶进行了简明扼要的论述，在下篇中，对制茶用具和烹茶用器的选择，均有独到的见解。因以“斗试”为题旨，故而上篇和下篇各条有一定的对应关系，由此形成一个完整的体系。在此意义上，《茶录》其实是一部有关点茶和斗茶技艺的专著，阐述的是当时盛行的斗茶要旨和流程，实际反映了宋代前期的茶学发展阶段及人们的认识水平。

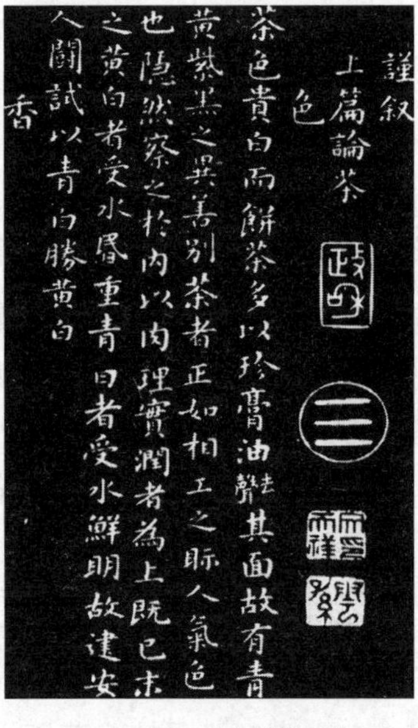

图 3–11　蔡襄《茶录》

治平元年（1064 年），蔡襄校正因传抄而“多舛谬”的《茶录》文本，以小楷手书并刊刻于石碑，以表达对先帝“顾遇之恩”的感念。

三、赵佶《茶论》

宋徽宗赵佶（1082~1135 年），是中国历史上唯一撰写茶学专著的皇帝（见图 3-12）。

图 3-12　宋徽宗赵佶画像

赵佶醉心于茶，多次为臣下点茶并有记述，对于点茶有着丰富的亲身经验并撰写了茶书。

该书原名《茶论》，因著成于大观年间（1107~1110 年），故后称为《大观茶论》。其序中道：“至若茶之为物，擅瓯闽之秀气，钟山川之灵禀，祛襟涤滞，致清导和，则非庸人孺子可得知矣。冲澹简洁，韵高致静，则非遑遽之时可得而好尚矣。”

对于茶了解甚深的赵佶认为，茶饮作为一宗事物，不是“谷粟之于饥、丝枲之于寒”这样的日常必需品；茶饮给予人们的益处，更在于“祛襟涤滞、致清导和”及“冲淡简洁、韵高致静”这样的精神层面。所以，茶饮不是牵绊于日常的庸人孺子所乐于知晓，也不是匆忙于各种事务的遑遽之时的人们可以从事进而赏玩的。由此，这位皇帝对茶于人情性的陶冶和饮茶的心境进行了高度概括。

全书分二十篇，记述了地产、天时、采摘、蒸压、制造、鉴别、白茶、罗碾、盏、筅、瓶、杓、水、点、味、香、色、藏焙、品名、外焙，可谓宋代制茶和点茶的集大成之作，也推动了饮茶风气的盛行。

四、《茶具图赞》

《茶具图赞》由谂安老人写成于咸淳五年（1269 年），记述宋代典型的十二种点茶器具，以职官为名，分别作图作赞。赞，为称颂的体裁，以具有美感而描绘性的行文方式，形象而确切地记述了茶器的材质、形制、使用特点和趣味生动的人文含意，诚为一种审美的方式和创作。特点是形象生动，而且与官职的职责相对应，给每种器具都赋予了性格和担当的要求。

五、斗茶与分茶

宋代的茶饮，随着时间的推移，其行茶方式的主流从煎煮法渐趋于点茶法。以点茶法为基础，在宋代形成人们喜闻乐见的斗茶习俗和手法精妙的分茶技艺。

（一）点茶之法

宋代点茶，按照蔡襄《茶录》里的叙述，其基本流程是经过熁盏、投茶、调膏、搅击等各环节完成，最后的茶汤，以“面色鲜明”为好。

对于点茶用水，蔡襄认为：“候汤最难，未熟则末浮，过熟则茶沉”。南宋时罗大经则将水的烹煮状况概括为基于陆羽三沸说的“背二涉三”，即以烧水时的声响来判断：“砌虫唧唧万蝉催，忽有千车捆载来；听得松风并涧水，急呼缥色绿瓶杯”，或者“松风桧雨到来初，急引铜瓶离竹炉；待得声闻俱寂后，一瓯春雪胜醍醐”。

概括来说，点茶就是末茶兑开水，搅击出沫成汤——茶汤表面的泡沫，是宋代行茶的主要特征。赵佶的《大观茶论》中把“点茶”环节叙述得十分完备，有“七汤”之说。

（二）斗茶之争

“北苑将期献天子，林下雄豪先斗美”，范仲淹的诗句，道出宋代斗茶风行一时的缘由在于通过比拼来选出最佳者作为进贡的茶品（见图 3–13）。

斗茶也称“茗战”，输赢的判断一看茶面汤花的色泽与均匀程度；二看茶汤与茶盏内沿相接处水痕即“水脚”出现的早晚。斗茶，借以判断的是茶叶的品质，同时也是点茶的技艺。

图 3-13　宋代佚名《斗茶图》

（三）分茶之戏

所谓分茶，是以茶汤为纸，泡沫为绘。据书载有两种方法：一是“下汤适匕，别施妙诀，使汤纹水脉成物象者，禽兽虫鱼花草之属，纤巧如画”；一是“注汤幻茶，成一句诗，并点四瓯，共一绝句，泛乎汤表。小小物类，唾手办耳”。

时至今日，分茶的技艺或已恢复到以作画而言较之宋代不遑多让的水准，其在茶艺之观赏和玩味价值上或已青出于蓝。由阅读描绘文字的推测，到亲眼见证操作的实际效果，可知往昔“水丹青”所言不虚（见图 3–14）。

图 3-14　当今水丹青（廖丽芬供图）

六、四般闲事

茶饮之事，可以追求清雅的意味，如梅妻鹤子的林逋的《寄思齐上人》中有诗云："阁掩茶烟晚，廊回雪溜清"，清辞丽句一如润泽的清气。始自唐代陆羽，经宋代酿就的气韵与风致，绵延至明而蔚成大观，虽然茶饮方式发生着改变，但世人所爱的茶之清韵一脉相承。

宋代文人雅士，闲下心来会做四件雅玩的事，即所谓"四般闲事"：焚香、挂画、插花、点茶。

香事最早可溯至 6000 年前的新石器时代。江浙一带的良渚文化和黄河下游的龙山文化遗址，其所出土的熏炉则表明香事后来从野外转移到了室内。

到了唐代，香文化在各个方面都获得长足发展，香品的种类更为丰富，制作与使用更为考究。白居易有诗句"香印朝烟细，纱灯夕焰明"，描绘的是篆香；李商隐的"一寸相思一寸灰"（《无题·飒飒东风细雨来》），说的是香炷（即后世的线香）；"兽焰微红隔云母"（《烧香曲》）说的则是隔火熏香。

宋代，是中国香文化在古代的鼎盛时期，用香已遍及社会生活的方方面面。苏轼词句"夜香知与阿谁烧，怅望水沉烟袅"，就是用香的情境和引发的浮想联翩。

所谓焚香，是焚燃香炭，以火力蒸焙出香，并非直接明火点烧。在品香境界上，宋人认为应通过对香的嗅觉感知升华到思想境界，故称“鼻观”。

“鼻观”所宜，最好是清新不杂、万物和谐状况之下的干净气味。行茶时，要以这样的气味为基底，加上一抹若无似有、有时沁人心肺无时令人怀想的色彩，这就是焚香。茶饮配合焚香，可以有助于构成茶事活动的完整过程。

在行茶品茗的环境中挂画的做法，始于唐代陆羽的提倡。《茶经 · 十之图》中曰：“以绢素或四幅或六幅，分布写之，陈诸座隅，则……目击而存，于是茶经之始终备焉。”

宋灭后蜀，蜀宫的书画玉器金银珠宝尽为被收缴，宋太祖赵匡胤（927~976年）“阅蜀宫画图，问其所用，曰：以奉人主尔。太祖曰：独揽孰若使众观邪？于是，以赐东门外茶肆”（《后山丛谈》）。这是一种与民同乐的姿态，却开启了茶馆“挂名人画，装点门面”的风气。

插花，即古代所谓“瓶花”，概源于东汉、魏晋时期的佛前供花，唐宋时已颇为流行，所体现的是文人雅士对博雅生活的追求。花材以其或绚丽或清秀的自然之姿，经花器的选用、线条色彩的艺心独运，成为居城市之中人们可以营造的幽居和隐逸氛围。

欧阳修《归田集》中有诗句写道：“谁见柴窑色，天青雨过时。汝窑磁较似，官局造无私。粉翠胎金洁，华腴光暗滋。旨弹声戛玉，须插好花枝。”可见，宋人用瓷瓶插花是惯常的做法，而瓷器品位的高下，也要求与所插花材的品第相融合，名窑瓷瓶，就“须插好花枝”了。

基本形式要素来源于中国宋代的日本抹茶道茶室，某种意义上，正是四般闲事的完整保留空间，突出表现在茶室的名为“床之间”的壁龛上。

七、临安茶馆

宋代承接唐代的饮茶风尚而更为普及，其中的一个重要缘由在于城市经济和管理中夜间市场的开启。宋吴自牧《梦粱录》卷十六“鲞铺”载“盖人家每日不可阙者，柴米油盐酱醋茶”，这大约为茶和其他生活必需品同列成为开门“七件事”的最早文字记录。宋徽宗赵佶《大观茶论》序云：“缙绅之士，韦布之流，沐浴膏泽，熏陶德化，盛以雅尚相推，从事茗饮。顾近岁以来，采择之精，制作之工，品第之胜，烹点之妙，莫不咸造其极”，茶饮的雅俗共赏，使得上层的“缙绅”和庞大的“韦布”都乐在其中，茶馆的兴盛可以想见。

《梦粱录》卷十六“茶肆”所记，大致是休闲消遣和市井办事的所在：“今之茶肆，列花架，安顿奇松异桧等物于其上，装饰店面，敲打响盏歌卖，止用瓷盏漆托供卖，则无银盂物也。夜市于大街有东担设浮铺，点茶汤以便游玩观之人。大凡茶楼多有富室子弟，诸司下直等人会聚，司学乐器、上教曲赚之类，谓之‘挂牌儿’。人情茶肆，本非以点茶汤为业，但将此为由，多觅茶金耳。又有茶肆专是王奴打聚处，亦有诸行借买志人会聚行老，谓之‘市头’……巷陌街坊，自有提茶瓶沿门点茶，或朔望日，如遇吉凶二事，点送邻里茶水，倩其往来传语……僧道头陀欲行题注，先以茶水沿门点送，以为进身之阶。”可见南宋的都城临安，当时茶馆的业态多样而林立，有的只是表面文章而实有他求，更有僧道头陀挑着茶担“沿门点送”作为登堂入室的铺垫。如此种种，正是茶馆在社会运行中承担着不同功能的体现。

八、相关书画与诗文

（一）范仲淹《和章岷从事斗茶歌》

范仲淹（989~1052年），字希文，苏州吴县（今属江苏）人（见图3-15）。北宋著名的政治家、思想家、军事家和文学家，生活上好茶与琴。歌道：

年年春自东南来，建溪先暖冰微开。
溪边奇茗冠天下，武夷仙人从古栽。
新雷昨夜发何处，家家嬉笑穿云去。
露牙错落一番荣，缀玉含珠散嘉树。
终朝采掇未盈襜，唯求精粹不敢贪。
研膏焙乳有雅制，方中圭兮圆中蟾。
北苑将期献天子，林下雄豪先斗美。
鼎磨云外首山铜，瓶携江上中泠水。

图3-15 范仲淹画像

黄金碾畔绿尘飞，碧玉瓯心雪涛起。
斗余味兮轻醍醐，斗余香兮薄兰芷。
其间品第胡能欺，十目视而十手指。
胜若登仙不可攀，输同降将无穷耻。
于嗟天产石上英，论功不愧阶前蓂。
众人之浊我可清，千日之醉我可醒。
屈原试与招魂魄，刘伶却得闻雷霆。
卢仝敢不歌，陆羽须作经。
森然万象中，焉知无茶星。
商山丈人休茹芝，首阳先生休采薇。
长安酒价减千万，成都药市无光辉。
不如仙山一啜好，泠然便欲乘风飞。
君莫羡花间女郎袛斗草，赢得珠玑满斗归。

（二）梅尧臣茶诗

梅尧臣（1002~1060年），字圣俞，世称宛陵先生。作诗主张“状难写之景如在目前，含不尽之意见于言外”。《次韵和永叔尝新茶杂言》一诗运用素朴的语言记述了北苑贡茶的采制和品质，描写了斗茶器具及令人赞叹的点茶效果。其开头两句，被刻在湖州陆羽墓前的立柱上：

自从陆羽生人间，人间相学事春茶。
当时采摘未甚盛，或有高士烧竹煮泉为世夸。
入山乘露掇嫩觜，林下不畏虎与蛇。
近年建安所出胜，天下贵贱求呀呀。
东溪北苑供御余，王家叶家长白牙。
造成小饼若带铸，斗浮斗色倾夷华。
味甘回甘竟日在，不比苦硬令舌窊。
此等莫与北俗道，只解白土和脂麻。
欧阳翰林最别识，品第高下无欹斜。
晴明开轩碾雪末，众客共赏皆称嘉。

建安太守置书角，青蒻包封来海涯。

清明才过已到此，正见洛阳人寄花。

兔毛紫盏自相称，清泉不必求虾蟆。

石瓶煎汤银梗打，粟粒铺面人惊嗟。

诗肠久饥不禁力，一啜入腹鸣咿哇。

《依韵和杜相公谢君谟寄茶》的“紫泥新品泛春华”一句，有被误为指宜兴紫砂器，而实为釉色黑褐的瓷质建盏。诗曰：

天子岁尝龙焙茶，茶官催摘雨前茶。

团香已入中都府，斗品争传太傅家。

小石冷泉留早味，紫泥新品泛春华。

吴中内史才多少，从此莼羹不足夸。

（三）欧阳修茶诗

欧阳修（1007~1072 年），字永叔，号醉翁，江西庐陵（今吉安）人（见图 3-16）。其文章闻名卓著，与韩愈、柳宗元、王安石、苏洵、苏轼、苏辙和曾巩合称唐宋八大家。晚年别号六一居士，所谓“六一”，是“藏书一万册，撰文一千卷，有一张琴、一盘棋、一尊酒壶，一个老人乐其间”。其《双井茶》吟道：

西江水清江石老，石上生茶如凤爪。

穷腊不寒春气早，双井茅生先百草。

白毛囊以红碧纱，十斤茶养一两芽。

长安富贵五侯家，一啜犹须三月夸。

宝云日注非不精，争新弃旧世人情。

岂知君子有常德，至宝不随时变易。

君不见建溪龙凤团，不改旧时香味色。

图 3-16　欧阳修画像

《尝新茶呈圣俞》，系与至交梅尧臣分享收到新茶时的勃勃兴致，叙述了建安茶开采的情形和试茶时的感慨。诗云：

建安三千里，京师三月尝新茶。

人情好先务取胜，百物贵早相矜夸。

年穷腊尽春欲动，蛰雷未起驱龙蛇。
夜闻击鼓满山谷，千人助叫声喊呀。
万木寒痴睡不醒，唯有此树先萌芽。
乃知此为最灵物，宜其独得天地之英华。
终朝采摘不盈掬，通犀銙小圆复窊。
鄙哉谷雨枪与旗，多不足贵如刈麻。
建安太守急寄我，香蒻包裹封题斜。
泉甘器洁天色好，坐中拣择客亦嘉。
新香嫩色如始造，不似来远从天涯。
停匙侧盏试水路，拭目向空看乳花。
可怜俗夫把金锭，猛火炙背如虾蟆。
由来真物有真赏，坐逢诗老频咨嗟。
须臾共起索酒饮，何异奏雅终淫哇。

（四）赵佶《文会图》

该画描绘的是在庭园柳荫下宴饮文会的场景（见图 3-17）。

图 3-17　赵佶《文会图》（局部）

巨案前方茶桌，上陈茶盏、盏托和大茶碗，一正手持长柄勺将点好的茶汤从茶瓯舀入茶盏。

（五）苏轼茶文及诗

图 3-18　赵孟頫《苏轼像》

苏轼（1036~1101 年）：字子瞻，号东坡居士，眉州眉山（今属四川）人。嘉祐间进士。曾任翰林学士，出知杭州、颍州，官至礼部尚书（见图 3-18）。其学识渊渊博，诗、书、文、画、词都有极高造诣。其诗清新，其词豪放，其书尤擅行、楷。

《叶嘉传》是苏轼以拟人化手笔为茶叶立传，也不无自喻，即同时是拟物手法的君子自述。其中，叶嘉指代建安茶叶，说其“风味恬淡，清白可爱，颇负其名，有济世之才”，外观品相又“容貌如铁，资质刚劲”。宋代行茶时，与茶（叶嘉）相伴的器具也分别以御史欧阳高（盛茶汤的瓯）、金紫光禄大夫郑当时（煮水的铛）、甘泉侯陈平（点茶注水的汤瓶）来指代。原文：

叶嘉，闽人也。其先处上谷，曾祖茂先，养高不仕，好游名山，至武夷，悦之，遂家焉。尝曰：“吾植功种德，不为时采，然遗香后世，吾子孙必盛于中土，当饮其惠矣。”茂先葬郝源，子孙遂为郝源民。

至嘉，少植节操。或劝之业武。曰：“吾当为天下英武之精，一枪一旗，岂吾事哉。”因而游，见陆先生，先生奇之，为著其行录传于世。方汉帝嗜阅经史时，建安人为谒者侍上，上读其行录而善之。曰：“吾独不得与此人同时哉！”曰：“臣邑人叶嘉，风味恬淡，清白可爱，颇负其名，有济世之才，虽羽知犹未详也。”上惊，敕建安太守召嘉，给传遣诣京师。郡守始令采访嘉所在，命赍书示之。嘉未就，遣使臣督促。郡守曰：“叶先生方闭门制作，研味经史，志图挺立，必不屑进，未可促之。”亲至山中，为之劝驾，始行登车。遇相者揖之曰：“先生容质异常，娇然有龙凤之姿，后当大贵。”嘉以皂囊上封事。

天子见之曰：“吾久饫卿名，但未知其实耳，我其试哉。”因顾谓侍臣曰：“视嘉容貌如铁，资质刚劲，难以遽用，必槌提顿挫之乃可。”遂以言恐嘉曰：“砧斧在前，鼎镬在后，将以烹子，子视之如何？”嘉勃然吐气曰：“臣山薮猥士，幸唯陛下采择至此，可以利生，虽粉身碎骨，臣不辞也。”上笑，命以名曹处之，又加枢要之务焉。因诫小黄门监之。有顷报曰：“嘉之所为，犹若粗疏然。”上曰：“吾知其才，第以独学未经师耳。嘉为之，屑屑就师，顷刻就事，已精熟矣。”上乃敕御史欧阳高、金紫光禄大夫郑当时、甘泉侯陈平三人，与之同事。欧阳嫉嘉初进有宠，曰：“吾属且为之下矣。”计欲倾之。会天子御延英，促召四人。欧但热中而已；当时以足击嘉；而平亦以口侵凌之。嘉虽见侮，为之起立，颜色不变。欧阳悔曰：“陛下以叶嘉见托吾辈，亦不可忽之也。”因同见帝，阳称嘉美，而阴以轻浮訾之。嘉亦诉于上。上为责欧阳，怜嘉，视其颜色，久之，曰：“叶嘉真清白之士也，其气飘然若浮云矣。”遂引而宴之。少选间，上鼓舌欣然曰：“始吾见嘉，未甚好也；久味之，殊令人爱，朕之精魄，不觉洒然而醒；书曰：‘启乃心，沃朕心’，嘉之谓也。”于是封嘉为钜合侯，位尚书。曰：“尚书，朕喉舌之任也。”

由是宠爱日加。朝廷宾客，遇会宴享，未始不推于嘉。上日引对，至于再三。后因侍宴苑中，上饮逾度，嘉辄苦谏。上不悦曰：“卿司朕喉舌，而以苦辞逆我，余岂堪哉。”遂唾之，命左右仆于地。嘉正色曰：“陛下必欲甘辞利口，然后爱耶？臣言虽苦，久则有效，陛下亦尝试之，岂不知乎？”上顾左右曰：“始吾言嘉刚劲难用，今果见矣。”因含容之，然亦以是疏嘉。嘉既不得志，退去闽中。既而曰：“吾未如之何也，已矣。”上已不见嘉月余，劳于万几，神思困，颇思嘉。因命召至，喜甚，以手抚嘉曰：“吾渴见卿久也。”遂恩遇如故。

上方欲以兵革为事。而大司农奏计国用不足，上深患之，以问嘉。嘉为进三策。其一曰：榷天下之利，山海之资，一切籍于县官。行之一年，财用丰赡。上大悦。兵兴有功而还。上利其财，故榷法不罢。管山海之利，自嘉始也。居一年，嘉告老。上曰：“钜合侯其忠可谓尽矣。”遂得爵其子。又令郡守择其宗支良者，每岁贡焉。

嘉子二人。长曰抟，有父风，袭爵。次曰挺，抱黄白之术。比于抟，其志尤淡泊也。尝散其资，拯乡闾之困，人皆德之。故乡人以春伐鼓，大会山中，求之以为常。

赞曰：今叶氏散居天下。皆不喜城邑，唯乐山居。氏于闽中者，盖嘉之苗裔也。天下叶氏虽夥，然风味德馨，为世所贵，皆不及闽。闽之居者又多，而郝源之族为甲。嘉以布衣遇天子，爵彻侯，位八座，可谓荣矣。然其正色苦谏，竭力许国，不为身计，盖有以取之。夫先王用于国有节，取于民有制，至于山林川泽之利，一切与民。嘉为策以榷之。虽救一时之急，非先王之举也。君子讥之。或云管山海之利，始于盐铁丞孔仅、桑弘羊之谋也。嘉之策未行于时，至唐赵赞始举而用之。

他的《汲江煎茶》一诗，写出了以活水、活火点出雪乳美味的情趣。诗云：

活水还须活火烹，自临钓石取深情。

大瓢贮月归春瓮，小杓分江入夜瓶。

雪乳已翻煎处脚，枫风忽作泻时声。

枯肠未易禁三碗，坐听荒城长短更。

《次韵曹辅寄壑源试焙新茶》，描写清风、明月时光，对佳茗犹如对佳人的感受。诗曰：

仙山灵草湿行云，洗尽香肌粉未匀。

明月来投玉川子，清风吹破武林春。

要知冰雪心肠好，不是膏油首面新。

戏作小诗君一笑，从来佳茗似佳人。

《游诸佛舍，一日饮酽茶七盏，戏书勤师壁》，以戏谑之言，约略却说尽茶饮对修行、旅游和患病等各种人都有益处：

示病维摩元不病，在家灵运已忘家。

何须魏帝一丸药，且尽卢仝七碗茶。

（六）黄庭坚《品令·咏茶》

黄庭坚（1045~1105年），字鲁直，自号山谷道人。北宋文学家、书法家，擅文章、诗词，为盛极一时的江西诗派开山之祖，早年受知于苏轼，与张耒、晁补之、秦观并称“苏门四学士”。

该词作，将吃茶的感受比作与远方归来的老友对坐，动人而回味隽永：

凤舞团团饼。恨分破，教孤令。金渠体净，只轮慢碾，玉尘光莹。汤响松风，早减了二分酒病。

味浓香永。醉乡路，成佳境。恰如灯下，故人万里，归来对影。口不能言，心下快活自省。

（七）陆游茶诗

陆游（1125~1210年），字务观，号放翁，越州山阴（今浙江绍兴）人（见图3-19）。南宋诗人，创作诗歌内容极为丰富。他对江南茶叶尤其是故乡茶热爱有加，如诗句“我是江南桑苎翁，汲泉闲品故园茶”中，“故园茶”概指绍兴日铸茶。

《临安春雨初霁》记述的是陆游在宫外等候见皇帝时，为打发时间信手游戏的两件事：一是走笔行草，二是分茶。原文：

世味年来薄似纱，谁令骑马客京华？
小楼一夜听春雨，深巷明朝卖杏花。
矮纸斜行闲作草，晴窗细乳戏分茶。
素衣莫起风尘叹，犹及清明可到家。

图3-19 陆游画像

第六节　元代曲韵

元代茶饮文化有其独特性和丰富性。从唐宋到明清，茶叶的采制工艺和煎点方式多有转变，元居其间而承上启下。迄今所见，元代未曾留下茶业专著，但在官方涉农文件及民间涉农或有关饮食的专著如元司农司编纂的《农桑辑要》、王祯《农书》(见图 3–20)、鲁明善《农桑衣食撮要》以及忽思慧《饮膳正要》中，涉及了茶叶的采录、茶树的种类、一些传统的茶叶产品和新发展的产品及其制作法。

图 3–20　王祯《农书》

茶叶对于个体健康的效用和民生国计的重要性上，《农书》认识到“茶之为物，释滞去垢，破睡除烦，功则可著也。然茶性冷，多饮则能消阳。山谷益以姜盐煎饮，其亦以是与，因并及之。夫茶，灵草也。种之则利博，饮之则神清，上而王公贵人之所尚，下而小夫贱隶之所不可阙。诚生民日用之所资，国家课利之一助也”（王祯《农书》）。相应地，《元史·食货》述及元代茶法是“由约而博，大率宋之旧而为之焉”。

一、茶叶形制

宋元时期，茶叶生产中散茶渐盛，即茶叶主要形制从团茶向散茶转折或过渡。

元代，散茶已明显超过团饼形式的茶，成为主要的生产茶类。据元朝中期刊印的王祯《农书》“采造藏贮”一节的记述，散叶形蒸青绿茶的采制工艺，是“采之宜早，率以清明谷雨前者为佳……采讫，以甑微蒸，生熟得所；蒸已，用筐箔薄摊，乘湿略揉之，入焙匀布火，烘令干，勿使焦。编竹为焙，裹箬覆之，以收火气”。当时的茶叶形制，是“茶之用有三，曰茗茶，曰末茶，曰蜡茶”。“茗茶”，指茶芽散装者，南方普遍使用；“末茶”，指细碾点试者，“南方虽产茶，而识此法者甚少”；“蜡茶”，指封蜡上贡的茶，民间则罕见，三者中进贡宫廷仍以后两者为主，而武夷茶取代北苑茶成为贡茶，并在福建武夷山九曲设立御茶园。

二、茶入元曲

文学成就比肩唐诗宋词的元曲，大有涉茶之作，多姿多彩的茶饮情境如茶品、茶礼、茶肆、茶俗及行茶方式等泛见于散曲、小令及杂剧，为了解当时茶饮文化的多民族元素融合情形提供了丰富的资料。

三、文雅基调与日常茶俗

茶饮在元代文人的文雅生活中既是风物也是基调，既活跃于社会交往的待客助兴和个人日常的诸多场景。作为精神寄托的物品，茶还用于婚丧等人生大事。市民文学所述贩茶船与茶商屡见不鲜，侧面反映了茶叶贸易的繁荣，如王和卿散曲的“读书人窘，贩茶客富，爱钱娘严。贩茶客船，做了搬愁旅店”，关汉卿散曲的“员外心坚，使了贩茶船”。

人们还饮茶于公共场所的茶肆，如元好问《别冠氏诸人戊辰秋八月初二日》的“东舍茶浑酒味新，西城红艳杏园春”，谢应芳《叔正过访传恢书记寄声作诗寄之》的“茶泽归来王子猷，问君知与对沧州”。

元代茶俗继承了唐宋已有的分茶、点茶、斗茶、贡茶、赐茶、公益施茶。

四、相关书画和诗文

（一）耶律楚材《西域从王君玉乞茶·因其韵七首》

耶律楚材（1190~1244年），字晋卿，号玉泉，法号湛然居士。成吉思汗攻占燕京，派人向他问计治国。元世祖中统二年（1261年），忽必烈遵耶律楚材遗愿，将其遗骸移葬于故乡玉泉以东的瓮山，颐和园万寿山。其吟诗多有与朋友王玉的唱和，如《用前韵送王君玉西征》的“清茶佳果饯行路，远胜浊酒烹驼蹄”。原文之一、六如下：

其一，

积年不啜建溪茶，心窍黄尘塞五车。
碧玉瓯中思雪浪，黄金碾畔忆雷芽。
卢仝七碗诗难得，谂老三瓯梦亦赊。
敢乞君侯分数饼，暂教清兴绕烟霞。

其六，

枯肠搜尽数杯茶，千卷胸中到几车。
汤响松风三昧手，雪香雷震一枪芽。
满囊垂赐情何厚，万里携来路更赊。
清兴无涯腾八表，骑鲸踏破赤城霞。

（二）赵孟頫《斗茶图》

赵孟頫（1254~1322年），字子昂，号松雪道人。其为宋末元初的书画大家，此画生动描绘了盛行一时的斗茶情景，构图疏朗与细密结合有致，人物神情专注而生动（见图 3-21）。

图 3-21　赵孟頫《斗茶图》

（三）虞集《游龙井》

虞集（1272~1348 年），字伯生，祖籍仁寿（今属四川），侨居江西临川。他是元代延祐、至顺年间（1314~1333 年）最负盛名的诗词高手，描写江南春景的名句“杏花春雨江南”（《风入松 · 寄柯敬仲》），就出于他的手笔。《游龙井》有情景有念想，有风物有雅意。原文：

杖藜入南山，却立赏奇秀。
所怀玉局翁，来往絇履旧。
空余松在涧，仍作琴筑奏。
徘徊龙井上，云气起晴昼。
入门避沾洒，脱屐乱苔甃。
阳岗扣云石，阴房绝遗构。
澄公爱客至，取水挹幽窦。

坐我薝卜中，余香不闻嗅。

但见瓢中清，翠影落群岫。

烹煎黄金芽，不取谷雨后。

同来二三子，三咽不忍嗽。

讲堂集群彦，千蹬坐吟究。

浪浪杂飞雨，沉沉度清漏。

令我怀幼学，胡为裹章绶。

（四）萨都剌《酌桂芳庭》

萨都剌（1272~1355 年），字天锡，号直斋，回族（一说蒙古族）。祖居西域，出生于代州雁门（今山西代县），泰定四年（1327 年）进士，擅诗兼书画。

《酌桂芳庭》截取平淡的生活片段，构成韵味悠远的意境：

桂枝秋露洗银瓶，醉里题诗记答曾。

接竹池通丹井水，隔松人诵蕊珠经。

茶香石鼎烧红叶，酒渴冰盘破紫菱。

一带钟山青未了，碧窗云气护龙亭。

（五）杨维桢《煮梦茶记》

杨维桢（1296~1370 年），字廉夫，号铁崖、东维子，会稽人。明洪武二年（1369 年），召至京师，议订各种仪礼法典。其诗、文、戏曲均有建树，为元代诗坛领袖，因诗擅名，号铁崖体。其诗文清秀俊逸、别具一格。行文之形象情境如梦似幻、神思蹁跹，有道风仙韵的神奇与气度。原文：

铁龙道人卧石床。移二更，月微明，及纸帐梅影，亦及半窗，鹤孤立不鸣。命小芸童汲白莲泉，燃槁湘竹，授以凌霄芽，为饮供。

道人乃游心太虚，雍雍凉凉。若鸿蒙，若皇芒，会天地之未生，适阴阳之若亡，恍兮不知入梦，遂坐清真银晖之堂，堂上香云帘拂地，中着紫桂榻、绿琼几，看太初《易》一集，集内悉星斗文。焕煜爚熠，金流玉错，莫别爻画。若烟云日月，交丽乎中天。欻玉露凉，月冷如冰，入齿者易刻，因作《太虚吟》。吟曰：“道无形兮兆无声，妙无心兮一以贞，百象斯融兮太虚以清。”歌已，光飙起林末。激华氛，郁郁霏霏，绚烂淫艳。乃有扈绿衣若仙子者，从容来谒。云："名淡香，小字绿花。"乃捧太玄杯，酌太清神明之醴以寿予。侑以词曰："心不行，神不行；无而为，万化清"。寿毕，纾徐而退。复令小玉环侍笔牍，遂书歌。遗之曰："道可受兮不可传，天无形兮四时以言。妙乎天兮天天之先，天天之先复何仙。"

移间，白云微消，绿衣化烟。月反明予内间，予亦悟矣。遂冥神合元，月光尚隐隐于梅花间。小芸呼曰："凌霄芽熟矣。"

第七节　明代意适

从明代人所写作的诗词、小品文和相关书籍中可以了解到，在那个年代人们的雅趣生活中，茶饮确凿无疑是无所不在的契合事物——几乎所有的生活场景，都不可或缺它的参与，而且会要求茶的品饮达到至精至美的境界。

文士们在行茶品茗时，更加强调的是对自然环境的选择和对美学氛围的营造，所谓“品茶宜精舍、宜云林、宜永昼清谈、宜寒宵兀坐、宜松月下、宜花鸟间、宜清流白云、宜绿藓苍苔、宜素手汲泉、宜红妆扫雪、宜船头吹火、宜竹里飘烟”（徐渭《徐文长秘集·煎茶七略》），从而使得品茶成为一种契合自然、回归人本的高雅活动，由此“文士茶”渐成新的格调。

当代有学者将明代人茶的冲泡过程，从人文感怀的角度形容为“文化时钟的第二样式”，这不失为一种独到而细腻入微的解析与感同身受：

> 一盏茶的冲泡和品尝，是一种新的计量单位。明代士人的内在时钟，缓慢地行走在瓷器和肠胃之间，仿佛是一架利用流体原理的水钟。你甚至可以安静到听见水在体内流动的声息。茶桌的流畅弧线、纤细的靠椅、柔软的丝质靠垫、被微风卷起的窗帷、假山四周的垂柳，以及池塘里嬉戏的鸳鸯，如此等等，所有这些宁静的事物都跟茶盏结盟，汇入了延宕时间的细流（朱大可《慢生活的宋明样本》）。

茶饮对于明代文士的价值，就像文震亨（1585~1645年）在《香茗》一文中所说的那样：

> 香茗之用，其利最溥：物外高隐，坐语道德，可以清心悦神；初阳薄暝，兴味萧骚，可以畅怀舒啸；晴窗拓贴，挥麈闲吟，篝灯夜读，可以远辟睡魔；青衣红袖，密语谈私，可以助情热意；坐雨闭窗，饭余散步，可以遣寂除烦；

醉筵醒客，夜雨蓬窗，长啸空楼，冰弦戛指，可以佐欢解渴。

一、茶叶的形制

明代的贡茶制度，在洪武二十四年（1391 年）明太祖朱元璋（见图 3-22）下诏后发生了重大变化。诏曰："罢造龙团，唯采茶芽以进"，废贡团茶，改贡叶茶（散茶），从而使得民间早已盛行的散茶清饮冲泡法替代唐煎宋点行茶法真正成为茶饮主流。后人对此评价甚高："今人唯取初萌之精者，汲泉置鼎，一瀹便啜，遂开千古茗饮之宗。"（沈德符《野获编补遗》）明代人认为这种饮法非常简便而具备各种不做作的乐趣，可以尽其所能地发挥出茶的真香本味。

图 3-22　明太祖朱元璋画像

二、文人园居与茶饮

明代晚期，文士热衷于所谓"大隐隐于市"，追求的是一种娴雅、艺术化的生活方式，使得文人文化前所未有地繁盛起来。江南是文人和长物集群的生活空间，在园林空间里泡茶品茗几乎是必须具备的日常事务，确实是文人归隐之诗意生活的重要物质内容和精神寄托。其中，浙江长兴蒸青法所制作的岕茶，其实是一部分文人雅士以怀旧的情调重新烹而点之所用的，并且在一个时期当中成为风气。

（一）城市山林

中国古典园林艺术的代表在江南，民间宅院的精华更是集中于此。园林中那一重重似隔又通的空间，在四时交替而循环、富于节律的季节变化中，融合着起居饮食、琴棋书画、戏曲演绎和浓缩自然的功能，使得私家宅园的主人和他的亲朋好友能够以“活泼”的生命样貌和内在心态，在散布于山水的亭台楼阁间宴饮、操缦、弈棋、吟咏、书画、演戏、歌舞，在树石花鸟、湖光岩色间的曲径阶梯上或游或望、或坐憩或徘徊来谱写浪漫和闲享惬意，正所谓“日涉成趣”而乐此不疲。

（二）作息内容

明代文士喜欢园居，他们园居的日常内容，如冯梦祯隐居于杭州西溪草堂时，在他的《快雪堂集·真实斋常课记》里所记述的，有焚香、瀹茗、品泉、鸣琴、挥麈、习静、临摹法书、观图画、弄笔墨、看池中鱼戏或听鸟声、观卉木、识奇字、玩文石等，在这种种的景物游观、器物玩赏，文墨交往、澄怀净心活动中，茶事多侧身于其中，有时是专门举办，有时是随行左右，是文人雅士或悠然怡情或酣畅尽兴之娴雅栖居的常态。其他见诸文字记载的，如文震亨的《长物志》、李渔的《闲情偶记》、高濂的《遵生八笺》和张岱的《陶庵梦忆》，其中都情形趣味精彩纷呈也大致相似。

（三）瀹茶品茗

茶饮之啜苦味甘、清韵蕴藉的特点，素为古代文人雅士所喜好，到了晚明时期，对此痴迷的人就更多了。同时，在那一时期消费型的社会环境下，精致的品茶之道也成为高雅文士用来判断附庸风雅和徒有其表之逐利士商与浮华市井者的试金石，这甚至成为真正文士的标识，以至于有所谓“不通茶则无以交”（张源《茶录》）的说法。

有关茶饮的文字不仅限于专门的著作，行茶品茗、鉴器玩物的叙述也多见于明人的小品杂记。明人文字的精致至极表现在茶事叙述上面，所有相关于茶叶的产地、采制、贮藏，茶汤的色、香、味，行茶的器具，饮茶的伴侣、时机、环境氛围等，都无所不及而十分细微且雅化。其中，泡茶之水推崇虎跑泉、惠山泉，品饮之茶喜好长兴岕茶、西湖龙井，行茶之器首选阳羡紫砂，这或许真实反映了当时文士从事茶务都会有的取向。例如被认为是明代“第一才子”的张岱，他对禊泉、兰雪茶的发现和议论，跟茶界老手金陵闵汶水的不打不成交，可以认为就是江南文士醉心茶饮而佳话频传的典型范例。

文士园居的茶饮生活，就像许次纾在他的《茶疏》里所记叙的，选择的时机上为：心手闲适、披咏疲倦、意绪纷乱、吹歌拍曲、歌罢曲终、杜门避事、抚琴看画、夜深共语、访友初归、课花责鸟甚至酒阑人散；在环境选择和氛围创造上为：明窗净几、风日晴和、轻阴微雨、小桥画舫、茂林修竹、荷亭避暑、小院焚香。

在陆树声的《茶寮记》里，这样写道：“择一人稍通茗事者主之，一人佐炊汲。客至则茶烟隐隐起竹外。其禅客过从予者，每与余相对，结跏趺坐，啜茗汁，举无生话。”

三、明代茶著概况

图 3-23 朱权画像

明代的茶学专著总共有五十余部之多，在中国古代茶书中占到一半以上的数量，其中不乏传世佳作，几乎在茶学的所有方面都达到极致的地步，尤其特别贴近现当代的茶饮内容和方式。

（一）朱权《茶谱》

朱权（1378~1448 年），晚号臞仙，为明太祖朱元璋之第十七子（见图 3-23）。洪武二十四年（1391 年）时，14 岁的朱权被封为宁王，二年之后他前往藩地大宁（今内蒙古宁城）。世称其“神姿秀朗，慧心敏悟，精于义学，旁通释老”，长期隐居南方，深自韬晦，“志绝尘境，栖神物外”。

在《茶谱》中，朱权表示他饮茶并非浅尝于茶本身，而是将它作为一种表达志向和修身养性的方式："予尝举白眼而看青天，汲清泉而烹活火。自谓与天语以扩心志之大，符水火以副内炼之功。得非游心于茶灶，又将有裨于修养之道矣。"

对于茶侣和品茗环境，他要求："凡鸾俦鹤侣，骚人羽客，皆能往尽尘境，栖神物外，不伍于世流，不污于时俗，或会于泉石之间，或处于松竹之下，或对皓月清风，或坐明窗净牖，乃与客清谈款话，探虚玄而参造化，清心神而出尘表。"

对于"废团改散"后的品饮方法，朱权进行了探索。他改革了传统的品饮方法和茶具，主张从简行事，主张保持茶叶的本色，顺其自然之性，以具有时代特色、个人特点的方式享受饮茶的乐趣。

全书约2000字，除绪论外，下分十六则，即品茶、收茶、点茶、熏香茶法、茶炉、茶灶、茶磨、茶碾、茶罗、茶架、茶匙、茶筅、茶瓯、茶瓶、煎汤法、品水。其绪论中言："盖羽多尚奇古，制之为末，以膏为饼。至仁宗时，而立龙团、凤团、月团之名，杂以诸香，饰以金彩，不无夺其真味。然天地生物，各遂其性，莫若叶茶烹而啜之，以遂其自然之性也。予故取烹茶之法，末茶之具，崇新改易，自成一家。"

（二）张源《茶录》

张源（生卒不详），字伯渊，号樵海山人，包山（即洞庭西山，在今江苏苏州市吴江区）人。"隐于山谷间，无所事事，日习诵诸子百家言，每博览之暇，汲泉煮茗，以自愉快，无间寒暑，历三十年，疲精殚思，不究茶之指归不已。故所著茶录得茶中三昧"（顾大典《茶录·序》），也就是说他从事茶饮物事探索研究长达30年，以自身长期品饮的心得著成该书，见解不同凡响。

《茶录》撰成于明正德四年（1509年）前，全书共约1500字，共分二十三则，即采茶、造茶、辨茶、藏茶、火候、汤辨、汤用老嫩、泡法、投茶、饮茶、香、色、味、点染失真、茶变不可用、品泉、井水不宜茶、贮水、茶具、茶盏、拭盏布、分茶盒、茶道。其内容简明扼要，多有切实体会之论，并非泛泛因袭古人的旧论陈词。

对于煮水候汤（见图3–24）的状态，张源推介的判断方法是：

汤有三大辨、十五小辨。一曰形辨，二曰声辨，三曰气辨，形为内辨，声为外辨，气为捷辨。如虾眼、蟹眼、鱼眼、连珠皆为萌汤，直至涌沸如腾波鼓浪，水汽全消，方是纯熟。如气浮一缕、二缕、三缕、四缕、缕乱不分，氤氲乱绕，皆为萌汤。至气直冲贯，方是纯熟。

图 3-24　王问《煮茶图》（局部，台北故宫博物院藏）

意思是：煎水（烧开水）分为三项大辨，十五项小辨。一是对（水面沸泡）形状的辨别，二是对（水沸时）声音的辨别，三是水汽的辨别。例如，虾眼、蟹眼、鱼眼、连珠（按水沸腾时气泡的从小到大，分为这几个档次）都是萌汤（刚烧开而不够纯熟的水），直到水沸腾时翻腾的波浪，水汽都没有了，才是煎水完成。如果水汽一缕、二缕、三缕、四缕，杂乱交织，氤氲缠绕，都还是萌汤。要直到水汽直往上冲，那才是煎水完成、可以用来泡茶了。

对于茶叶，张源的见解是："茶自有真香，有真色，有真味。一经点染，便失其真。"对于什么才是茶道，则认为"造时精，藏时燥，泡时洁。精、燥、洁，茶道尽矣"。

（三）陆树声《茶寮记》

陆树声（1509~1605 年），字与吉，别号平泉，松江华亭人。其高足盈门，明代著名的兵部尚书袁可立、礼部尚书董其昌都是他的得意门生。

《茶寮记》先有引言一篇，之后是七则记录，名为"煎茶七类"。《四库全书总目》载："此编即其家居之时与终南僧明亮同试天池茶而作，分人品、品泉、烹点、尝茶、茶候、茶侣、茶勋七则。均寥寥数言，姑以寄意而已，不足以资考核也。"

《茶寮记》主张，行茶要有好的环境和时机，即"凉台静室、明窗曲几、僧寮道院、松风竹月，晏坐行吟、清谭把卷"，要有好的烹点方法和主人与客人好的心境。"引言"这样叙述：

> 园居敞小寮于啸轩墙垣之西，中设茶灶，凡瓢汲罂注濯拂之具咸庀。择一人稍通茗事者主之，一人佐炊汲。客至则茶烟隐隐起竹外。其禅客过从予者，每与余相对，结跏趺坐，啜茗汁，举无生话。终南僧明亮者，近从天池来。饷余天池苦茶，授余烹点法甚细。余尝受其法于阳羡士人，大率先火候，其次候汤，所谓蟹眼鱼目，参沸沫沉浮以验生熟者，法皆同。而僧所烹点绝味清，乳面不黟，是具人清净味中三昧者。要之，此一味非眠云跂石人未易领略。余方远俗，雅意禅栖，安知不因是，遂悟入赵州耶。时杪秋既望，适园无诤居士与五台僧演镇、终南僧明亮，同试天池茶于茶寮中谩记。

（四）许次纾《茶疏》

许次纾（1549~1604年），字然明，号南华，钱塘人。该书撰于万历二十五年（1597年），前有姚绍宪、许世奇二篇序文，后有许次纾自跋。全书约4700字，分为三十六则（《四库提要》作三十九则，《郑堂读书记》作三十则）。涉及范围较广，包括品第茶产，炒制收藏方法，烹茶用器、用水用火及饮茶宜忌等，提供了不少重要的茶史资料。其中对长兴茶的产制，叙述尤其详尽。并且记载"杭俗喜于盂中撮点，故贵极细，理烦散郁，未可遽非"，实际反映了"撮泡"新法已渐为人们接受的事实。

所谓"疏"，就是按条目一则则叙述的意思，与词典相似。

《茶疏》三十六则，按顺序为产茶、古今制法、采摘、炒茶、岕中制法、收藏、置顿、取用、包裹、日用置顿、择水、贮水、舀水、煮水器、火候、烹点、称量、汤候、瓯注、荡涤、饮啜、论客、茶所、洗茶、童子、饮时、宜辍、不宜用、不宜近、良友、出游、权宜、虎林水、宜节、辨化、考本。

其中，"炒茶"相当于现在的炒青绿茶制法，"岕中制法"记述的是当时已经显得有些特别的蒸青绿茶制作方法，"日用置顿"说明短期内用毕的日常所需茶叶的存储方法，“贮水”则主要讲对泡茶用水盛贮容器的要求：

炒茶

生茶初摘，香气未透，必借火力以发其香。然性不耐劳，炒不宜久。多取入铛，则手力不匀，久于铛中，过熟而香散矣。甚且枯焦，尚堪烹点。炒茶之器，最嫌新铁。铁腥一入，不复有香。尤忌脂腻，害甚于铁，须豫取一铛，专用炊饭，无得别作他用。炒茶之薪，仅可树枝，不用杆叶。杆则火力猛炽，叶则易焰易灭。铛必磨莹，旋摘旋炒。一铛之内，仅容四两。先用文火焙软，次加武火催之。手加木指，急急钞转，以半熟为度。微俟香发，是其候矣。急用小扇钞置被笼，纯棉大纸衬底燥焙积多，候冷，人罐收藏。人力若多，数铛数笼。人力即少，仅一铛二铛，亦须四五竹笼。盖炒速而焙迟，燥湿不可相混，混则大减香力。一叶稍焦，全铛无用。然火虽忌猛，尤嫌铛冷，则枝叶不柔。以意消息，最难最难。

岕中制法

岕之茶不炒，甑中蒸熟，然后烘焙。缘其摘迟，枝叶微老，炒亦不能使软，徒枯碎耳。亦有一种极细炒岕，乃采之他山炒焙，以欺好奇者。彼中甚爱惜茶，决不忍乘嫩摘采，以伤树本。余意他山所说，亦稍迟采之，待其长大，如岕中之法蒸之，似无不可。但未试尝，不敢漫作。

日用置顿

日用所需，贮小罂中，箬包苎扎，亦勿见风。宜即置之案头，勿顿巾箱书簏，尤忌与食器同处。并香药则染香药，并海味则染海味，其他以类而推。不过一夕，黄矣变矣。

贮水

甘泉旋汲用之斯良，丙舍在城，夫岂易得。理宜多汲，贮大瓮中，但忌新器，为其火气未退，易于败水，亦易生虫。久用则善，最嫌他用。水性忌木，松杉为甚。木桶贮水，其害滋甚，挈瓶为佳耳。贮水瓮口，厚箬泥固，用时旋开，泉水不易，以梅雨水代之。

对于茶饮的适量，许次纾认为“茶宜常饮，不宜多饮。常饮则心肺清凉，烦郁顿释。多饮则微伤脾肾，或泄或寒”；而茶的功用，则在于“茶之为物，可以助诗兴而云山顿色，可以伏睡魔而天地忘形，可以伴清谈而万象惊寒，茶之功大矣”。

（五）罗廪《茶解》

罗廪（1573~1620年），字高君，浙江宁波人，能诗，工书。他在年幼时就喜欢茶，年长后感到茶的名品不容易获得，即便能够获得也不是经常会有，就亲身周游当时的茶叶出产地，了解那些地方的采制方法。经过深入考察和相互比对，透彻地把握制茶要领后，就"中隐山阳"栽培茶树，自己采制而达十年之久。龙膺君在《茶解·跋》说到，罗廪采摘茶芽数升，"旋沃山庄铛，炊松茅活火，且炒且揉，得数合""命童子汲溪流烹之，洗盏细啜，色白而香"，由此可见茶文作者对茶理的精通和制茶技艺的精湛。

该书约撰于万历三十三年（1605年）年前，是罗廪调查茶区、栽培茶树、采制茶叶的研究心得和经验之谈。在"总论"一节，他叙述了从爱茶到制茶而且制的好茶的行为历程，也略带些得意与满足感：

> 茶通仙灵，久服能令升举。然蕴有妙理，非深知笃好不能得其当。盖知深斯鉴别精，笃好斯修制力。余自儿时，性喜茶，顾名品不易得，得亦不常有。乃周游产茶之地，采其法制，参互考订，深有所会。遂于中隐山阳，栽植培灌，兹且十年。春夏之交，手为摘制。聊足供斋头烹啜，论其品格，当雁行虎丘。因思制度有古人意虑所不到，而今始精备者，如席地团扇，以册易卷，以墨易漆之类，未易枚举。

对于茶饮的环境和时机的选择，罗廪以为"山堂夜坐，汲泉煮茗。至水火相战，如听松涛倾泻入杯，云光潋滟，此时幽趣，故难与俗人言矣"。

（六）田艺蘅《煮泉小品》

田艺蘅（生卒不详），字子艺，钱塘（今杭州）人，约生活于嘉靖、隆庆和万历期间。《明史·文苑传》记载道："性放诞不羁，嗜酒任侠。以岁贡生为徽州训导，罢归。作诗有才调，为人所称"。但其屡试不中，所谓"七举不遇"，于是他就放浪西湖，优游山林。著有《大明同文集》《田子艺集》《留青日记》等。

《煮泉小品》对前人涉茶论述多有中肯点评与独立见解，摘录片段如下：

> 芽茶以火作者为次，生晒者为上，亦更近自然，且断烟火气耳。况作人手器不洁，火候失宜，皆能损其香色也。生晒茶瀹之瓯中，则旗枪舒畅，青翠

鲜明，万为可爱。唐人煎茶，多用姜盐。故鸿渐云："初沸水合量，调之以盐味。"薛能诗："盐损添常戒，姜宜着更夸。"苏子瞻以为茶之中等，用姜煎信佳，盐则不可。余则以为二物皆水厄也。若山居饮水，少下二物，以减岚气或可耳。而有茶，则此固无须也。

有水有茶，不可无火。非无火也，有所宜也。李约云："茶须缓火炙，活火煎。"活火，谓炭火之有焰者，苏轼诗"活火仍须活水烹"是也。余则以为山中不常得炭，且死火耳，不若枯松枝为妙。若寒月多拾松实，畜（蓄）为煮茶之具更雅。

（七）冯可宾《岕茶笺》

冯可宾（生卒不详），字正卿，山东益都人，生活于明末清初。明天启壬戌年（1622 年）进士，官任湖州司理、给事中，后至太常寺少卿，入清后隐居不仕。曾编刊《广百川学海》丛书，《岕茶笺》为其中之一，约于 1642 年前后成书。

全书分为序岕名、论采茶、论蒸茶、论焙茶、论藏茶，辨真赝、论烹点、品泉水、论茶具、茶宜、禁忌十一则。节选如下：

论采茶

雨前则精神未足，夏后则梗叶大粗。然茶以细嫩为妙，须当交夏时，看风日晴和，月露初收，亲自监采人篮。如烈日之下，又防篮内郁蒸，须伞盖至舍，速倾净匾薄摊，细拣枯枝病叶、蛸丝青牛之类，一一剔去，方为精洁也。

论藏茶

新净瓷坛周回用干箬叶密砌，将茶渐渐装进摇实，不可用手措。上覆干箬数层，又以火炙干炭铺坛口扎固。又以火炼候冷新方砖压坛口上。如潮湿，宜藏高楼，炎热则置凉处。阴雨不宜开坛。近有以夹口锡器贮茶者，更燥更密。盖瓷坛犹有微罅透风，不如锡者坚固也。

茶宜

无事、佳客、幽坐、吟咏、挥翰、徜徉、睡起、宿酲、清供、精舍、会心、赏鉴、文僮。

茶忌

不如法、恶具、主客不韵、冠裳苛礼、荤有杂陈、忙冗、壁间案头多恶趣。

冯可宾的嗜饮和对茶饮的个性好恶，在“茶宜”和“茶忌”中都做出了充分的举例。

四、明人茶画

（一）文徵明《茶具十咏图》

文徵明（1470~1559 年），江苏苏州人，书画诗文皆胜而多作茶诗，与沈周、唐寅、仇英合称“吴门四家”。其自身多艺高诣而门徒广泛，为当时吴门艺坛领袖。

《茶具十咏图》（见图 3-25）作于嘉靖十三年（1534 年），文徵明时年 65 岁。其幅面上方，以五言诗题咏与茶相关的事物，分别是茶坞、茶人、茶笋、茶籝、茶舍、茶灶、茶焙、茶鼎、茶瓯、煮茶，完全相同于唐代皮日休《茶中杂咏》的十项内容而诗文为追和另作。

图 3-25　明代文徵明《茶具十咏图》（局部）

（二）唐寅《事茗图》

唐寅（1470~1523 年），字伯虎，号六如居士、桃花庵主等，南直隶苏州吴县人。明代著名诗画家，诗文与祝允明、文徵明、徐祯卿并称“吴门四才子”，画作与沈周、文徵明、仇英并称“吴门四家”。

卷左自题诗曰：“日长何所事，茗碗自赍持。料得南窗下，清风满鬓丝。”

卷后有陆粲于嘉靖乙未写的《事茗辩》，文中提到陈事茗与客人辩论饮茶的事。陈氏为书法家王宠的邻友，王宠为唐寅的儿女亲家，故与唐寅熟稔。此图可能绘录的正是陈事茗与人品茗而辩的逸事（见图 3-26）。

图 3-26　唐寅《事茗图》（局部）

（三）陈洪绶《停琴品茗图》

陈洪绶（1598~1652 年），浙江诸暨人。明代画家，字章侯，号老莲。能诗，工书法，尤善绘画而题材广泛，人物、山水、花鸟、竹石、草虫等造诣均深，尤以人物画著称于世。晚年人物画造型夸张，尽显其高古奇特的精神特征；所附花鸟树石，都勾勒精细、色彩清丽，富于装饰趣味，与另一位人物画家崔子忠有“南陈北崔”之称。

此画中间（见图 3–27）是两位雅士相对而坐，各捧茶盏。一人趺坐蕉叶上，左边湖石上炉火正红，上搁茶铫，旁置茶壶；一人以石为凳，面前石板上置古琴。图右石上有硕大的花瓶，插着白花青叶的荷。左下石上有水瓮，一仆左手执扇，右手持巾。其设色古雅，画面简洁，高士形象跃然纸上。

图 3–27　陈洪绶（老莲）《停琴品茗图》

第八节　清代讲究

萌发于唐代的茶馆，古称茶肆、茶坊、茶楼，在宋代得到长足发展，其情形可见于张择端的《清明上河图》。到了明清时期，茶馆发展成更为典型的服务业设施，尤以清代为其鼎盛而遍布城乡，且逐渐发展出各具地方特色的茶饮习惯和文娱活动的经营形态。

茶馆大为兴旺而成为社会文化和社交的重要活动场所，茶饮也融入日常生活和民俗民风的方方面面。缘于这样的态势，茶事活动扩展到了万家千户而渗透于人们的日常作息，成为一种全民性的事物，并且影响到社会生活的形态和生活方式。

对外，茶叶以贸易形式迅速走向世界，一度垄断世界茶叶市场，国人的茶用器物、饮茶礼仪和部分习俗也逐渐传到西方。

清代前期，早在鸦片战争前，中国茶就风靡世界。鸦片战争后，中国茶叶出口继续上升，以大宗贸易的形式迅速走向世界，于1886年达268万担，一度垄断了整个世界市场。但此景并未长期延续，不久中国茶的出口量即盘旋下降，海外市场逐渐被印度、斯里兰卡、印度尼西亚以及日本等地的茶所取代。

一、贡茶体系

贡茶形成稳定的制度始于唐代，这部分茶产品其实并不单纯作为皇室的特供饮品，而是具有征收实物税的性质，且随机性强。贡茶制度一经形成便历代相沿，历经近1400年直至封建王朝的终结，其形态也在清朝时达到完备。

（一）贡茶类别

贡茶分为例贡和非例贡两类。例贡是被朝廷定为常例的节贡，如三大节的元旦、冬至和万寿庆辰，以及上元贡、中秋贡等。非例贡则是临时性或随时的进贡，其名目繁多，如迎銮贡、木兰贡、来京陛见贡、谢恩贡和传办贡等。

（二）征贡范围

明代沿袭宋元，征贡仍以建茶为主，但已逐步扩展到浙江、南直隶（相当于今江苏省、安徽省以及上海市的二省一市）、江西和湖广四省。清初延续明代而以五省茶产区为主，随政局稳定和版图扩展，逐步纳入了全国十三省的茶产区，其中有后来在清代贡茶中较为重要的云南普洱茶。

（三）贡茶使用

贡茶在清宫，饮用于日常生活和各种节日里的茶宴，也用于治病、祭祀和赏赐。

1. 饮用

宫中的日常饮茶，以份例的方式配用。除直接冲泡饮用外，清宫里最喜奶茶，从皇上到皇子，每天都有供调制奶茶和做点心等食用的乳牛头数份例，如皇上 100 头，皇后 25 头，贵妃 4 头，阿哥娶福晋后 8 头。

2. 药用与祭祀

《宫女谈往录》记及："敬茶的先敬上一杯普洱茶，老太后（慈禧）年事高了，正在冬季里，又刚吃完油腻，所以要喝普洱茶，图它又暖又能解油腻。"故宫现存普洱茶膏上就有说明："肚胀受寒时，用姜汤与茶膏同煮饮，使身体出汗即愈。当口破舌喉受热疼痛时，用五分茶膏噙口，过夜即愈。"可见，普洱茶膏以药用为主，四季中受寒暑热生疮等内外伤均可以内服或外用医治。

平日和节日的祭祀活动，多用普洱茶、松萝茶、莲心花茶和蒙顶茶等，而天子祭天与祀太庙，则会用蒙顶仙茶。

3. 赏赐

清宫的赏赐有例行和不定期两种。在例行赏赐中，皇帝会按规定或惯例向皇亲、臣下、外藩、国外使臣等给予每月数两普洱茶或数个大普洱茶或几十个女儿茶。不定期赏赐的茶品和数量比较随意，多发生在日常或非节日性活动中，受赐者有格格、陪着听戏的外藩王子、考试差人、考人、国外使臣等。

二、皇家茶事

茶叶在养生方面的发展源于皇家富贵的需求，从而呈现丰富的面貌。乾隆时期（1736~1795 年），弘历（见图 3-28）多有诗作歌咏茶事，可以称为历代皇帝之最；而他推崇用银斗称水评泉的方法，也可见其选择泡茶用水的讲究和独到要求。

图 3-28　乾隆帝弘历画像

清代宫廷饮茶的风气极为盛行。乾隆帝退位后依然爱茶、赞茶，他在北海镜清斋专设“焙茶坞”，每日品饮不辍。在位时六下江南巡视，其中四次驾幸杭州龙井，微服私访，深入茶园和作坊，亲自观看采茶、造茶，由此体会到茶农的艰辛，且从其抒怀诗作来看他很受触动，有“敝衣粝食曾不敷，龙团凤饼真无味”（弘历《观采茶作歌》）这样的诗句来表达感慨和叹息。史料表明，乾隆帝弘历是古代社会第一位也或许是唯一一位亲临茶园考察的皇帝。

（一）祭天祀祖

据《清史稿·礼志》载："分遣官祭告天地、宗社。帝衰服诣几筵，行三跪九叩礼，祗告受命……复御太和殿，王公百官上表行礼如仪，不宣读，不作乐，不设宴，王公入赐茶毕，还宫，反丧服，就苫次，颁诏。"

（二）宴饮群臣

清代每年正月，为迎贺新年，皇帝照例要举行大规模茶宴。

乾隆帝嗜茶善诗，自称"朕实一书生"。朝廷为庆贺他七十五岁华诞，遵旨召集大臣、文豪、诗家及外国使节三千人，张灯结彩、齐聚一堂、品茗赋诗、献寿铭恩，称为"千叟诗宴"。

（三）布恩赐茶

康熙亲政后的第十七年（1678 年）下诏："凡汉族大臣家有丧事，也按满族大臣例，颁赐茶酒，以表哀悼。"《康熙起居注》之"十七年十二月"条记载：

> 初八日甲戌，巳时，上诣太皇太后、皇太后问安。是日谕大学士索额图、明珠曰：满大臣有丧，特遣大臣往赐茶、酒。满、汉大臣俱系一样，汉大臣有丧，亦应遣大臣往赐茶、酒。自今以后，凡遇汉大臣丧事，命内阁翰林院满洲大臣携茶、酒赐之。本月初十日，着大学士明珠，携茶、酒赐兵部尚书王熙。翰林院掌院学士喇沙里，内阁学士屯泰，携茶、酒赐翰林院掌院学士陈廷敬。

（四）乾隆与龙井

著名的西湖龙井，有许多逸闻趣事跟乾隆皇帝爱新觉罗·弘历（1711~1799 年）有关。乾隆帝六次南巡，四临西湖茶区，并作有多首龙井茶诗。

乾隆十六年（1751 年），乾隆第一次下江南时驾临杭州，到天竺观看茶叶的采制并作《观采茶作歌》。诗中一开始就表明他对采茶时机的了解，之后对炒茶"火功"则作了详细描述，而"王肃酪奴"和"陆羽茶经"这些词语的出现说明乾隆对茶的历史文化并非一知半解：

> 火前嫩，火后老，唯有骑火品最好。

西湖龙井旧擅名，适来试一观其道。

村男接踵下层椒，倾筐雀舌还鹰爪。

地炉文火续续添，干釜柔风旋旋炒。

慢炒细焙有次第，辛苦工夫殊不少。

王肃酪奴惜不知，陆羽茶经太精讨。

我虽贡茗未求佳，防微犹恐开奇巧。

防微犹恐开奇巧，采茶竭览民艰晓。

乾隆二十二年（1757 年），弘历二临杭州到了云栖，再作《观采茶作歌》诗一首，透露出想实际了解民情的愿望和对茶农的艰辛的较多关注：

前日采茶我不喜，率缘供览官经理。

今日采茶我爱观，吴民生计勤自然。

云栖取近跋山路，都非吏备清跸处。

无事回避出采茶，相将男妇实劳劬。

嫩荚新芽细拨挑，趁忙谷雨临明朝。

雨前价贵雨后贱，民艰触目陈鸣镳。

由来贵诚不贵伪，嗟我老幼赴时意。

敝衣粝食曾不敷，龙团凤饼真无味。

五年以后，乾隆第三次南巡，在龙井品尝了龙井泉水烹煎的龙井茶后，赋诗名为《坐龙井上烹茶偶成》，较多为品茶时对茶品的称赞和些许的自我调侃。诗曰：

龙井新茶龙井泉，一家风味称烹煎。

寸芽出自烂石上，时节焙成谷雨前。

何必凤团夸御茗，聊因雀舌润心莲。

呼之欲出辨才在，笑我依然文字禅。

再隔三年，他到龙井品香茗，留下的诗作名为《再游龙井作》，颇有些旧地重游、前物再睹的感慨。诗中写道：

清跸重听龙井泉，明将归辔户华旃。

问山得路宜晴后，汲水煎茶正雨前。

入目景光真迅尔，向人花木似依然。

斯真挂矣予无梦，天姥那希李谪仙。

另外，相传乾隆在品饮龙井狮子峰胡公庙前的龙井茶后，对其香醇的滋味赞不绝口，特封庙前十八棵茶树为“御茶”，其址至今尚存。

（五）三清茶

《冷庐杂识》中记载乾隆皇帝“遇佳雪，必收取，以松实、梅英、佛手烹茶，谓之三清。尝于重华宫集廷臣及内庭翰林等，联句赋三清茶诗”。乾隆皇帝在重华宫举办三清茶宴，广邀群臣，有以茶警示为官须清廉的含意。三清茶（见图3-29），是“以雪水烹茶，沃梅花、佛手、松实啜之”，对于这款调饮茶本身，他也是推崇有加的，所作茶诗在不同材质的茶器上都有刻印：

梅花色不妖，佛手香且洁。
松实味芳腴，三品殊清绝。
烹以折脚铛，沃之承筐雪。
火候辨鱼蟹，鼎烟迭生灭。
越瓯泼仙乳，毡庐适禅悦。
五蕴净太半，可悟不可说。
馥馥兜罗递，活活云浆澈。
据佺遗可餐，林逋赏时别。
懒举赵州案，颇笑玉川谲。
寒宵听行漏，古月看悬玦。
软饱趁几余，敲吟兴无竭。

图3-29　弘历《三清诗》茶瓯

三、相关书画与诗文小说

（一）张岱《闵老子茶》

张岱（1597~1679 年），字宗子，石公，号陶庵，山阴（今浙江绍兴）人，侨居杭州。他是明末清初的文学家、史学家，以散文见长；同时，还是一位精于品茶鉴泉的行家。在他的著作如《陶庵梦记》《西湖梦寻》中，记述了不少生动的茶事。《闵老子茶》即为其中之一。全文如下：

周墨农向余道闵汶水茶，不置口。

戊寅九月，至留都，抵岸，即访闵汶水于桃叶渡。日晡，汶水他出，迟其归，乃婆娑一老。

方叙话，遽起曰："杖忘某所。"又去。余曰："今日岂可空去？"迟之又久，汶水返，更定矣。睨余曰："客尚在耶！客在奚为者？"余曰："慕汶老久，今日不畅饮汶老茶，决不去！"汶水喜，自起当炉。

茶旋煮，速如风雨。导至一室，明窗净几，荆溪壶、成宣窑瓷瓯十余种，皆精绝。灯下视茶色，与瓷瓯无别，而香气逼人，余叫绝。

余问汶水曰："此茶何产？"汶水曰："阆苑茶也。"余再啜之，曰"莫绐余。是阆苑制法，而味不似"。汶水匿笑曰："客知是何产？"余再啜之，曰："何其似罗岕甚也？"汶水吐舌曰："奇！奇！"余问："水何水？"曰："惠泉。"余曰："莫绐余！惠泉走千里，水劳而圭角不动，何也？"汶水曰："不复敢隐。其取惠水，必淘井，静夜候新泉至，旋汲之。山石磊磊，借瓮底，舟非风则勿行。放水之生磊，即寻常惠水犹逊一头地，况他水耶？"又吐舌曰："奇！奇！"言未毕，汶水去。

少顷，持一壶，满斟余曰："客啜此。"余曰："香扑烈，味甚浑厚，此春茶耶？向瀹者的是秋采。"汶水大笑曰："予年七十，精赏鉴者无客比！"遂定交。

（二）李渔《闲情偶寄》

李渔（1611~1680 年），原名仙侣，号天征，后改名渔，字笠翁，一字笠鸿、谪凡。在他的《闲情偶寄》（见图 3–30）中，记述了不少品茶经验，讲求艺术与实用的统一。其中卷四《居室部·茶具》一节，专讲茶具的选择和茶的贮藏。他认为泡茶器具中阳羡砂壶最妙，但对当时人们过于喜爱紫砂壶而使之脱离了茶饮，则大不以为然。他认为：“置物但取其适用，何必幽渺其说。”

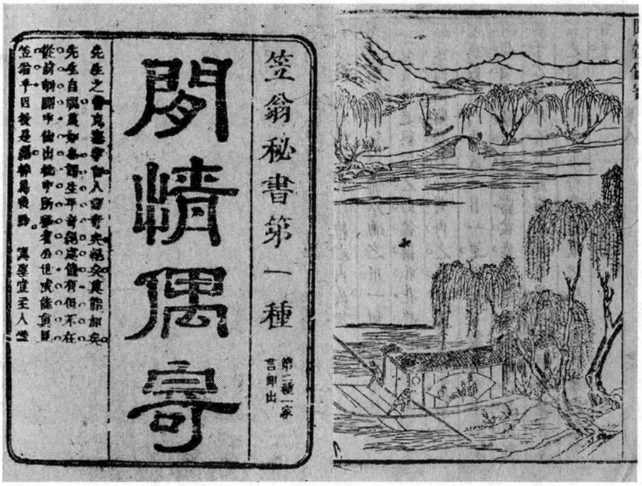

图 3-30　李渔《闲情偶寄》（彭丽供图）

他对茶壶的形制与实用的关系，做过仔细的研究：“凡制茗壶，其嘴务直，购者亦然，一幽便可忧，再幽则称弃物矣。盖贮茶之物与贮酒不同，酒无渣滓，一斟即出，其嘴之曲直可以不论。茶则有体之物也，星星之叶，入水即成大片，斟泻之时，纤毫入嘴，则塞而不流。啜茗快事，斟之不出，大觉闷人。直则保无是患矣，即有时闭塞，亦可疏通，不似武夷九曲之难力导也。”

（三）陆廷灿《续茶经》

陆廷灿（1678~1743 年），字扶照，又字秩昭，自号幔亭。江苏嘉定（今上海嘉定区南翔镇）人，曾任崇安知县（现武夷山市）。

陆氏年轻时就有“隐居以求其志，行义以达其道”的情怀。他好古博雅，“尝于槎溪之上，卜筑读书，名花异卉，琳琅满目，而尤喜艺菊，遍觅奇种，罗植阶砌，真可谓继渊明高蹈而不逐时趋者矣”。

康熙五十六年至五十九年（1717~1720 年）期间，他担任福建崇安任知县，所管辖的境内有武夷山，出产举世闻名的武夷茶，“值制府满公，郑重进献。究悉源流，每以茶事下询。查阅诸书，于武夷之外，每多见闻，因思采集为《续茶经》之举”(《续茶经·凡例》)。

《续茶经》草拟于崇安任上，成书于陆廷灿归田后的1734年，约七万字，体例完全按照唐代陆羽《茶经》的三卷十章，最后附一卷茶法。每章的内容，其实是陆廷灿所收集和考辨陆羽《茶经》之后的茶书资料的分类汇编。就像《四库全书总目提要》点评的那样：“自唐以后阅数百载，产茶之地，制茶之法，业已历代不同，既烹煮器具亦古今多异，故陆羽所述，其书虽古而其法多不可行于今，廷灿一订补辑，颇切实用，而征引繁富”，从而颇为具有保存遗佚、增广文献的功劳。

陆氏本身就喜饮茶，有“茶仙”之称。《续茶经·序》君子自述道：“其先人所治陶圃，有林泉花木之胜，君徜徉其中那个，对寒花，啜苦茗，意甚乐之。”其诗《咏武夷茶》云：“桑苎家传旧有经，弹琴喜傍武夷君。轻涛松下烹溪月，含露梅边煮岭云。醒睡功资宵判牒，清神雅助昼论文。春雷催蒸仙岩笋，雀舌龙团取次分。”对茶饮之学的渊源、饮茶的文韵雅意及自身对茶事的了解都进行了生动描写。

（四）郑燮诗文

郑燮（1693~1765年），字克柔，号板桥，江苏兴化人，清代著名书画家、文学家，为清代画坛名家“扬州八怪”之一。他对民情风俗有着浓厚的兴趣，在诗文书画中，总是不时地透露着清新的内容和别致的格调（见图3-31）。

图3-31　郑板桥《竹石图》（局部）

茶饮是郑板桥生活的伴侣、创作的题材，如“茅屋一间，新篁数竿，雪白纸窗，微浸绿色，此时独坐其中，一盏雨前茶，一方端砚石，一张宣州纸，几笔折枝花。朋友来至，风声竹响，愈喧愈静”，常常是“墨兰数枝宣德纸，苦茗一杯成化窑”。

板桥善对联，多有名句与茶有关：“楚尾吴兴，一片青山入座；淮南江北，半潭秋水烹茶”“白菜青盐蚬子饭，瓦壶天水菊花茶”。

在他的诗书中，多有文人的朴素雅趣：“不风不雨正清和，翠竹亭亭好节柯。最爱晚凉佳客至，一壶新茗泡松萝”；也不乏与交往画友的以茶酬酢：“青鞋踏小路，小阁延朝暾。烹茶业已熟，洗盏犹细扪。”

《扬州画舫录》记，拱宸门内天宁街西有六安僧人开的茶叶馆“青莲斋”，板桥为之书联：“从来名士能评水，自古高僧爱斗茶。”

青城山系道家圣地，其人生活深居简出，悬有板桥所拟名句：“扫来竹叶烹茶叶，劈碎松根煮菜根。”

郑燮茶联摘录：

寒窗里，烹茶扫雪，一碗读书灯。（《满庭芳·赠郭方仪》）

一半青山一半竹，一班绿荫一半玉。请君茶熟睡醒时，对此浑如在石屋。

客来招饮欣同去，僧去烹茶又小留。（与无方和尚）

黄泥小灶茶烹陆，白雨幽窗字学颜。（与博也和尚）

茶枪新摘蕊，莲露旋收珠。小盏烹涓滴，清光浅浅浮。

秋江欲画毫先冷，梅水才煎腹便清。

汲来江水烹新茗，买尽吴山作画屏。

（五）满纸茶香红楼梦

曹雪芹（1715~1763 年），原名霑，字梦阮，雪芹为号。其祖籍辽阳，先世原为汉族，后来成为满洲正白旗包衣人，所作《红楼梦》（见图 3-32）为文学巨著，被誉为“中国古代第一小说”。

曹雪芹见多识广，才华横溢，是琴、棋、书、画、诗词皆佳的小说家，也精通于茶叶、茶器、茶事、茶习俗。在百科全书式的《红楼梦》中，茶饮见诸日常生活与人际交往的方方面面，如茶饮类别，有家常茶、敬客茶、伴果茶、品尝茶、药用茶等；饮用的名茶，有杭州西湖的龙井茶，云南的普洱茶及其珍品女儿茶，福建的“凤髓”，湖南的君山银针，甚至还有暹罗（泰国的旧称）进贡来的茶；而贾宝玉身边的有个小厮名为焙茗，同引泉、扫花、挑云、伴鹤一起与他朝夕相处，是生活起居的必要伴随。

图 3-32　曹雪芹著《红楼梦》

《红楼梦》第四十一回“栊翠庵茶品梅花雪”中详细地描述了妙玉因人而异的选茶、选水、选茶具、选雅室等品茶的特定要求。其中，贾母一行馔后至栊翠庵品茶，“只见妙玉亲自捧了一个海棠花式雕漆填金云龙献寿的小茶盘，里面放一个成窑五彩小盅，捧与贾母”。由此可知，雕漆茶盘、细瓷茶盅是用来奉客尤其尊长者的一款精致的搭配。

曹雪芹善于把自己的诗情与茶意相融合，书中妙句不少，如写夏夜的：“倦乡佳人幽梦长，金笼鹦鹉唤茶汤”；写秋夜的“静夜不眠因酒渴，沉烟重拨索烹茶”；写冬夜的“却喜侍儿知试茗，扫将新雪及时烹”等。

茶在《红楼梦》中还显示出人情味的浓重，哪怕在人生诀别的时刻，茶依然让人魂牵，其中包含的正是对生命的留恋和渴望。如晴雯在即将离世之时，向宝玉索茶喝：“阿弥陀佛，你来得好，且把那茶倒半碗我喝，渴了这半日，叫半个人也叫不着”，宝玉将茶递给晴雯，只见晴雯如得了甘露一般，一气都灌了下去。而当八十三岁的贾母即将寿终正寝时，睁着眼要茶喝，而坚决不喝人参汤，当喝了茶后，竟坐了起来！

茶，在生命弥留的此时此刻，对临终之人已然是个无可替代的宽慰，由此或许表达的正是作者本人在平凡的日常积淀起来的对茶的知味入心。

（六）随园袁枚

袁枚（1716~1797年），字子才，号简斋，晚号随园老人，钱塘（今浙江杭州）人。乾隆四年（1739年）进士，入翰林散馆，只因满文不够好，外放为县令。

袁枚33岁就辞了官职，卜居南京小仓山，所购买、修葺的随园肇始于曹雪芹的祖父曹寅。随园在众多的江南园林中占有一席之地，他也因此能够在外师造化、内得心源的环境中过了50多年的清狂生活。他活跃清代诗坛60余年，存诗4000余首，是乾嘉时期具有代表意义的诗人和诗词评论家。同时，袁枚还是一位有丰富经验的烹饪学家，他的《随园食单》（见图3-33）一书，是中国清代一部系统论述烹饪技术和南北菜点的重要著作。其中的“茶酒单”一章，集中记录了他对各种名茶的品鉴感受。

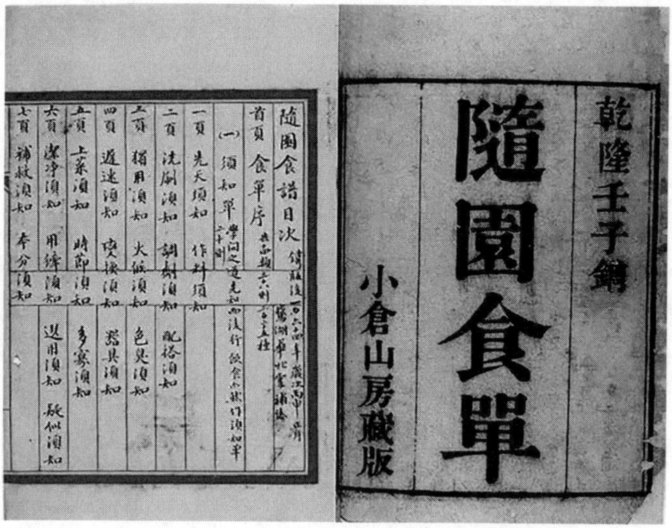

图3-33　袁枚《随园食单》（彭丽供图）

他对家乡的龙井茶情有独钟，每次品到其他茶，都爱拿来与龙井做比较，如他对阳羡茶的评价是“茶深碧色，形如雀舌，又如巨米，味较龙井略浓”；对洞庭君山茶则表述为“色味与龙井相同，叶微宽而绿过之，采掇最少”。在70岁时，袁枚游武夷山，对那里的茶产生了特别的兴趣，做出这样的评判：“故武夷享天下盛名，真乃不忝，且可以瀹至三次，而其味犹未尽！”

袁枚善于品茶，更善于烹茶，他认为有了好茶，还要有好水，有了好水，更要善于掌握火候。在不断的实践中，他摸索出烹水泡茶的方法，是煮水用武火，用穿心罐一滚便泡，滚久则水味将变，而停滚再泡则茶叶上浮。应一泡便饮，如加上杯盖则茶味又会变化。

当时，他有一位朋友，在喝了袁枚的茶后，逢人便称：“我只有在随园，才吃到一杯好茶！”

第四章 中国茶饮文化的外传

本章导读

有人说先进的文化是无国界的，各民族的先进文化最终必将走向世界。起源于中国的茶饮文化在其发展过程中就是被视为先进文化传播至世界各国的。我国茶的外传路径不止一条，语音学就能证明这一点。世界绝大多数国家的茶字发音都源于中文茶字的发音，由于传播路径的不同，有的与我国北方方言茶字发音相近，有的和我国闽南语里茶字发音相近。在这一章节，我们主要分析中国茶的外传从什么时候开始，传播的路径有哪些，以及分别介绍日本、韩国、英国的茶饮文化。

学习目标

1. 知识目标：了解我国茶文化对外传播的时间和路径

2. 能力目标：分析我国茶饮文化对各国茶文化的形成发展及其内涵的影响

第一节　中国茶的早期外传

中国茶什么时候开始对外传播，最先传播到哪个国家？由于时隔久远，这个问题并不好回答。很多学者对此持有不同的看法，主要有三种观点：第一，中国茶的外传是随着汉代丝绸之路的开辟而开始的。这种观点认为长安是通向西亚乃至欧洲丝绸之路的东方起点，长安南接巴蜀，而在汉代巴蜀地区已兴起饮茶之风，所以随丝绸之路的开辟必有茶的外传。但这种观点尚未找到明确的史料记载，只能说是推论，而且就全国范围来看，当时饮茶并不普遍，外传可能性不大。第二，中国茶的外传始于公元 5 世纪，最初的输出对象为土耳其商人。持这种观点的研究者较多，美国人威廉·乌克斯在其著作《茶叶全书》的中国茶叶贸易史一章中提到：公元 5 世纪末，中国与土耳其商人在蒙古边境进行贸易，首要输出的物品就是茶叶。我国茶学家陈椽在其著作《茶叶通史》中提到：5 世纪末，土耳其商人到中国蒙古边境开展贸易，以物易茶，并认为这是我国茶叶正式外销的开始。公元 5 世纪正值我国南北朝时期，南北朝时期是我国茶文化的萌芽期，始于巴蜀的饮茶之风向江南一带发展，进而传播至长江以北，饮茶的人逐渐增多，此时期茶叶外传的可能性大很多。第三，中国茶的外传最先东传至韩国和日本，至于具体时间又说法不一，有的人认为早在秦汉时期，有的人则认为在唐代。

由此看来，关于中国茶早期外传的时间和方向尚有争议，其中第二种观点是目前学界较为公认的，即早在公元 5 世纪中国茶就已开始对外传播，贸易对象为土耳其商人，唐宋后更是呈辐射状进一步对外传播。

茶叶传播到各个国家的时间前后不一，那茶的传播方式和路径自然也是多种多样的。学者王玲在其著作《中国茶文化》一书中做了分析与总结：茶的早期外传路线主要分为陆路和海路。陆路又可分为四条路径：第一，由东北地区东传至朝鲜半岛。第二，以内蒙古、蒙古为中介地北传至俄罗斯等国。第三，产茶地直接通过边疆地带南传至南亚诸国。第四，集中于长安的茶由新疆西传中亚、西亚、地中海地区及东欧。海路又可分为三条：第一，由浙江通往日本；第二，由福建、广州通往南洋诸国，后经马来半岛、印度半岛、地中海继而通往欧洲各国；第三，由广州通往美洲各地。

第二节 日本茶文化介绍

谈中国茶文化，总绕不开日本茶道。同样的，提及日本茶道，其和中国茶文化之间千丝万缕的关系也是不言而喻的。日本人古时候并没有喝茶的习惯，因为日本的土地上不存在原生茶树，日本人开始饮茶已是7世纪的事了。日本茶文化的历史是随着中国茶文化历史的发展而发展起来的。日本茶道（抹茶道）源自中国宋代的点茶法，是经过了一个漫长的吸收反刍期后，最终形成的一种完整的艺术形式。如今，茶道已成为日本民族文化的象征。

一、日本茶道的形成与发展

茶与日本结下不解之缘，很大程度上要归功于7世纪初到9世纪末（共260余年）日本遣使入唐的制度。最初茶是由遣唐使中的留学僧从中国带到日本的，这使得日本列岛无茶的历史至此结束。805年，日本高僧最澄（日本天台宗创始人）从中国留学归来时，将中国的茶籽带回日本并播种于日吉神社旁边，这里也一直被视为日本最古老的茶园之一。806年，日本另一高僧空海（日本真言宗创始人）也从中国把茶籽及制茶方法带回了日本。从此，茶在日本有了自上而下传播的机会。另外，还有一位不得不提的遣唐僧同样在日本饮茶史上有着举足轻重的地位，他就是永忠和尚，他曾在唐都长安生活长达30年，养成了饮茶的习惯，对于中国的饮茶文化非常了解。在永忠回国后的815年，有一天，嵯峨天皇游幸路过他掌管的寺院，品尝了由他亲自精心煎煮的茶汤后印象深刻，不久便命令日本关西地区按照永忠的方法普遍植茶，以备每年进贡，这大大促进了茶的传播。永忠献上的这一碗煎茶，据说就是用的我国唐代的饼茶煮饮法。

平安时代的日本饮茶总体来说充满着唐风，风雅而浪漫，不过喝茶只是发生在天皇、贵族、高级僧侣等上层社会的事，民众始终没有登场。这期间的饮茶文化是以嵯峨天皇为主体的，人们把这弘仁年间，以嵯峨天皇为代表的日本饮茶文化称为“弘仁茶风”，但终因只是对中国茶文化的单纯模仿，无法深扎于日本本民族文化中而逐渐衰退。

随着嵯峨天皇的去世，唐风文化的辉煌时代过去之后，日本古代的饮茶文化也一度衰退。894 年，日本还宣布了停派遣唐使，这导致那之后的日本国风文化逐渐发达起来。同时，日本对中国文化长期大量吸收后，也逐渐进入了独立反刍期，这自然也包括饮茶文化。

镰仓时期，一本茶书——《吃茶养生记》使得日本饮茶活动再次出现了小高潮，这本书的作者便是日本禅师，也就是日本临济宗的创始人——荣西。荣西生于 1141 年，他一生两度入宋，一方面致力于禅与密法的研究和实践；另一方面，他亲身体验了我国宋朝的饮茶文化，并立志将其普及，他回国时也带上了茶籽。他的著作《吃茶养生记》更是重开了日本饮茶之风。《吃茶养生记》开篇写道：“茶也，末代养生之仙药，人伦延龄之妙术也。”可见，荣西较为强调茶的药用价值，受此影响，茶被看作是一种救世灵药，且这个时期的饮茶活动从主要以寺院为中心开始慢慢普及到民间。

到了室町时代，先后形成了两种文化。先是以足利义满将军为代表的北山文化时期。受我国宋代斗茶习俗之影响，北山文化时期，日本也形成了斗茶。不过日本的斗茶和我国宋时文人雅致的斗茶不同，日本斗茶是一种娱乐活动，充满游艺性，斗茶的主角都是些暴发户的武士阶层。他们通过斗茶来扩大交际范围、炫耀拥有的进口文物。日本史料《吃茶往来》中便记录了日本斗茶的情况。

接着是以义政将军为代表的东山文化繁荣期，此时，茶的游艺性淡去，茶会形式也逐渐被庄重而肃静的“书院茶”代替。所谓“书院茶”，就是指在一种书院式建筑里进行的茶事活动。书院茶的主要倡导者名为能阿弥，他是扶持过义教、义胜、义政三代将军的文化侍从，更是一位杰出的艺术家，现行的日本茶道的点茶程序在他的指导下，基本上在当时就已经形成了。

一直以来，日本饮茶文化长期停留在日本上层社会中，始终走不到民间，直到室町时代末期，终于出现了由普通民众举办参加的茶会。其中，最著名的便是奈良的淋汗茶会，而奈良流茶风中最有代表性的人物便是日本茶道的开山鼻祖——村田珠光。村田珠光11岁便做了和尚，19岁时辗转来到了大德寺酬恩庵，跟随一休宗纯参禅，并获得了中国宋代禅僧圆悟克勤的墨迹。他将此墨迹挂于茶室的壁龛里，每当有人走进茶室时，必先跪于墨迹前行礼表敬意。珠光的这一创举，将茶与禅联系在了一起，形成“草庵茶风”。他将禅宗思想导入茶道，从此茶事活动便有了深邃的思想内涵和理论根据。他创立的草庵茶，崇尚自然与朴素，极具艺术性。

继村田珠光之后，大茶人武野绍鸥继承和发展了村田珠光的茶道思想。武野绍鸥24岁时在当时日本和歌界最负盛名的三条西实隆处学习和歌。直到33岁时，他还是一名连歌师。这期间，他对日本歌论的艺术思想做了深入研究。在学习和歌时，他也进行了茶道的学习，并领悟到了村田珠光的茶道思想。之后，他把日本古典歌道的理论导入了茶道，将日本文化中独特的素淡、典雅风格再现于茶道，丰富了茶道的内容，也大大推进了草庵茶的民族化进程。

日本茶道的完整艺术形式最终是由武野绍鸥的高足、日本茶道的集大成者千利休最终创立的。由于日本国土资源匮乏，在千利休时代，人们就发现不可能在日本一直大规模地使用“唐物”，更不是所有人都能像丰臣秀吉那样用黄金去建造自己的茶室，而应该重新去认识事物，去感受事物的灵魂世界。当然，人们观念的转变，一方面也是因为受到千利休的影响，千利休在晚年越来越崇尚古朴简约，表现出“本来无一物”的艺术境界。他甚至提倡从日本的民家、渔村、山谷里去寻找发现艺术。千利休逐渐在茶道中大量使用日本本民族器物，并用自己的禅宗思维和审美创立了一套茶道方式，至此，日本茶道基本形成。1591年，大茶人千利休剖腹自杀后，他的后代又继承并发展了日本茶道的三个主要流派，分别是表千家流派、里千家流派和武者小路流派，一直流传至今。

二、日本茶道的内涵

日本茶道艺术，并不是什么文人雅趣，也不仅仅是生活礼仪规范。《山上宗二记》中指出：“因茶道出自禅宗，所以茶人都要修禅，珠光、绍鸥皆如此。”日本元禄时代的茶书《南方录》中也指出：“草庵茶道之第一要事为领悟佛法，修行得道。”可见，日本茶道艺术是以“禅”为思想核心的。它是以禅为主体内容，以使人达到大彻大悟为目的而进行的一种新型的宗教形式。而事实上，历代日本大茶人都有去禅寺修行数年的经历，如村田珠光30岁时，跟随一休宗纯参禅；武野绍鸥曾参禅于京都大德寺大林宗套禅师；千利休曾参禅于大德寺大林宗套禅师、笑岭宗䜣禅师等。茶人们从禅寺获得法名，并终生受禅师的指导，但在他们获得法名之后并不一直留在禅寺，而是返回茶室过茶人的生活。所谓茶人的生活和普通人的生活相似，但处处又充满了艺术感。所以说，茶人虽然通过禅宗学习到了禅，但与禅宗之间是一种法嗣关系，茶道有其独立性，是独立存在于禅寺之外的一种“在家禅”。

提到日本茶道的思想，人们常常还会想到“和、敬、清、寂”四个字，“和、敬、清、寂”被称为茶道的四规。“和”指的是主客和睦；“敬”指的是长幼分明，有礼有节；“清”指的是茶室清洁，人心清白；“寂”指的是恬静、庄重的气氛。同时，“和、敬、清、寂”也表现在人与物的关系上。

另外，“一期一会”的概念也很好地体现了茶道思想。“一期一会”出自江户末期茶人井伊直弼的著作《茶汤一会集》。“一期”指的是一生、一辈子的意思。一期一会的意思是说一生当中一模一样的相会只有一次，不会再有第二次。这种观点源于佛教的无常观，世事无常，生、死、离、合都是无常的。受这种观点的影响，当举行茶会时，茶人都应抱有这样的心态，即“一生只一次”，这样茶人们就会认真对待每一场茶会，尊重每一分一秒，尊重每一时一事。

三、日本茶道的礼法

日本茶道的礼法主要体现在主与客、客与客、人与物之间，通过一套完整的礼仪规范，使得茶事的整个过程有条不紊。

首先，在主人与客人之间，客人为上，主人为下。主人要做的就是设法使客人感到舒适，如根据客人不同的喜好或习惯，准备菜品或调整茶的浓淡。而客人要做的就是多为主人着想，尊重对方的好意，如将主人点的茶和送上的饭全部用完等。总之，主客之间应相互理解、相互配合，才能圆满地完成一次茶事的艺术创造。

其次，在客人与客人之间，客人是有主次之分的。次客要尊重主客。在参加茶会之前，次客们应该通过电话或直接拜访，对主客表示拜托。在整个茶会中，喝茶、道具欣赏等都以主客为先，然后依次进行，当然这期间还要使用“前礼”和

"次礼"。当某位客人准备喝茶、吃点心或欣赏茶道具前，要向前一位客人行礼，说"请您再品一碗"之类的话，此为"前礼"；然后再向后一位客人行礼，说"请允许我先失礼了"之类的话，此为"次礼"。另外，茶会中，与主人交谈，也是由主客作为代表发言。其他客人则要认真观察主客的言行，给予配合。

最后，在人与物之间，茶人们认为所有的茶道具都是有生命的，应当爱惜与尊重。比如拿取道具时应轻拿轻放；道具使用完毕后，应当清洗擦拭干净后将其存放。另外，大部分茶道具都可作为艺术品被观赏，如当客人喝完茶，向茶碗施礼，并向主人请求欣赏茶碗后，就可观赏茶碗的形状、色彩，还可用双手拿起茶碗，体验一下手感，之后再将茶碗翻转过来，看碗座的设计、素陶部分的质地、作者的花押。观赏完毕后，将茶碗放回自己的正前方，略微施礼，向主人表示感谢。

除此之外，茶会中还有无声礼、有声礼、约定礼，这些礼中还分真、行、草三种形式。据统计，一次正午的茶事里，若有三位客人，主客间行礼的次数则为213次，可见日本茶道中对于礼法非常重视。

第三节　韩国茶文化介绍

自古以来，中国大陆和朝鲜半岛的先民就有许多往来。中国与韩国之间的文化交流也是源远流长，而茶文化是两国文化交流内容之一，韩语中的“茶”字也是由汉语演变而来的，由此可见两国茶文化渊源之深。茶文化作为两国文化交流关系的纽带，一直起着重要作用。

中国是茶的故乡，是茶文化的发源地。大量史实表明，中国茶在对外传播的过程中，最先到达的可能就是朝鲜半岛，如日本学者熊仓功夫所言：“朝鲜半岛上茶的历史，比日本古老……当日本飞鸟时代之时，茶从中国传到了朝鲜半岛。但是，这只不过是传说而已。”茶进入朝鲜半岛要早于日本列岛，其中陆路交通便利是一个重要因素。中韩茶文化交流的历史悠久，并且一千多年来绵延不断。近十多年来，中韩茶文化的交流更是异常活跃。

一、韩国茶礼的形成与发展

（一）三国时期

韩国的三国时期是指从公元前一世纪中叶起到新罗统一三国后的公元七世纪中叶，三国分别是指北方的高句丽和南方的百济、新罗，当时正值中国西汉宣帝至初唐高宗时期。这个时期，中国的饮茶风俗正从巴蜀地区向江南一带发展，继而传播至长江以北地区。茶文化由萌芽期逐渐进入发展期。

三国时期高句丽、百济都没有关于茶的记录。但在日本的历史文献《东大寺要录》里有百济的归化僧行基（668~748 年）种茶树的记载，由此可推测百济在 7 世纪之前已经有茶了。6 世纪和 7 世纪，如同日本一样，为了寻求佛法，朝鲜半岛有大批僧侣来到中国。这些僧侣中载入《高僧传》的就有近 30 人，其中很多僧侣在中国潜修数十年，这期间不可避免地会接触到中国的茶，并在回国时带走了茶叶和茶籽。韩国史书《三国史记》(第十卷)载:“新罗第二十七代善德女王时，已有茶。”善德女王于 7 世纪前期(632~647 年)在位，由此同样可推测，最晚到 7 世纪，韩国已经开始饮茶了，这也是较为普遍的说法。

三国时期，是韩国开始接受中国的饮茶风俗和中国茶文化的时期，并且主要流行于贵族、僧侣等上层社会中，多用于宗庙祭礼和佛教茶礼，这一时期可视为韩国茶文化的萌芽期。

(二)新罗统一时期

新罗统一时期是从三十代文武王八年(668 年)至五十六代敬顺王八年(935 年)，当时正值中国初唐高宗至五代后唐时期。这个时期，中国迎来了茶文化的第一个兴盛期，茶成了“比屋之饮”，煎茶道形成并流行。

据朝鲜高丽时代金富轼的《三国史记·新罗本纪》(第十)兴德王三年(828 年)十二月条记载:“冬十二月，遣使入唐朝贡，文宗召对于麟德殿，宴赐有差。入唐回使大廉持茶种来，王使植地理(亦称智异)山。茶自善德王有之，至此盛焉。”而朝鲜的史书《东国通鉴》也记载:“新罗兴德王之时，遣唐大使金氏，蒙唐文宗赐予茶籽，始种于金罗道之智异山。”由此得之，韩国饮茶始兴于 9 世纪初的兴德王时期，饮茶风俗仍然集中于上层社会和僧侣及文士之间，但民间也已开始传播。

韩国当时的饮茶方法主要效仿中国唐代盛行的煎茶法，即茶经碾、罗成末，在茶釜中煎煮，用勺盛到茶碗中饮用。韩国汉文学的开山鼻祖、诗人崔致远在唐时，曾作《谢新茶状》(《全唐文》)，其中有:“所宜烹绿乳于金鼎，泛香膏于玉瓯。”崔致远于唐僖宗时在唐，正是唐代煎茶法流行之时，故其回国时将煎茶法带回并传播。

另外，创建双溪寺的真鉴国师(755~850 年)所撰碑文中记:“如再次收到中国茶时，把茶放入石锅里，用薪烧火煮后曰‘吾不分其味就饮’。守真忤俗如此。”可见当时除了煎茶法，也有采用煮茶法饮茶的。

总之，新罗统一时代，是韩国全面吸收中国茶文化时期，同时也是韩国茶文化发展时期。饮茶由上层社会、僧侣、文士传到民间，并开始了种茶、制茶。

（三）高丽时期

高丽时期从923年王建立国至恭让王四年（1392年）共469年，当时正值中国五代后唐至明太祖时期。这个时期，中国的饮茶习俗仍是普遍，新的点茶法形成并流行，中国茶文化迎来了第二个兴盛期。在吸收反刍中国茶文化后，韩国茶礼在这个时期形成，并普及于王室、官员、僧侣和普通百姓中。

1. 王室官府茶礼

据《高丽史》记载，王室官府的茶礼有以下九种：燃灯会、八关会、重刑奏对仪、迎北朝诏使仪、贺元子诞生仪、为太子分封仪、为王子王姬分封仪、公主出嫁仪和为群臣设宴仪。

2. 佛教茶礼

高丽以佛教为国教，佛教气氛浓重。禅宗中兴，禅风大化。高丽佛教茶礼以中国禅宗茶礼为主流。中国唐代的《百丈清规》、宋代的《禅苑清规》、元代的《敕修百丈清规》和《禅林备用清规》等传到高丽，其僧人参考中国禅门清规中的茶礼，建立了一套韩国的佛教茶礼，分为大礼、小礼、灵山作法三种仪式。

3. 儒家茶礼

高丽末期，通过儒者赵浚、郑梦周和李崇仁等人的不懈努力，接受了朱文公家礼，主要是在成年（冠礼）、成亲（婚礼）、丧事（丧礼）、祭祀（祭礼）等人生四大礼仪中使用。郑梦周有《石鼎煎茶》一诗："报国无效老书生，吃茶成癖无世情；幽斋独卧风雪夜，爱听石鼎松风声。"

另外，流传至今的高丽五行献茶礼，其核心是祭祀"茶圣炎帝神农氏"，规模宏大，内涵丰富，参与者众多，是韩国茶礼的主要代表。

4. 道教茶礼

道教茶礼，是以白瓷的茶盅（茶碗，上有绿色的"茶"字）为主要道具，用饼、茶汤、酒作为祭品来祭祀诸路神仙，还要以冠笏礼服行祭，并焚香百拜，其源出于宋。

5. 庶民茶礼

高丽时代普通百姓也可买到茶，在冠礼、婚丧、祭祖、祭神、敬佛、祈雨等典礼中都会用到茶，亦行茶礼。

总之，高丽时期，是韩国茶文化兴盛期，初期受中国唐代茶俗影响流行煎茶道，中晚期受中国宋代茶俗影响流行点茶道。这一时期，韩国的陶瓷文化也迅速发展，并影响到日本。韩国在吸收反刍中国茶文化后，开始形成具有本民族特色的茶文化，即韩国茶礼。

（四）朝鲜时期

朝鲜时期是从太祖元年（1392 年）至李王隆熙四年（1910 年），当时正值中国的明、清两朝。中国明代，茶文化形成了第三个兴盛期。明太祖朱元璋以国家法令的形式废除了团饼茶，推行散茶。清朝嘉庆以后，中国茶文化由盛转衰。特别是鸦片战争以后，茶文化日渐衰微。

朝鲜前期的 15~16 世纪，受明朝茶文化的影响，饮茶之风仍兴而不衰，饮茶方法效仿明代流行的散茶壶泡法或撮泡法，同时点茶法仍未消失。始于新罗统一、兴于高丽时期的韩国茶礼，随着茶礼器具及技艺的发展，其形式被固定下来，且趋于完备。朝鲜中期以后，酒风盛行，又适逢清军入侵，致使茶文化一度低迷。至朝鲜晚期，幸得丁若镛、崔怡、金正喜、草衣大师等人大力提倡，聚徒授课、种茶、著书，广为宣传，使得濒临绝境的茶礼再度兴盛起来。

（五）现当代时期

日俄战争之后，朝鲜沦为日本的殖民地（1910~1945 年），日本人独占了朝鲜的茶业，并在朝鲜推行日本茶道讲授，全国 47 所高等女子学校中的大部分学校都开设茶道课讲授日本茶道，出现了日本茶道的韩国化，韩国的茶文化再次受到打击，发展缓慢。1945 年日本战败投降之后，朝鲜获得独立，但形成南北对峙的两个国家。不久又发生了朝鲜战争（1950~1953 年），动荡不安的战争年代，给茶文化发展造成了严重的不利影响。战后，韩国政府开始奖励茶叶种植和加工，茶文化复苏。特别是 20 世纪 80 年代以来，韩国与中国、日本及东南亚各国的茶文化界交流频繁，韩国茶文化日趋兴盛。

二、韩国茶礼仪式

茶在韩国的传播过程中，佛教徒作为传播使者扮演了重要的角色，但是韩国人更崇尚儒家思想，朱子家礼被普遍接受，所以韩国的茶道，我们称之为“茶礼”，儒家礼仪起着主导作用。韩国茶礼是高度仪式化的茶文化，它以茶礼仪式为中心，通过参与茶事活动来修身养性，最终达到精神上的升华。

茶礼仪式是指茶事活动中的礼仪、法则。韩国的茶礼仪式是高度发展的，种类繁多又各具特色，主要分仪式茶礼和生活茶礼两大类。

仪式茶礼就是在各种礼仪、仪式中举行的较为正式的茶礼。每年5月25日为韩国茶日，年年举行茶文化祝祭。其主要内容有韩国茶人联合会的成人茶礼和高丽五行茶礼、韩国茶道协会的传统茶礼表演以及国仙流行新罗茶礼、陆羽品茶汤法等。

其中高丽五行茶礼是韩国的传统茶礼，也是国家级的茶礼仪式。首先是祭坛的设置：五色幕、绘有花卉的屏风、祠堂、茶圣炎帝神农氏神位和茶具。参与者众多，达50余人，且所有参与者都必须严谨有序地入场。入场式开始，由茶礼主祭人进行题为“天、地、人、和”合一的茶礼诗朗诵。这时，四方旗官分别身着灰、黄、黑、白短装，各举绘有图案的彩旗进场，立于场内四角。随后两名分别身着蓝色和紫色官服的执事入场、两名高举圣火的男士入场、两名手持宝剑的武士入场。执事入场后互相致礼分立两旁，武士入场进行剑术表演。接着是多名女子每两人一组分别进场献烛、献香、献青瓷花瓶、将鲜花插入花瓶。这时，“五行茶礼行者”进场，都为女性，共10人。皆头发梳理成各式发髻整齐地盘于头上，身着白色短上衣，配红、黄、蓝、白、黑各色长裙，成两列盘坐在会场两侧，用置于茶盘中的茶壶、茶盅、茶碗等茶具进行泡茶表演。泡茶完毕后全体分两列站立，分别手捧青、赤、白、黑、黄各色的茶碗向炎帝神农氏神位献茶。献茶时，由五行献礼祭坛的祭主，即一名穿着华贵服饰的女子宣读祭文，随后由那10位五行茶礼行者向各位来宾献上茶和茶食。最后由祭主宣布“高丽五行茶礼”祭礼毕，此时四方旗官退场，茶祭结束。

生活茶礼顾名思义，就是日常生活中的茶礼。按名茶类型区分，有“末茶法”“饼茶法”“钱茶法”“叶茶法”四种。下文以叶茶法为例进行简单介绍。

（一）迎宾

宾客光临，主人要到大门口恭候，并以“欢迎光临”等语句迎宾引路。宾客自行按长幼尊卑随行。进茶室后，主人要立于东南位，向来宾再次表示欢迎后，坐东朝西，而客人则坐西朝东。

（二）温壶温杯

泡茶前，主人先整理折叠茶巾，将茶巾置茶具左边，然后将烧水壶中的开水倒入茶壶，温壶，再将茶壶中的水等量注入个个茶杯，最后将温杯的水弃之于退水器中。

（三）泡茶

主人打开壶盖，用茶匙取出适量茶叶置于壶中。在不同的季节，需采用不同的投茶法。一般春秋季采用中投法，夏季采用上投法，冬季则采用下投法。投茶量以一杯茶投一匙茶叶为宜。将茶壶中冲泡好的茶汤，按从右到左的顺序，分三次缓缓注入杯中，这样使得各杯中的茶汤浓度保持一致，茶汤斟至七分满即可。

（四）品茶

茶泡好后，主人以右手连杯带托举起茶汤，左手轻把手袖，恭敬地将茶捧至来宾面前的茶桌上，随后回到自己的茶桌前捧起自己的茶，对宾客行“注目礼”，并恭敬地说声“请喝茶”，而来宾随即表示“谢谢”，宾主即可一起举杯共饮。在品茶的同时，可品尝各式糕点、水果等清淡茶食用以佐茶。

三、韩国茶礼的内涵

对于爱茶之人来说，饮茶除了能享受茶的色、香、味、形之外，更在于通过饮茶而体验到一种精神上的愉悦。茶是一种高雅健康的饮品，通过饮茶能够帮助人们内省，使人通过品茶而悟得一些道理，韩国茶礼亦如此。

韩国的茶礼精神是以新罗时期的高僧元晓大师的和静思想为源头，期间又经高丽时期的文人郑梦周等人的发展，至李奎报集大成，最后在朝鲜时期高僧西山大师、草衣禅师那里形成完整的体系。元晓大师的和静思想是韩国茶礼精神的源头，李奎报则进一步把茶礼精神归结为清和、清虚和禅茶一味，草衣禅师对韩国茶礼精神做了总结，尤其倡导“中正”思想。概括来说，韩国的茶礼精神为敬、礼、和、静、清、玄、禅、中正。

草衣禅师的《东茶颂》曾被韩国茶人誉为“韩国的《茶经》”，也有人认为韩国的茶礼精神就是《东茶颂》中所揭示的“中正”精神，用尹炳相先生的话来说，具体是指“茶人在凡事上不可过度也不可不及的意思。也就是劝人要有自知之明，不可过度虚荣，知识浅薄却到处炫耀自己，什么也没有却假装拥有很多。人的性情暴躁或偏激也不合中正精神。所以，中正精神应在一个人的人格形成中成为最重要的因素，从而使消极的生活方式变成积极的生活方式，使悲观的生活态度变成乐观的生活态度，这种人才能称得上是真正的茶人。”由此可见，韩国茶礼更多体现的是儒家思想。

第四节　英国茶文化介绍

一、英国下午茶的形成与发展

（一）中国茶初入欧洲

茶在古代和中世纪的欧洲史上可以说没有留下任何痕迹，一直到16世纪中期，由于贸易往来、宗教传播、航海探险的需要，一些欧洲人开始远涉重洋来到遥远的东方国度中国和日本，通过各种途径了解到了茶，例如通过天主教传教士的日记、报告书等，另外在一些与东方有关的著作中，也有茶的记录。但是，茶究竟在何时、由哪国人最早传入欧洲，这个问题一直以来困扰着国内外学者。就连关于到过中国的马可·波罗在游记中有无提到茶，这一点至今也无法确认。目前，资料记载相对详细并且得到大家普遍认可的一种观点是：意大利人约凡·巴第斯塔·莱姆奇欧最早知道茶，他是从一位波斯人那里听说了作为药用的中国茶的，但需要注意，他只是“知道”茶；而葡萄牙人加斯帕·达·克罗兹神父曾经亲自到过中国广州，并撰写出版了欧洲第一部专门介绍中国的书籍《广州记述》。在书中，克鲁兹是第一个将“cha”音带入欧洲的欧洲人，他在中国沿海一带游历的时候，成了第一位品尝中国茶的欧洲人。可见，在当时有关于茶的知识信息只是记载于欧洲的历史文献中，而茶叶本身却仍然没有到达欧洲。

最早将茶带入欧洲的是在航海探险殖民活动中后来者居上的荷兰人。大约在1610年，荷兰商人凭借在航海方面的优势，漂洋过海，开始从中国厦门装运茶叶至爪哇，再辗转至欧洲，掀开了欧洲饮茶之风。从1637年起，荷兰人开始饮茶，由于茶的药用价值，有人对茶倍加赞扬。而后，荷兰东印度公司下令每艘商船从中国以及日本带运一些茶回国。茶叶到达欧洲后，饮茶之风也最先在荷兰兴起，并且很快发展形成荷兰贵族式饮茶文化，继而影响了整个欧洲文化。许多欧洲人对这种东方树叶充满幻想，欧洲妇女无不以拥有名茶为荣，以家有高雅茶室为时髦，甚至认为能够像荷兰贵妇人那样每天喝到一杯茶是件极其幸福的一事。另外，茶在很多英国文学作品中也频频亮相。英国剧作家索逊的《妻的宽恕》、贡格莱的《双重交易人》，喜剧家费亭的《七副面具下的喜爱》，意大利作家麦达斯达觉的《中国女子》中，都有许多关于茶事的场面和情节描写。荷兰阿姆斯特丹上演的喜剧《茶迷贵妇人》，更是把当时欧洲饮茶风描写得淋漓尽致。

（二）中国茶进入英国

英国虽然是世界上公认的人均茶消费量大国，但是英国本土上没有原生茶树，根本就不生产茶。那么，中国茶究竟何时到达英国的呢？对此，目前学术界众说纷纭，不同的历史资料上有不同的时间记载，而且年代相隔久远。尽管如此，是荷兰人最初把茶叶输入英国，而且时间大致是在17世纪初到中叶，这是毫无疑问的。

1657年，英国出现了一位名叫托马斯·加威的茶叶商人，他开辟先河，于1658年在报纸上刊登了英国历史上第一则茶叶广告，这也是第一则商品广告，主要向顾客介绍茶叶并销售茶叶。从这则广告中，我们能得到两个重要信息：一是茶叶最初传入英国时，是在咖啡馆而不是其他场所出售。二是当时茶叶受到很多医生的认可和推荐，并且以其药用功效作为卖点进入了市场。该广告一出，激起了很多英国人的好奇心和关注。茶叶的出现，激发了商业人士的灵感，开创了新的商品广告，而茶是出现在伦敦报纸上的第一种商品。显然，茶叶对当时英国广告业的创新发展做出了巨大贡献。茶叶在英国立足之后，大约在1660年开始了茶文化本土化的发展进程。1662年，饮茶皇后——葡萄牙公主凯瑟琳嫁给了英王查理二世。新皇后把原先在葡国养成的饮茶和举办茶会的习惯带到了英国王室，饮茶继而成了宫廷生活的一部分，家庭茶会也变成了王公贵族阶层最时髦的社交礼仪。皇后品茶时，高雅的仪态举止，引得贵族们争相效仿，这可视为英国茶文化的起源。然而，真正把英国茶文化发扬光大的要归功于女王安妮，是她首先在早餐中以茶代酒。在当时，英国民众酗酒成风，这一改变直接影响了全国人民的生活习惯。可以说，女王的饮茶嗜好对茶文化的推广起到了表率作用。有皇室作为榜样，社会各阶层的人也都纷纷仿效，爱上饮茶。饮茶不但是一种时尚而高雅的行为，并且成了身份地位的象征。在当时，茶被视为珍品，据说为了预防茶叶被偷，有些贵族家的女主人还将茶柜上锁，每逢下午茶时间，才吩咐女佣取钥匙开柜取茶。直到1826年，英国人在其殖民地印度的北部山区偶然发现了满山遍野的野茶树，从此开始大面积种植茶树，加工后运回英国，这使得茶价下跌，茶这才真正进入普通百姓的生活中。英国贵妇人间风行的饮茶风尚便逐渐平民化，从英格兰的多弗到苏格兰的阿伯丁，几乎全大不列颠都流行饮茶。

英国人饮茶史至今已有300多年，如今已是世界上红茶消费量最多的国家。英国的茶文化浓郁深厚，其中也蕴含着英国传统文化——英国人讲究礼仪，这一点在红茶文化中得到了彰显。维多利亚时代的红茶文化影响着英国的各个阶层，涉及科学、美学，道德等范畴，其内涵极为丰富。此外，茶叶贸易曾一度给英国政府带来了巨额的财政收入，同时也推动了相关行业的发展，如茶具制造业。另外，由于近代中英贸易主要是通过英商船来华进行贸易而实现的，这也促进了英国航海业的发展。还有就是英国人喜欢在茶中加糖，从而也带动了英国殖民地蔗糖业的发展。总之，饮茶不仅仅是改变了英国人的饮食习惯，维多利亚时代的红茶文化在社会、经济各方面都发挥了积极的作用。

二、英国下午茶的由来

其实，关于英国下午茶的由来也是众说纷纭，无法确切说出发生于中餐和晚餐之间的下午茶最早是什么时候开始的、由谁发明的，而且乡村和城镇之间、不同阶层之间，饮茶习惯也不尽相同，这主要和每个人的一天活动安排有关。如今，有关下午茶的由来，比较普遍的说法是下午茶源于18世纪中叶的英国贝德芙公爵夫人安娜女士。作为贵族的安娜，每到下午时刻就百无聊赖、昏昏欲睡。而此时距离穿着正式服装、礼节繁复的晚餐还有段时间，但又感觉肚子有点饿，想吃点东西，于是就请女仆准备几片烤面包、奶油以及茶果腹。后来安娜女士邀请知心好友共享茶与精致的点心，营造出了一种轻松惬意的午后时光，没想到一时之间，名媛贵妇趋之若鹜，在当时贵族社交圈内蔚然成风，直到今天，已俨然形成了一种优雅自在的下午茶文化。这就是所谓的“维多利亚下午茶”的由来，这也被视为正统的“英国红茶文化”。

英国人喜爱的下午茶时间，一般集中在15：00~17：50，在女主人营造的极其雅致的氛围里往往可以让人们感受到心灵的祥和与家庭的温馨，从而舒缓劳作或工作的疲劳。英国有一首民谣是这样唱的：“当时钟敲响四下时，世上的一切瞬间为茶而停。”由此可见英国人对下午茶的喜爱。喝下午茶时，英国人通常会选择上等红茶，配以精致的中国瓷器或银制茶具，摆放在铺有纯白蕾丝花边桌布的茶桌上，并且用小推车推出各种各样的精制茶点。另外还要配上古典音乐和鲜花，音乐悠扬典雅，鲜花清芬馥郁。

英国贵族赋予红茶以优雅的形象及精致华美的品饮方式，是英国人款待朋友举办沙龙最理想的选择，人们通过共享下午茶传递情谊、互通信息，喝下午茶成了一种社交活动，被视为社交场上入门、时尚的象征。由下午茶衍生出的各种礼节，现在虽然趋于简单，但是正确的泡茶方式、雅致的茶具摆设、精致丰富的茶点，这三点则被视为经典继续流传下来。

三、英国下午茶的饮用方式

（一）标准器具

（1）瓷器茶壶。瓷器茶壶有两人壶、四人壶或六人壶等规格，视客人数目而选择适合的茶壶。

（2）滤匙及放过滤器的小碟子。倒茶时，可将滤匙置于茶杯上过滤茶叶，得到的茶汤纯净好看。

（3）杯具组。正统红茶茶杯，杯口圆而宽广，这有助于红茶散发优雅的香气。值得一提的是，茶杯刚从东方传入西方时，并没有把手，把手最初是西方人的创意。

（4）茶叶罐。一般为金属材质，密闭性佳，可以保存红茶原有的风味。

（5）砂糖罐。通常配有盖子。在红茶内添加一匙砂糖饮用，别有风味。

（6）奶盅瓶。使用广口鲜奶瓶前，要先以热水将奶瓶烫过，再加入新鲜的冰牛奶，使之回温，再加入红茶中。

（7）三层点心盘。英国维多利亚式下午茶点，用的都是三层点心瓷盘。最下面一层可以放一些有夹心的口味较重的咸点心，如三明治、牛角面包等；中间一层放的是咸甜结合的点心，一般没有夹心，如英式松饼、培根卷等传统点心；最上面一层则放蛋糕及水果塔，以及若干小甜品。

（8）茶匙。根据英国上流社会的习惯，应将茶匙以左斜 45° 的角度置于托盘的右上方。

（9）个人点心盘。每个人都有一个自己吃点心的专用盘子。

（10）沙漏。沙漏是一种传统又雅致的定时器，可以帮助掌握正确的冲泡时间。冲泡一杯红茶，应放入一个茶包，注入沸水，即茶水比为 1∶50。盖上壶盖，静候 2~3 分钟，取出茶包，即可享用。

（11）点心刀。用于在茶点上涂奶油及果酱。

（12）点心叉。用于吃茶点。

（13）放茶渣的碗。用于放置茶渣。

（14）餐巾。用于擦拭污渍。

（15）鲜花。用于营造优雅的饮茶氛围。

（16）木托盘。用于端茶品。

（17）蕾丝手工刺绣桌布或托盘垫。用于保护或装饰餐桌。

正统的英国下午茶，所使用的茶以“红茶中的香槟”——大吉岭红茶为首选，伯爵茶亦可。对于茶桌的布置也非常讲究，除了那些必要的器具，在摆设时可借由音乐、鲜花、蜡烛、照片或在餐巾纸上绑上缎花等，营造出优雅的下午茶气氛，不过现在的下午茶用具已经简化不少，很多烦冗的细节已不再特别强调了。

（二）冲泡方法

（1）将新鲜的冷水注入煮水壶里煮沸。久置的水、久沸的水或保温瓶内的热水，都不适合来冲泡红茶，因为这些水空气含量低，没有活性，不利于将红茶的香气充分发挥出来。

（2）往壶中注入沸水，用以温壶及温杯。用于冲泡红茶的茶壶，造型方面都有腹鼓的特点，这能让茶叶在冲泡时有完全舒展及舞动的空间。

（3）控制好茶叶量，将茶叶置于壶中。冲泡浓茶，每人用 1 茶匙的量（约 2.5

克），但是想要泡出好红茶，建议最好以 2 杯的茶叶量（约 5 克）来冲泡出 2 杯，这样比较能充分发挥红茶香醇的原味，同时也能享受续杯的乐趣。

（4）将沸水注入壶中。水开始沸腾之后约 30 秒时，即水花形成像一元硬币大小的圆形时来冲泡红茶是最理想的。

（5）掌握好冲泡时间，静候茶汤。因为快速的冲泡是无法完全释放出茶叶的芳香和内含物质的。一般专业的茶罐上，都会标示出茶叶的浓度大小，这关系到茶叶冲泡的时间。例如，浓度分为 1~4 级（1 为最弱，4 为最强），冲泡时间则是从 2 分钟到 3 分半钟，依次递减。

（6）将壶内冲泡好的茶汤，倒入茶杯中。茶杯虽有各种不同的造型，但一般而言，都是属于底较窄而杯口较宽，因为这样的造型设计除了可以充分让红茶散发芳香外，还可以欣赏到它迷人的茶汤色。

（7）根据个人喜好加入适量的糖或牛奶。若是选择清饮，就能完全品尝到红茶的真味，若是选择在茶汤中加入浓郁的牛奶，茶的涩味会得到缓解而且口感更丰富，别具风味。

四、英国下午茶的传统礼仪

在维多利亚时代，喝下午茶时通常是由女主人亲自为客人服务以表示对来宾的尊重，不得以，才会请女佣帮忙。另外，着装方面也较讲究，喝下午茶时主客都需着正装。男士应穿着燕尾服，女士则着长裙。现在每年在白金汉宫举办的正式下午茶会，男性宾客仍被要求着燕尾服，头戴高帽、手持雨伞，风度翩翩；女性宾客则穿正式洋装，头戴礼帽，大方得体。还有值得一提的就是茶点的吃法：正统的英式下午茶点心是用三层点心瓷盘装盛的，每一层点心的风格口味不同。为获得最佳口感，吃的顺序应该遵循“由淡及重，由咸到甜”的法则，所以应当从三层点心盘的最下层吃起，先尝尝带点咸味的三明治，让味蕾慢慢苏醒，再啜饮几口香气四溢的红茶。接下来是品尝涂抹上果酱或奶油的英式松饼，丝丝甜味弥漫整个口腔，最后才将甜腻的水果塔及芝士蛋糕放入口中品尝，浓浓的甜蜜感让你的味蕾得到充分满足。维多利亚时代这些点心都是由手工制成，现烤现吃，味道极好。

英国人对茶品无比珍爱。一方面，因为当时英国主要从中国进口茶叶，得来不易，因此在喝下午茶过程中难免流露出严谨的态度；另一方面，受到英国传统文化的影响，因此，喝下午茶还产生了各式各样的礼节，参加茶会的男女无不体现了一种绅士淑女的风范。喝下午茶也一度成为英国上流社会中每日必不可少的社交活动之一。

第五章
艺术品饮

本章导读

鲁迅先生说:“有好茶喝,会喝好茶,是一种清福。不过要享这清福,首先必须有功夫,其次是练出来的特别的感觉。”喝茶人人都会,但每个人的喝茶体验却千差万别,原因之一就是泡茶的功夫有深浅。冲泡不得法,再好的茶叶都无法绽放它的真味;冲泡得当,普通的茶也有可能给你带来惊喜。如何泡好一壶茶,除了要了解你手中茶叶的品质特征外,还要讲究科学冲泡,即选择优质的泡茶用水,掌握好投茶量、泡茶的水温以及浸泡时间等。这一章,我们主要介绍如何冲泡茶叶,在此基础上进一步介绍品茗环境的布置、茶具的选择、茶点的搭配以及茶事活动中茶礼的体现。喝茶可以很随意、很日常,更可以很精致、很艺术。

学习目标

1. 知识目标:学会正确的茶叶冲泡方法

2. 能力目标:能够进行品茗环境的营造;掌握如何选择茶具、搭配茶点、表达礼仪

第一节　茶叶的冲泡

一、泡茶用水的品质

都说好茶配好水，才能相得益彰。古人甚至认为水比茶叶更重要，如明人许次纾在《茶疏》中说道："精茗蕴香，借水而发，无水不可论茶也。"又如清人张大复在《梅花草堂笔谈》中写道："茶性必发于水，八分之茶，遇十分之水，茶亦十分矣；八分之水，试十分之茶，茶只八分耳。"古人对于水质的了解也是达到了极致。如不可一日无茶的乾隆皇帝认为水以轻为贵；王安石、曹雪芹等名家辨水的故事也不绝于耳。

为什么水质的好坏会直接影响茶汤的色、香、味呢？从科学角度出发，可以从以下几方面做出解释。

（一）杂质与含菌量

饮用水中，杂质和细菌含量都是越少越好。杂质可通过高密度滤水设备加以处理；水中不得检出大肠菌群，通常可利用高温加以处理。

（二）矿物质含量

一般来说，天然水分为"软水"和"硬水"两种。古人推崇的山泉水就属于"软水"，而乡镇中看到的多数深井水属于"硬水"。软水中所含的钙、镁、氯化物较少，也就是溶质少，这样泡出来的茶汤较浓，茶叶的有效成分溶解度高；而硬水中含有较多钙、镁、氯化物，茶叶的有效成分溶解度低，茶汤较淡。而且，软水、硬水的 pH 酸碱度也不同，这会影响茶汤的颜色。总之，同样的茶叶，选用软水来泡，泡出的茶汤汤色明亮、滋味鲜爽；选用硬水来泡，泡出的茶汤汤色发暗、香气沉闷、鲜爽感不明显，所以软水是适合泡茶的水。另外，如果选用矿物质含量完全没有的纯净水泡茶，也是不适合的，因为从口感上来说少了甘甜味，也算不上泡茶的好水。

（三）空气含量

水中空气含量高，泡出的茶汤口感上活性强，茶香易发挥。古人说烧水时要活火快煎，其实就是因为这个道理，水煮久了，空气含量就会减少，不利于泡茶。

（四）消毒剂含量

城市的自来水中常含有类似“氯”的消毒剂，用这种水泡茶，会影响茶汤的味道和香气。饮用前不妨做些处理，如利用活性炭过滤水质或水煮开时接着再煮一分钟左右后再使用。

可见，不是所有的水都适合用来泡茶。在日常生活中，如今人们接触得比较多的水有以下四种。第一，自来水。自来水中常含有“氯气”，处理方法上文已介绍过。第二，矿泉水和纯净水。纯净水中的矿物质含量几乎为零，这样的水不适合用来泡茶，而在市场上挑选矿泉水时，要看看矿物质含量究竟有多少，尽可能选择低矿物含量的矿泉水。第三，通过净水器处理过的净化水。这种水比较适合用来泡茶，但需要注意的是滤芯要保持定期更换。第四，天然水，如雨水、江水、湖水、泉水等。古人认为泡茶用水“山水上，江水中，井水下”，这里的山水其实就是山泉水，随着时代环境的变迁，这些天然泡茶的好水也面临污染的问题，再说也不是所有的泉水都适合泡茶的，至于江水、湖水等，最重要的还是看环境、水源等因素。

二、茶水比例

茶叶冲泡时，茶与水的比例不同，得到的茶汤香气和滋味自然有差异。茶水比的多少要考虑到茶叶本身的品质等级，同时还要考虑到饮茶者的喝茶习惯。

一般认为，冲泡红茶、绿茶、花茶时，茶水比可掌握在 1:50 左右，即 2~3 克的茶叶，用100~150毫升的水冲泡。而品饮乌龙茶时，注重香气，且习惯用若琛瓯细品慢尝，茶水比可大些，以1:18~1:20为宜，如采用壶泡法，投茶量可占壶容量的2/3~1/2左右。冲泡普洱茶时，茶水比一般在1:50左右。

以上介绍的只是一个比较科学的茶水比，但实际泡茶时，应灵活调整，要根据饮茶者的实际情况而定，如果是一位老茶客，茶水比可适当大一些；如果是初次饮茶的人，茶水比则要小些。此外，饮茶时间的不同，对茶汤浓度的要求也有区别，饭后宜饮浓茶（当然需1小时之后），茶水比可大些；睡前宜饮淡茶，茶水比应小些。

三、水温的影响

泡茶时水温的不同也会影响茶汤的色、香、味，而且茶叶中内含物质浸出的量也不同。对于有些茶叶来说，水温过高，茶汤的颜色不明亮，滋味也不鲜爽，茶叶中很多有益成分遭到破坏；水温过低，不能使茶叶中的有效成分充分浸出，茶汤颜色偏淡，滋味也不醇厚。因此泡茶时水温的控制也很重要。

泡茶时，水温的高低，目前有两种观点。一种观点认为不管哪种类型的茶叶，都需用100℃的水冲泡，只是绿茶冲泡时不要加盖子闷。另一种观点认为水温的高低要考虑茶叶的种类，同时考虑茶叶的品质等级。一般来说，六大类茶中，绿茶的泡茶水温较低，一般控制在80℃~85℃，因为制作绿茶的鲜叶比较细嫩，用过高的水温冲泡，容易使茶汤色泽偏黄，失去绿茶绿叶绿汤的特色。如果茶叶的品质越好、等级越高、芽叶越细嫩重实，水温则应越低越好，有时为使茶汤更加清澈明亮、香气更清扬、滋味更鲜爽，泡茶时的水温都不到80℃，如特级的苏州洞庭碧螺春。

而对于用较粗老鲜叶制作而成的茶叶宜用100℃沸水冲泡，如乌龙茶、黑茶类，特别还有些砖茶，甚至需经煎煮才能得真滋味。另外，还有几个因素也影响着水温。

（一）是否温壶

置茶冲泡前是否将主泡器用热水烫过，这也直接影响正式冲泡茶时水的温度。

据说有人做过这样实验：100℃的沸水倒入未经温热过的冷杯中，水温会立即降到82℃，可见温壶与否，对于泡茶水温的影响非常明显。

（二）是否温润泡

温润泡是指第一次注水泡茶后，立即将水倒掉，然后再次注水冲泡，此次冲泡为正式泡，由于实施过温润泡，正式泡时茶叶的内含物质浸出速度加快，所以这一道茶汤，浸泡时间不宜过长。相反，如果不实施温润泡，那第一次茶汤的浸泡时间应延长。

（三）茶叶是否冷藏

如果茶叶冷藏过，又没有在常温下放置而直接冲泡，应适当提高冲泡水温或适当延长浸泡时间。

四、浸泡时间及次数

茶叶浸泡时间长，茶叶内含物质浸出得多；时间短，内含物质浸出得少。

一般红、绿、花茶按照茶水比1:50来冲泡，经冲泡3~4分钟后方可饮用，此时的口感最佳。茶刚冲泡完就饮用，不但杯中可能会有茶叶漂浮，喝起来不便，且茶汤也较为寡淡，无应有的刺激感；浸泡时间太长，鲜爽感则会减弱，苦涩味增强，茶汤颜色暗沉。如果需要续水，最好选择在杯中剩1/3左右茶汤时注入沸水，这样可使前后杯中的茶汤浓度较为接近。通常茶叶冲泡第一次，茶叶中可溶性物质能浸出55%左右，第二次为30%左右，第三次为10%左右，第四次已所剩无几了，所以给茶汤续水的话，以两次为宜。

当然，同样是红茶，如果是红碎茶，如袋泡茶之类的，用沸水冲泡3~5分钟后可一次性饮用完，因为红碎茶颗粒细小、重量均匀，且经过充分揉捏，内含物质极易浸出，茶汤汤色红浓。

冲泡乌龙茶时，一般多用紫砂壶或盖碗，且要泡上好几泡，每一次的浸泡时间不宜过长，具体时间还要视茶叶品质特征、投茶量等情况而定。如用紫砂壶冲泡铁观音，铁观音茶条卷曲、壮结、沉重，温润泡后，正式冲泡的第二泡茶叶才完全舒展开来，所以当冲泡第二泡时，浸泡时间要短些，而第三泡以后浸泡时间逐渐延长。

五、泡茶手法

（一）回旋冲泡法

单手提烧水壶，由外向里即右手提壶按逆时针（左手提壶按顺时针方向）旋转，让水流沿茶器内壁注入。

（二）凤凰三点头冲泡法

单手提烧水壶，高冲低斟将水注入茶器内，反复三次，寓意向客人鞠躬，表示欢迎。需要注意的是：高冲低斟时，要保持水流不断，且最后一个动作完成后断水，水量要正好达到所需的量。

（三）回旋高冲低斟法

单手提烧水壶，先用回旋法注水，再将壶拉高将水冲入茶器中，达到所需水量后，及时断水。

六、部分茶类冲泡流程

（一）绿茶

绿茶属于不发酵茶，是我国产区最广、产量和品种最多的一类茶叶。绿茶中富含茶多酚、维生素 C、氨基酸，冲泡后，具有滋味鲜爽、香气清扬、汤色翠绿的特征。

下面以西湖龙井茶玻璃杯泡法为例，介绍绿茶冲泡流程。

（1）备具。准备好 200 毫升的敞口玻璃杯、茶荷、茶则、茶叶罐、茶巾、水盂、烧水壶。

（2）布具。将准备好的器具按冲泡过程中的需要依次摆放在合适的位置。布具完毕后，向客人行礼示意，准备正式冲泡。

（3）温杯。温杯的目的在于提高杯温，有利于茶叶的冲泡。用回旋法斟水至约杯身1/3处，再用双手轻轻转动杯子，让杯子内壁的每一处都被温热，温杯完毕后，将杯中温水倒入水盂，杯子放回原处。

（4）置茶。用茶则从茶叶罐中取适量茶叶置于杯中。

（5）润茶。冲泡龙井，水温不宜过高，可控制在80℃~90℃。用回旋冲泡法斟水至约杯身1/3处，目的在于茶叶吸水浸润，以便于正式泡时茶叶内含物质能够浸出。

（6）赏茶。用茶则取适量茶叶于茶荷中，供客人欣赏干茶的外形、色泽及香气。

（7）冲泡。用“凤凰三点头”冲泡法，将水斟至约杯身七分满，静置片刻。

（8）奉茶。一手握杯身，一手托杯底，在茶巾上稍做擦拭，动作不宜明显，目的在于防止杯底有水。双手将茶送至客人面前，并伸掌示意，并说一声“请用茶”。

（9）收具。将用好的茶具都一一收入茶盘内，随后起身行礼，退场。

（二）红茶

红茶属于全发酵茶类，我国传统的工夫红茶都属于条形茶，条索紧实匀称，色泽乌润、香高味醇、汤色红亮。

下面以祁门红茶壶泡法为例，介绍红茶冲泡流程。

（1）备具。准备好白瓷壶（也可用紫砂壶），白瓷品茗杯、公道杯、茶荷、茶则、茶叶罐、茶巾、水盂、烧水壶、茶滤、杯托。

（2）布具。将准备好的器具按冲泡过程中的需要依次摆放在合适的位置。布具完毕后，向客人行礼示意，准备正式冲泡。

（3）赏茶。用茶则取适量茶叶于茶荷中，供客人欣赏干茶的外形、色泽及香气。

（4）温壶温杯。将沸水注入白瓷壶、公道杯、品茗杯中，并拿起轻轻转动，待温度均匀后，将水倒入水盂。

（5）置茶。用茶则从茶叶罐中取适量茶叶置于壶中。

（6）冲泡。冲泡红茶，水温需要高一些，最好在 95℃ ~100℃。用高冲的手法将沸水注入壶中，盖上壶盖。需等待 2~3 分钟，此时可给客人赏茶。

（7）分茶。将壶中茶汤倒入公道杯中（此时可用茶滤过滤茶汤），再将公道杯中浓度均匀的茶汤一一分入品茗杯。

（8）奉茶。连同杯托一起，将茶送至客人面前，并伸掌示意，说一声“请用茶”。

（9）收具。将用好的茶具都一一收入茶盘内，随后起身行礼，退场。

（三）乌龙茶

乌龙茶又称青茶，是介于绿茶和红茶之间的一种茶类，属于半发酵茶。其加工工艺中的摇青，使得叶缘发酵变红，形成乌龙茶特有的“绿叶红镶边”。

下面以铁观音盖碗泡法为例，介绍乌龙茶冲泡流程。

（1）备具。准备好盖碗（也可用紫砂壶）、品茗杯、公道杯、茶荷、茶则、茶叶罐、茶巾、水盂、烧水壶、茶滤、杯托。

（2）布具。将准备好的器具按冲泡过程中的需要依次摆放在合适的位置。布具完毕后，向客人行礼示意，准备正式冲泡。

（3）赏茶。用茶则取适量茶叶于茶荷中，供客人欣赏干茶的外形、色泽及香气。

（4）温壶温杯。将沸水注入盖碗、公道杯、品茗杯中，并拿起轻轻转动，待温度均匀后，将水倒入水盂。

（5）置茶。用茶则从茶叶罐中取适量茶叶置于盖碗中。

（6）醒茶。冲泡铁观音，水温要达 100℃。用回旋再高冲的手法将沸水注入盖碗，随即盖上盖子，流出出水缝隙，单手拿盖碗，将醒茶水倒入水盂。

（7）冲泡。用回旋法将沸水注入盖碗中，盖上盖子。静候 1 分钟左右。

（8）分茶。将盖碗中的茶汤倒入公道杯（此时可用茶滤过滤茶汤），再将公道杯中浓度均匀的茶汤一一分入品茗杯。

（9）奉茶。连同杯托一起，将茶送至客人面前，并伸掌示意，说一声“请用茶”。

（10）收具。将用好的茶具都一一收入茶盘内，随后起身行礼，退场。

（四）黑茶

黑茶属于后发酵茶，是很多紧压茶的原料，也是我国特有的茶类。黑茶呈黑褐色，渥堆是决定其品质和风格的关键工序。下面以普洱茶壶泡法为例，介绍黑茶冲泡流程。

（1）备具。准备好紫砂壶、品茗杯、公道杯、茶荷、茶则、茶叶罐、茶巾、水盂、烧水壶、茶滤、杯托。

（2）布具。将准备好的器具按冲泡过程中的需要依次摆放在合适的位置。布具完毕后，向客人行礼示意，准备正式冲泡。

（3）赏茶。用茶则取适量茶叶于茶荷中，供客人欣赏干茶的外形、色泽及香气。

（4）温壶温杯。将沸水注入紫砂壶、公道杯、品茗杯中，并拿起轻轻转动，待温度均匀后，将水倒入水盂。

（5）置茶。用茶则从茶叶罐中取适量茶叶置于壶中。

（6）醒茶。冲泡普洱茶，水温要达 100℃。用回旋再高冲的手法将沸水注入紫砂壶，随即盖上盖子，将醒茶水倒入水盂。

（7）冲泡。用回旋法将沸水注入紫砂壶中，顺势用壶盖刮去浮沫、冲盖，盖上盖子，壶外淋水追温。静候片刻。

（8）分茶。将紫砂壶中茶汤倒入公道杯（此时可用茶滤过滤茶汤），再将公道杯中浓度均匀的茶汤一一分入品茗杯。

（9）奉茶。连同杯托一起，将茶送至客人面前，并伸掌示意，说一声“请用茶”。

（10）收具。将用好的茶具都一一收入茶盘内，随后起身行礼，退场。

（五）花茶

花茶，又叫香片，属于再加工茶，是我国特有的茶类。大多数花茶是以烘青绿茶为原料和鲜花混合窨制而成，既有鲜花的馥郁芳香，又有茶叶的甘醇滋味。花茶品种也特别多，有茉莉花茶、玳玳花茶、玫瑰花茶、玉兰花茶等。下面以茉莉花茶盖碗泡法为例，介绍花茶冲泡流程。

（1）备具。准备好盖碗、茶荷、茶则、茶叶罐、茶巾、水盂、烧水壶。

（2）布具。将准备好的器具按冲泡过程中的需要依次摆放在合适的位置。布具完毕后，向客人行礼示意，准备正式冲泡。

（3）赏茶。用茶则取适量茶叶置于茶荷中，供客人欣赏干茶的外形、色泽及香气。

（4）温杯。用回旋法斟水至约盖碗 1/3 处，再用双手轻轻转动盖碗，让盖碗内壁的每一处都经温热，再腾出一只手取盖，将碗中水淋在碗盖上顺势倒入水盂。

（5）置茶。用茶则从茶叶罐中取适量茶叶置盖碗中。

（6）润茶。用回旋冲泡法斟水至约盖碗 1/3 处。

（7）冲泡。用定点高冲法将水冲至碗的敞口下方，盖上碗盖。静置片刻。

（8）奉茶。连同碗托一起，将茶送至客人面前，并伸掌示意，说一声“请用茶”。

（9）收具。将用好的茶具都一一收入茶盘内，随后起身行礼，退场。

第二节　环境的营造

喝茶时，对环境的讲究，自古有之。唐时茶肆遍天下，至南宋，茶馆业更是发达，当时都城杭州也是处处有茶坊，且张挂名人书画供消遣（耐得翁《都城纪胜》）。《梦粱录》中也说到了当时杭州茶肆的盛况："插四时花，挂名人画，装点店面。"可见，古时人们喝茶就已经开始注重环境了，优雅的布置、精美的茶具、悠扬的乐声，再点上一炷香，营造出了带有浓浓文化气息的饮茶氛围。喝茶已不再是单纯满足生理上解渴的需要，而是上升到一种精神的享受，讲究意境之美、气氛之和谐。

在一些古诗中，也可以看到古人喜爱的各种品茗环境，如王维有诗："独坐幽篁里，茶香绕竹丛。"闭上眼，仿佛就能看见诗中描绘的茶香缭绕于竹丛间的优美画境。刘禹锡有诗"今宵更有湘江月，照出霏霏满碗花"，此时又是在月下品茗。明代徐渭在《徐文长秘集》中提到："茶宜精舍，云林，竹灶，幽人雅士，寒宵兀坐，松月下，花鸟间，清泉白石，绿鲜苍苔，素手汲泉，红妆扫雪，船头吹火，竹里飘烟。"看这些古代文人品茗或月下、或花间、或松间石上，听泉论画作诗抚琴，不亦乐乎。

如今各地也是茶馆林立，很多茶馆的选址也多考虑山、泉、林、湖等环境因素，所以在很多风景名胜区，总能找到茶馆，如杭州的虎跑泉、无锡的惠山泉附近都有茶馆。茶馆的风格也是多种多样，有较为古典的宫廷式、书斋式、庭院式茶馆，也有装修新潮的风格较为时尚的茶馆。

倘若不上茶馆，邀上三五好友，到家中喝茶，只要有心布置，也能在有限的空间里营造出一片适合品茗的小天地。如果选在书房喝茶，古人的焚香、插花、挂画都是可以沿用的，或放一些舒缓的音乐，这都可以烘托品茗的气氛；如果想选个采光好的地方，那就在阳台摆个小桌，铺上桌布，喝着茶、聊着天，就能休闲一下午。总之，家中只要保持干净，各种物品摆放有序，再略做适合品茗的装点，在简单舒适的环境中也能品得茶的真味。

第三节　茶席的布置

茶会中，经常看见一张张排列有序的茶桌上铺着各式桌布，上面有序地摆着或精致或朴拙的茶具，时不时还有插花或盆景点缀其中，这就可视为茶席。茶席的一切布置都出自一位茶人之手，这位茶人同时还要负责泡茶，几位茶客围坐周围，静候茶汤。

在中国古籍史料中，“茶席”一词并未出现过，茶席是由茶具组合演化而来，它的发展与古时的茶会茶宴以及文人雅士品茗于竹下松间密切相关。一个茶席，通过茶具的选择、铺垫或插花的装点，也许隐含着茶人想要表达的某种思想；通过茶席的空间布局，包括平面设计—茶具摆设与立体设计—整个泡茶空间的设计（包括背景、光线等），也许透露着茶人的一种美学理念。所以茶席既具功能性，同时又含有艺术感。

下面对开茶会时的茶席布置，提出几点需要注意的地方。

一、主题的突出

每一场茶会基本都是有主题的，茶人在茶席布置时，要通过设计，使茶席与茶会主题相呼应，这样每一张茶席在保有自己特色的同时，又有内在的一致性。反之，则会显得突兀与不和谐。杭州灵隐寺曾举办过一场以“茶、禅、乐的对话”为主题的茶会，可想，这种茶会的茶席布置至少不能显得太张扬、热闹，得以古朴素净为宜，若还能带有一丝禅意，那就更好了。但如果是举办春节茶会，茶席就要布置得有节日气氛，给人以喜庆、欢乐之感。

二、茶具的准备

茶具是构成茶席的主体，其重要性可想而知。茶具的选择，不仅要考虑到茶会上所要泡的是什么茶从而选择匹配的茶具，还要考虑其色彩是否和整个茶会的风格以及茶会主题相一致。另外，一般在茶会中，一个茶席四周会围坐若干客人，少则3~4位，多则8~9位，那么所准备的主泡器和公道杯容量最好偏大一些，尤其是公道杯，以免不够。

第四节　茶具的选择

一、识茶具

（一）主泡器

（1）茶壶：茶壶是常用的泡茶器具，一般有陶壶、瓷壶。

（2）茶盘：用于承放茶壶、茶杯，一般有竹质的、木质的、瓷质的。

（3）公道杯：用于分茶，冲泡后的茶汤首先倒入公道杯，使得茶汤浓度均匀，随后再进行分茶。

（4）茶杯：茶杯种类繁多，大小不一、材质不一，用于品茗。

（5）盖碗：盖碗是常用的泡茶器具，一般为瓷质，也有玻璃制品。

（6）玻璃杯：玻璃杯一般用于绿茶的冲泡。

（二）辅泡器

（1）茶则：用于盛茶入壶，一般为竹制品或木制品。

（2）茶漏：可将茶漏放置于较小的壶口上，方便导茶入壶，防止茶叶散落壶外。

（3）茶匙：用于拨茶入壶，一般为竹制品或木制品。

（4）茶荷：用于置茶、赏茶，一般为竹制品、木制品、瓷制品。

（5）茶夹：用于拨茶入壶，也可在洗杯时，用茶夹夹取小杯。

（6）茶巾：用于擦拭滴落桌面的茶水，保持桌面清洁。

（7）茶针：用于疏通茶壶的内网，保持水流畅通。

（8）茶叶罐：用于储存茶叶，一般为马口铁制品、不锈钢制品、锡合金制品或陶瓷制品。

（9）煮水器：常见的有电壶、酒精灯壶、炭烧壶等。

二、茶具的选择

（一）从茶风格的角度考虑

目前常见的茶具有以下几种：玻璃类、瓷器类、陶器类、金属类、竹木类。而前三种多用于主泡器，也就是会直接影响茶汤的滋味和香气。我们知道，一般而言，密度高的茶器，散热较快，泡出的茶汤，其香味比较清扬；密度低的茶器，散热较慢，泡出的茶汤，其香味比较低沉。如各种绿茶、花茶等香气风格本身就较为清扬，可选择密度较高的茶器来泡，如瓷制盖碗。其中，绿茶，特别是名优绿茶，还可以选用玻璃杯冲泡。名优绿茶是选用细嫩的鲜叶制成，因此冲泡时选择杯身矮小且散热较快的敞口玻璃杯为宜。同时名优绿茶制作工艺精细，冲泡后极具观赏性，透过玻璃杯，可将芽叶在水中舞动的风姿一览无余。此外，黄茶、白茶的制作工艺也较为精细，同样可用玻璃杯冲泡。例如，产于湖南岳阳洞庭湖君山的君山银针，冲泡后，芽叶竖悬汤中后冲升水面，又徐徐下沉，再升再沉，三起三落，蔚然成趣。而像大红袍、水仙、普洱等香气风格则较为低沉，那就适合选择密度较低的茶器来泡，如紫砂壶。当然，还有一些茶，既可用瓷器类茶器冲泡也可用紫砂类茶器冲泡，如铁观音，那就根据个人希望得到的香气风格来做选择了。

（二）从美学的角度考虑

品茗是一种享受，不但要求选择合适的茶具，使茶的口感、香气达到最佳状态，同时还要追求视觉上的美感，即其质感、颜色要和茶相配。宋代时，饮茶方法从唐代的煎茶法转变为点茶法，并且民间流行斗茶，此时所用的茶具也不再是白瓷，取而代之的是黑釉茶盏。因为在斗茶时，茶盏中浮起的泡沫以白为贵，而黑釉茶盏则更能衬托茶汤的色泽。同样的，如今，我们在冲泡红茶时，如果选择青瓷，则茶汤颜色会显得暗沉，相反白瓷能使得茶汤更显红艳明亮。而在泡绿茶时，若选择颜色较深、材质粗糙的陶质茶具，则显得不相配，如果换作青瓷，那就能把绿茶茶汤呈现出的青山绿水之感表现得更好。冲泡一些老茶时，如果选择质地轻盈的瓷器，则与老茶的醇厚不协调，但如果选择带有朴拙感的深色陶器，那老茶就更显“老”了。

第五节　茶点的搭配

饮茶佐以点心，自古有之。一方面，品饮一些不发酵或轻发酵茶时，此类茶叶中的茶多酚、咖啡因等天然成分保留较多，如在空腹状态下饮用，这些活性物质会与胃中的蛋白结合，容易伤胃，对人体产生不利影响。所以饮茶前或饮茶时吃一些小点心，可减少对胃的刺激。另一方面，品饮茶时，或多或少会让人感觉有苦涩味，品饮过程中吃一些甜咸小点，从味觉上来说，能更好地享受茶的美味。

通常茶点的选择，在兼顾喜好的同时，也需考虑哪些点心适合作茶点，哪些不适合。比如味道过重的点心就不适合作为茶点，此类点心会影响对茶汤的品尝。茶点，不仅要求有营养、味道好，最好还要有观赏性，即具有外形美。色彩上以朴素淡雅为上，尺寸上以小为佳。特别是在一些规格较高的正式茶会上，茶点最好选择无须剥皮、无须吐核的点心，最好一口就能吃完，这样能避免碎屑掉落，同时茶点也不宜量多。

一、根据不同的茶选择茶点

茶点要适应茶性，这样茶与茶点两者的美味才能相得益彰。著名茶人范增平先生认为：“甜配绿，酸配红，瓜子配乌龙。”就是说，品饮绿茶时，可选择一些甜点，如凤梨酥等；品饮红茶时，可选择一些带酸味的茶果，如蜜饯、柠檬等；品饮乌龙茶时，则可选择一些瓜子、花生等带咸味的食品。

二、根据不同的季节选择茶点

一年四季，寒来暑往，干湿各异，人的生理需求也相应发生变化。因此，根据气候变化对口味的影响，选择季节性的原料所制作的时令点心最适合作为当季的茶点。如严冬刚过，大地渐渐复苏的春天，可选择“豆苗鸡丝卷”“鲜笋虾饺”作为茶点；烈日炎炎的夏天，“马蹄糕”“冻糕”“绿豆糕”“荷花酥”看着就让人感到丝丝凉意，此时来一杯晶莹碧翠的绿茶，更增降温消暑之效；秋高气爽时，“蟹黄汤包”“葵花盒子”“菊花酥”“芋角”都是不错的选择；严冬来袭时，“腊味萝卜糕”“萝卜丝饼”“梅花酥”“牛油戟”配上红茶或奶茶，美味又暖胃。

三、根据不同的节日选择茶点

在不同的节日里品尝一些糕点不仅可以增添节日的欢乐气氛，而且也满足了人们的食欲需要，更重要的是还能满足人们在节日里祈求吉祥如意的心理需求。

（1）**春节**（农历正月初一）：俗语说“初一饺子、初二面”，大年初一，喝一口热茶，吃着热腾腾的饺子，顺便讨个好彩头，再幸福不过了。

（2）**元宵节**（农历正月十五）：当然是吃汤圆了，这汤圆可汤煮、可油炸、可蒸食，有团圆美满之意

（3）**寒食节**（清明的前一天）：禁烟冷食，可选择些凉糕、枣饼作为茶点。

（4）**清明节**（节气清明）：扫墓踏青，在品茗的宁静中，怀念故人，此时可配以青团之类的冷食。

（5）**端午节**（农历五月初五）：可以选择制作小巧而精致的粽子佐茶。

（6）**七夕节**（农历七月初七）：以茶表爱意，配以应节食品巧克力，当然西式糕点也是不错的选择，清甜在嘴里，浓爱在心间。

（7）**中元节**（农历七月十五）：江南水乡一带的毛豆刚熟，可以煮上一锅，比比是豆子鲜美，还是茶汤的鲜爽更令人回味。

（8）**中秋节**（农历八月十五）：家人围坐，分月饼，分茶汤，其乐融融。

（9）**重阳节**（农历九月初九）：赏菊、品茶、佩茱萸、吃云片糕，完全可以办一个敬老茶会。

（10）**下元节**（农历十月十五）：南方一带有自家做糍粑送亲友的习俗，可作为茶点佐茶。

（11）**腊八节**（腊月初八）：喝腊八粥是此节日不二的选择。

第六节　茶礼的呈现

一、仪容仪表

仪容仪表，是指一个人的外观，包括容貌、姿态、服饰、风度等。对于茶事服务工作者来说，端庄的容貌、干净的妆容、得体的衣着，能让人赏心悦目，往往给茶客留下美好的印象，这也是茶事活动的品质保证。

（一）妆容

饮茶讲究自然和谐，在茶事活动中，茶人或茶客可以素颜或以淡妆出席。对于女性而言，化妆越来越普遍，不但可以使自己的容貌更靓丽，同时也可视作对他人尊重的一种礼仪表达。要注意的是，茶事活动中，妆容不宜过浓，且应尽量保持妆容干净，一方面浓妆艳抹与茶的风格不符，另一方面避免一些化妆品香气太浓，影响到对茶的品鉴。

（二）头发

茶事活动中，作为茶人，头发应不遮住脸部，刘海不宜过长，不宜将头发染得五颜六色，发型也不宜太过前卫张扬，长发者最好将头发束起。

（三）手部

在泡茶时，双手就像是舞台上的焦点，所有的茶客都静静看着茶人的双手娴熟地摆弄着各种茶器具，行云流水般。所以，作为茶人，一方面，要护理好自己的一双手，并且保持双手的洁净，勤剪指甲。还要注意，选择护手霜时，最好选择香味不明显的。在泡茶之前洗手时，要将肥皂或洗手液的味道冲洗干净，以免让异味干扰茶香。

（四）配饰

在茶事活动中应尽量减少配饰的佩戴，特别是一些较长的项链，在行茶时容易勾到茶具，发生碰撞。此外，过多或过于夸张的配饰也不符合茶事活动的整体基调，所以行茶时配饰尽量少戴或不佩戴。

（五）服装

泡茶时，特别是在一些正式的茶会上，着装也非常重要。茶事活动中的着装不宜太过暴露艳丽。茶人选择的衣服不但要求颜色款式适合本人，而且穿着起来要舒适，以免行茶过程中动作无法舒展。同时，所选的服装还要和整个茶会风格相符。

二、泡茶礼仪

在大多数茶事活动中，茶人都是当着客人的面泡茶的，在众人注视下，茶人的仪态、表情，甚至说的话都像是一种用心的表演。

（一）仪态礼仪

（1）站姿。在礼仪规范中，无论男士女士的站姿都要求正、直、挺。在茶事活动中，气氛多为轻松愉悦，站姿也可相对放松些，但绝非弯腰驼背，整个人都松懈着，而是比标准站姿更为自然一些。

（2）坐姿。茶事活动中，茶人大部分时间都是坐着的。无论男女，入座时要轻稳，动作协调从容。上半身自然坐直，女茶人双腿并拢后可居中摆放，也可两脚同时偏右放置，膝盖自然导向左边，反之亦然。男茶人双腿可微微分开。尤其需要注意的是，在泡茶过程中，也要时刻注意上半身是否随着手部的动作而偏移。

（3）行姿。行姿是站姿的延续动作，是最引人注目的体态语言，最能表现一个人的风度，在迎送客时、在茶事准备时、在奉茶时，行姿优美，也可增添茶人的魅力。茶事中的女子步行时以碎步为宜，男子行走时步子可稍大些。

（4）蹲姿。在茶事活动中，难免有下蹲的时候。做下蹲动作时要注意几点：一是避免突然下蹲，给人突兀的感觉；二是下蹲时勿离人太近，以免迎头相撞；三是下蹲时，应整个身体一起往下，而不是身子弯下去了，臀部向后撅起，这样很不雅观。如果有东西掉在地上需要捡起，应该整个身子都蹲下，再去捡东西，下蹲过程中，女子应双腿并拢，这样既从容，又没有走光的危险。

（二）表情礼仪

茶事活动中，为了营造安静、和谐的氛围，让人静心品茗，在行茶过程中，不宜多语。那么此时你脸上的表情成了另一种传达友好、尊敬的方式。

（1）目光。一般在与人交流沟通中，目光落在对方的双眼到嘴部之间的位置是比较合适的，且目光不要闪躲，要自然大方，也不要直直盯着客人，这是极不礼貌的。另外，茶人的目光要照顾到每一位客人，这也意味着每一位客人对茶人来说都同等重要。

（2）微笑。微笑被称为人类最富魅力的语言。微笑同样传达了对客人的欢迎，给人以亲切温馨之感。特别遇到第一次参加茶会、平日又不太喝茶的客人，难免拘谨，茶人可以通过真诚的微笑使他轻松起来，尽情享受舌尖茶汤的美味。

（三）语言

在茶事活动中，茶人时常会给客人介绍所泡的茶或聊一聊茶器，在保证所有客人都听得清的前提下，应尽量把声音放低，语音准确、语调柔和、语速适中。千万不要唾沫四溅，因为茶器离得非常近，会让人感觉不卫生也不雅观。另外，和客人交流时，记得可以用一些敬语以示尊敬。

三、奉茶礼仪

如果客人围坐在茶桌周围，泡茶最后一步分茶完成后，可通过简单的语言和手势示意客人自取品饮。如果客人离你较远，无法伸手自取品饮，那要求茶人将茶放置于茶盘中，起身离座，稳稳地端给客人。走到客人面前时，手端的茶盘不要离客人过近，以免给客人带来压迫感，但也不宜太远，不方便客人端取；同样的，茶盘也不宜端得过高或过低，茶人不妨微微弯腰，将茶盘端至客人最方便端取的位置，并轻声说："请喝茶"，整个过程显得谦恭有礼。还有一点值得注意的是，如果是从侧面为客人奉茶，最好从客人的左侧奉茶，因为一般人都习惯用右手。如果得知客人习惯用左手，那就从右侧奉茶。

四、品茶礼仪

无论是茶人或客人，在品饮茶汤时，都不应大口吞咽茶水，或发出粗鲁声响，应很自然地先闻香，后观色，然后分数口将茶仔细品尝，空杯后，还可再嗅一下杯中的冷香。对于客人来说，如果是小的品茗杯，则单手从茶盘中端取；如果是稍大的杯子，则双手端取；如果是盖碗和配有杯托的杯子，则应连同杯托一起端取。客人手端一杯茶时，可以稍等片刻，等待茶人或主客带头，大家一起端杯品饮。另外，品完茶汤，如果杯沿上留有口红，则可用纸巾将其擦拭掉。

第六章
茶饮器具

本章导读

汉晋时代，茶饮器物主要是借用或与酒具甚至餐具通用，至唐代按陆羽《茶经》所述而有成体系的茶饮器具，之后代有变化直至明清概为景瓷宜陶，至今则丰富多彩。

学习目标

1. 知识目标：了解茶饮器具发生发展过程的知识
2. 能力目标：把握各时代茶器的功能与形制

茶具或茶器，是茶事活动中行茶品茗的器物组成，其重要性跟水相当，以至于有“水为茶之母，器为茶之父”的说法。陆羽《茶经·九之略》中申明：“廿四器阙一，则茶废矣”，由此可见器具在行茶之道物质与精神层面的地位。

茶器具的概念有个逐步演化的过程。汉晋之前，基本没有专用的茶器具；唐代开始有了成熟的茶道理论，也有了形成体系的茶器具，但是在陆羽《茶经》中，采制茶叶的工具称之为“具”，用于行茶、吃茶的称之为“器”的器具才是现今含意上的茶具。相关于茶饮方式，各代都有代表性的茶具，如唐代的青瓷茶碗、宋代的黑釉建盏，以及明代以后的景瓷宜陶，而当代茶事所用则集古今之大全。

现代意义上的茶具，指的是行茶品茗的器具。行茶品茗需要掌握合乎科学原理的茶艺冲泡方法，其中既有对茶品的认识及茶叶投量、冲泡水温、浸泡时间这三要素的把握，还需把握在合理的行茶过程中茶器具的正确使用方式，而选备器具是能够达到这样要求的前提。

第一节　器择陶拣

茶饮在“秦人取蜀”之后有了大范围的地域扩展，到汉晋时，茶文化孕育萌芽，而那个时期的茶饮用具，仍然处于借用或通用阶段。依托茶文化整体的逐渐萌发而趋于成形，茶用器具也达到通向专用的转折点。

一、通用于食器酒具

最早在文中提及饮茶使用器具的是西汉（前 202~8 年）时期王褒的《僮约》，其中所谈到的“烹茶尽具，已而盖藏”，着重的是煮茶时器具应尽量完备的要求，并不直接意味着器具的专用属性。

用作茶饮的器具，明确见于文字记载的还有西晋左思（250~305 年）的《娇女诗》，诗中有句曰：“心为茶荈剧，吹嘘对鼎鬲。”其中的“鼎鬲”指的是古代的煮食用器。

与左思同一时期的杜育（？ ~311 年）所作《荈赋》，是迄今所见最早以茶为主题的文学作品，其中有“器择陶拣，出自东瓯”“酌之以匏，取式公刘”的词句。在《荈赋》所叙述的茶事活动中，选择越窑系青瓷制的盛器意味着行茶事时器求其精的要求，而同时分茶选用具有效仿先贤之礼制意义的匏瓢，则可见当时的一些文人雅士在行茶事时已对所用器具的材质形制及人文含义有选择和追求了。

至于《广陵耆老传》所载晋元帝（317~323 年）时，“有老姥每旦独提一器茗，往市鬻之。市人竞买，自旦至夕，其器不减”，则只是用某种器皿装盛茶饮（从文字推测，概为茶粥）罢了。同样见之于文字记载而时间上更早的，是在西晋八王之乱时，蒙难的晋惠帝司马衷（290~306 年）从河南许昌回洛阳，侍从有“持瓦盂承茶”敬奉皇帝以解其渴乏的举动。

尽管如此，在浙江湖州的一座东汉晚期墓中，出土了一只阴刻“茶”字的青瓷瓮，可以确认是专门用于储茶的容器。然而，单独的储茶器物远远不能构成行茶主体。

由上述可见，在隋唐以前，除偶尔有专用的储茶器外，用于茶饮的器具与食具、酒具之间的区分并不明确，甚至是通用的。

二、转折时期

然而，也正是在汉末及魏晋时期，随着茶饮的逐渐独立于饮食和人们对茶饮要求的把握逐渐透彻，更由于饮茶已渐为社会风尚和风流的表现形式时，对于各种材质器物制造工艺的掌握就为专用茶器具的呼之欲出提供了技术条件。

晋、南北朝时期，出现了专门茶器。首先有了带托盘的青釉茶盏。盏托又称茶船、茶拓（橐）子，用于承托茶杯，以避免“熨指”（即烫到手指）带来使用上的不便。盏托虽小，但确为品茶而作，既方便又端持有风度。由此，饮茶器具的专门化，也为茶品尝的风流意味提供了形式上的可感受性。

三、因“式”而专

茶饮用器从通用到专用，经历了一个相当长的历史时期。

早期的茶作药作粥作羹作汤，为药饮或日常饮食的主食或佐食组成，涉用器具无论煎煮还是摄用都与其他中药炮制和厨餐用具不分。文史所载，如三国张揖《广雅》所记荆巴等地的“苇茶”，相关器具用于炙茶、捣末、盛茶末受汤（即开水）再加葱姜等搅拌各环节，其中盛器和饮器并未分述而可能就是同一物。

西晋杜育们的“取式公刘”，就是说那时的文人雅士在举行茶事的时候，会模仿古代贤者或圣人的做法，从而具有一定的仪式感。故而，当逐渐成熟的器具生产工艺能够制作出相应借以表达“式”的物件时，真正专用而蕴含美感的茶具由此诞生。

经隋而到唐代中期，茶饮用器终于形成体系化而在陆羽《茶经》“四之器”里表述为形制明确、符合实用功能需求又具有审美价值及蕴含茶学观念的廿四茶器。

第二节　廿四茶器

中国茶饮专用器具及其完备体系的真正形成，无疑是在中唐，这一判断的依据，就是陆羽《茶经·四之器》所叙述的廿四茶器。

在《茶经》的“四之器”这章中，记载的行茶品茗即收纳所用的器具，计有24件（含5件配套用具和1件同功能用具），每件都有明确的名称、材质、形制和用途。从功用着眼，其可分为以下八类。

一、生火用具

有风炉（配套灰承）、筥、炭挝、火夹，计4件。

（1）风炉。铁铸，三足两耳，形如古鼎；炉腹三个窗孔上方，有“伊公”“羹陆”和“氏茶”字样，连读成“伊公羹，陆氏茶”。配用灰承，用以接承炉灰。

（2）筥。盛炭块以便取用生火的竹编容器。

（3）炭挝。六角形的铁棒，或锤状、斧状，以敲击炭块使之大小适用于烧火。

（4）火夹。又名筯，系铁或铜制火筷，用以取炭。

二、煮茶用具

有鍑、交床、竹夹；计3件。

（1）鍑。又称釜，生铁铸制的煮茶用锅。

（2）交床。十字交叉支撑的架子，上搁中空的木板，用于置鍑。

（3）竹夹。竹或桃、柳、蒲葵、柿心木制成，两头包银，用以煮茶时搅拌的一尺长夹。

三、备茶用具

有夹、纸囊、碾（配套拂末）、罗合、则，计 5 件。

（1）夹。用小青竹制成，用以炙烤时夹持茶饼。

（2）纸囊。双层剡藤纸缝制，用以贮放烤炙后的茶饼，使之“不泄其香”。

（3）碾。橘木制作，也可用梨、桑、桐、柘木材质，用以将饼茶碾成碎末。拂末，用鸟羽做成，碾茶后，用以清扫碾上的茶末。

（4）罗合。罗为筛，合即盒，经罗筛下的茶末盛在盒内。

（5）则。海贝、蛎蛤的壳或铜、铁、竹制作的匙，用以量取茶末。

四、备水用具

有水方、漉水囊（配用绿油囊）、瓢、熟盂，计 4 件。

（1）水方。以椆木或槐、楸、梓木制成，可盛煮茶用的清水一斗。

（2）漉水囊。骨架用生铜制作，囊可用青竹丝编织，系有柄滤水网。绿油囊，油布制成的袋子，用以贮放漉水囊。

（3）瓢。又名牺杓，剖开葫芦或凿木制成，用以舀水和酌茶。

（4）熟盂。陶或瓷制成，可盛水二升，用以盛放煮熟的水。

五、备盐用具

鹾簋（配套揭），计 1 件。瓷制，用以盛盐。揭，竹制匙形，用以勺取盐粒。

六、饮茶用具

碗，计 1 件。瓷制，陆羽以“类玉”“类冰”“益茶色”而推崇越窑青瓷，用以盛茶来饮用。

七、纳器用具

有畚、具列（或都篮），计2件。

（1）畚。白蒲编卷而成，衬以双幅剡纸，用以备置茶碗。

（2）具列。木竹制成的架子，按《萧翼赚兰亭》所绘，其为方形四足的小型矮案，即“茶床”，用以摆放和收归茶具。都篮，竹篾编制，用来装盛全部烹茶器物，可方便携带。

八、清洁用具

有札、涤方、滓方、巾，计4件。

（1）札。茱萸木或竹子夹住栟榈皮制成的笔状刷子，用以饮茶后清洗茶器。

（2）涤方。楸木板制成，容积八升，用以盛放洗涤后的水。

（3）滓方。制法似涤方，容量五升，用以盛放茶滓。

（4）巾。粗绸制成，长二尺，用以擦拭茶具。

九、皇家用器

唐代宫廷行茶品茗用器，在陕西扶风法门寺地宫出土文物中自成一组而以银、瓷为主要材质，如鎏金天马流云纹壶门座茶碾、鎏金仙人驭鹤壶门座茶罗、鎏金蔓草纹长柄茶匙、火箸、秘色茶碗以及当时可能比较稀罕的琉璃材质的盏与托。

第三节　茶具图赞

宋代行茶方式的主流不再是直接煎煮，而是烹水点茶法，因而器具也就随之发生变化。

一、点茶认识

赵佶《大观茶论》里，认为当时宋人是将茶的品饮“以雅尚相推”的，所以“近岁以来，采择之精、制作之工、品第之胜、烹点之妙，莫不咸造其极”。在人文发达、经济繁荣的时代，“天下之士，励志清白，竞为闲暇修索之玩。莫不碎玉锵金，啜英咀华；较筐笥之精，争否士于此时；不以蓄茶为羞，可谓盛世之清尚也”。

点茶的基本过程，是在烤热后的茶盏里放入茶粉末，注入少量的水调膏使汤与水溶合，再注入相应足量的水，击打出沫成汤。

二、茶碾与罗

碾以银为上，熟铁次之，生铁者非掏拣捶磨所成，间有黑屑藏干隙穴，害茶之色尤甚，凡碾为制，槽欲深而峻，轮欲锐而薄。槽深而峻，则底有准而茶常聚；轮锐而薄，则运边中而槽不戛。

罗欲细而面紧，则绢不泥而常透。碾必力而速，不欲久，恐铁之害色。罗必轻而平，不厌数，庶已细青不耗。唯再罗则入汤轻泛，粥面光凝，尽茶之色。（赵佶《大观茶论·罗碾》）

三、汤匙与筅

宋代点茶用具，先用汤匙（蔡襄《茶录》），后来才出现专用的筅（赵佶《大观茶论》）；即便是筅的形制，也有片筅和圆筅之别（见《茶具图赞》中的竺副帅）。

蔡襄《茶录·茶匙》有云："茶匙要重，击拂有力。黄金为上，人间以银铁为之。竹者轻，建茶不取。"

赵佶《大观茶论·筅》曰："茶筅以觔竹老者为之。身欲厚重，筅欲疏劲，本欲壮而未必眇，当如剑脊之状。盖身厚重，则操之有力而易于运用；筅疏劲如剑脊，则击拂虽过而浮沫不生。"

四、建盏、急须、煎茶瓶、汤瓶、勺、燎炉等

（一）建盏

建窑烧制的黑釉瓷碗，有兔毫、油滴等多种釉色，适合斗茶。而饮茶用茶盏，也有酱色釉、青白釉和白釉等。

赵佶《大观茶论·盏》："盏色贵青黑，玉毫条达者为上，取其焕发茶采色也。底必差深而微宽，底深则茶宜立而易于取乳，宽则运筅旋彻，不碍击拂。然须度茶之多少，用盏之大小。盏高茶少，则掩蔽茶色，茶多盏小，则受汤不尽。盏唯热，则茶发立耐久。"

宋代茶盏非常讲究陶瓷的成色，尤其追求"盏"的质地、釉色变幻和厚薄均匀。蔡襄在《茶录》中认为："茶白色、宜黑盏，建安所造者绀黑，纹路兔毫，其坯微厚，熁火，久热难冷，最为要用，出他处者，或薄或色紫，皆不及也。其青白盏，斗试家自不用。"

以斗茶需求而言，宋代建安（今福建建瓯）制造的黑釉而稍带红色即表面釉色绀黑的"建盏"是最为适合的茶汤盛具。至于兔毫、鹧鸪斑、油滴和窑变等美轮美奂釉色的出现，则说明当时对瓷釉发色原理和技术的把握已非比寻常而出神入化。

“熁盏”，是把茶盏靠近火源烘烤以提高温度，因坯胎较厚而熁后可以“久热难冷”的建盏，显然益于茶汤的温度和香气。

（二）急须

与铫子类似的煎茶用器。北宋·黄裳《龙凤茶寄照觉禅师》有句：“有物吞食月轮尽，凤翥龙骧紫光隐”“寄向仙庐引飞瀑，一簇蝇声急须腹”，其有自注：“急须，东南之茶器”。另一类似的是煎茶瓶，所谓“短喙可候煎，枵腹不停尘。蟹眼时探穴，龙文已碎身”（黄庭坚《谢曹子方惠二物二首》）。

（三）汤瓶

与急须相比则为长流，用于点茶。其中所盛之水，或由铫煮开倒入或汤瓶直接搁在燎炉加热。

“瓶宜金银，小大之制，唯所裁给。注汤利害，独瓶之口嘴而已。嘴之口欲大而宛直，则注汤力紧而不散；嘴之末欲圆小而峻削，则用汤有节而不滴沥。盖汤力紧则发速有节，不滴沥，则茶面不破”。（赵佶《大观茶论·瓶》）

“瓶要小者易候汤，又点茶注汤有准。黄金为上，人间以银铁或瓷石为之”。（蔡襄《茶录·汤瓶》）

（四）勺

勺的用途，是从点茶的大碗中舀取茶汤，酌入饮用的茶盏。“勺之大小，当以可受一盏茶为量，过一盏则必归其余，不及则必取其不足。倾勺烦数，茶必冰矣。”（赵佶《大观茶论·勺》）

（五）燎炉

燎炉也称“方炉”，汤瓶煎水用。宋代王安中详记宣和元年一次宫宴的《睿谟殿曲宴诗》序记述道：“户牖屏柱，茶床燎炉，皆五色琉璃，缀以夜光火齐，照耀璀璨。”南宋赵藩《海监院惠二物戏答》道：“打粥泛邵州饼，候汤点上封茶。软语方炉活火，清游断岸飞花。”

（六）茶瓯釉色

碧花瓯：王庭珪《好事近·茶》云："黄金碾入碧花瓯，瓯翻素涛色。"

玉瓯：刘挚《煎茶》曰："双龙碾圆饼，一枪磨新芽。石鼎沸蟹眼，玉瓯泛乳花。"

冰瓷：谢逸《武陵春·茶》说："捧盌纤纤春笋瘦，乳雾泛冰瓷。"

白薄盏：李廌《杨元忠和叶秘校腊茶诗相率偕赋》记述："须借水帘泉胜乳，也容双井白过磁。"诗下自注："江南双井，用鄱阳白薄盏点，鲜为上"。即用鄱阳产的白色薄瓷茶盏，点名茶洪州双井，相得益彰。

五、《茶具图赞》

该书成书于咸淳己巳年（1269 年），由审安老人所作，收录宋代点茶法所用茶具 12 种，以白描绘制茶具，以拟人的手法称之为"十二先生"，冠以官名，赋予名、字、号，画有形制，并有赞词（见图 6-1）。其中，名示功能，字为特征，号表形制品性，而以官名所对应的职责来附会茶具功能，配的赞文则以文学的手法叙述了茶具的使用特点，堪为茶文化形式艺术化的典范。

（一）韦鸿胪

即焙笼。名文鼎，字景旸，号四窗间叟。

赞曰：祝融司夏，万物焦烁，火炎昆冈，玉石俱焚，尔无与焉。乃若不使山谷之英堕于涂炭，子与有力矣。上卿之号，颇著微称。

其为内置炭火的竹笼，顶有盖，中有隔断，用来炙烤茶饼。

（二）木待制

即砧椎。名利济，字忘机，号隔竹居人。

赞曰：上应列宿，万民以济，禀性刚直，摧折强梗，使随方逐圆之徒，不能保其身，善则善矣，然非佐以法曹、资之枢密，亦莫能成厥功。

其为碎茶用具，也即茶槌、茶臼。

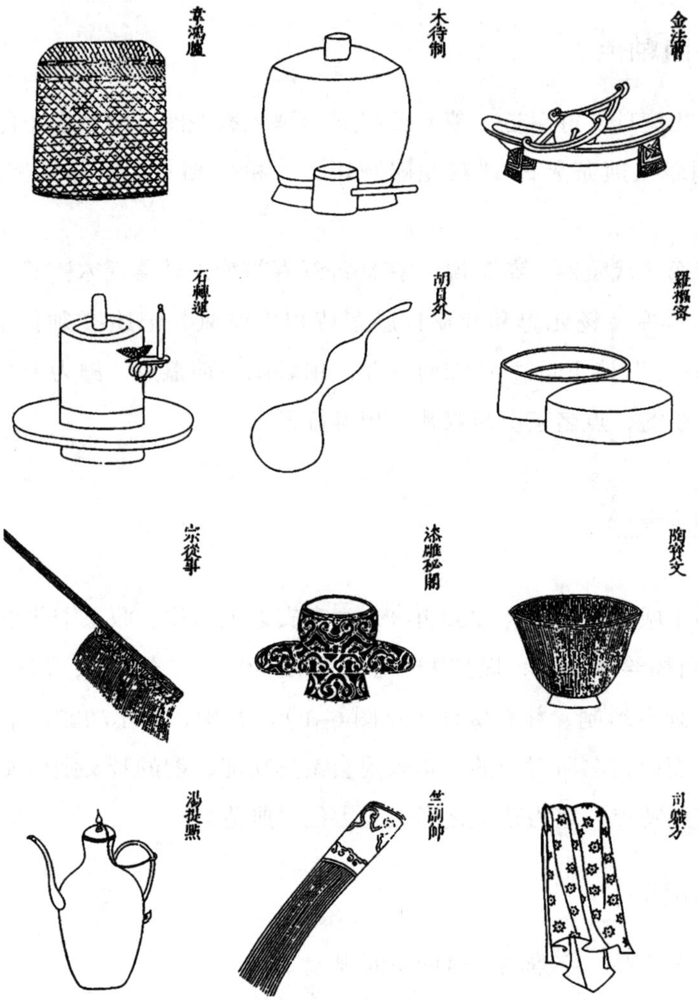

图 6-1　审安老人《茶具图赞》文中所列的 12 种点茶用器

（三）金法曹

即茶碾。名研古、轹古，字元锴、仲铿，号雍之旧民、和琴先生。

赞曰：柔亦不茹，刚亦不吐，圆机运用，一皆有法，使强梗者不得殊轨乱辙，岂不韪与？

用于将茶的碎块初步碾成较粗的粉末。

（四）石转运

即茶磨。名凿齿，字遄行，号香屋隐君。

赞曰：抱坚质，怀直心，啖嚅英华，周行不怠，斡摘山之利，操漕权之重，循环自常，不舍正而适他，虽没齿无怨言。

用于进一步将茶精磨成适于烹点的更细的粉末。

（五）胡员外

即汤瓢或瓢杓。名唯一，字宗许，号贮月仙翁。

赞曰：周旋中规而不逾其间，动静有常而性苦其卓，郁结之患悉能破之，虽中无所有而外能研究，其精微不足以望圆机之士。

其为葫芦制作的舀茶器具，外形圆。

（六）罗枢密

即罗合。名若药，字传师，号思隐寮长。

赞曰：机事不密则害成，今高者抑之，下者扬之，使精粗不至于混淆，人其难诸！奈何矜细行而事喧哗，惜之。

其为筛和贮存筛后茶末的盒子。

（七）宗从事

即茶刷或帚。名子弗，字不遗，号扫云溪友。

赞曰：孔门高弟，当洒扫应对事之末者，亦所不弃，又况能萃其既散、拾其已遗，运寸毫而使边尘不飞，功亦善哉。

其为用来清理碾、磨时遗留于缝隙边角的茶粉末的辅助用具。

（八）漆雕秘阁

即盏托。名承之，字易持，号古台老人。

赞曰：危而不持，颠而不扶，则吾斯之未能信。以其弭执热之患，无坳堂之覆，故宜辅以宝文，而亲近君子。

其为木质，雕漆，可以安稳地承载茶盏而免于烫手和倾覆，从而方便持拿而造型似台，纹饰又颇有古风。

（九）陶宝文

即茶盏。名去越，字自厚，号兔园上客。

赞曰：出河滨而无苦窳，经纬之象，刚柔之理，炳其弸中，虚己待物，不饰外貌，位高秘阁，宜无愧焉。

其为建窑瓷盏，釉纹美观，质地厚而保温性好，以兔毫最受推崇。

（十）汤提点

即汤瓶。名发新，字一鸣，号温谷遗老。

赞曰：养浩然之气，发沸腾之声，以执中之能，辅成汤之德，斟酌宾主间，功迈仲叔圉，然未免外烁之忧，复有内热之患，奈何？

其为执壶形水注。

（十一）竺副帅

茶筅。名善调，字希点，号雪涛公子。

赞曰：首阳饿夫，毅谏于兵沸之时，方金鼎扬汤，能探其沸者几稀！子之清节，独以身试，非临难不顾者畴见尔。

其为点茶用的茶刷，通过搅击使茶粉末与开水充分交融，生发沫渤。

（十二）司职方

即茶巾。名成式，字如素，号洁斋居士。

赞曰：互乡之子，圣人犹且与其进，况瑞方质素，经纬有理，终身涅而不缁者，此孔子之所以与洁也。

其为方形的揩拭诸般茶具的布巾。

元代持续时日不长，故多承袭沿用。元代诗文中有好多记载，如方回《续古今考》中云："锅镬、釜鬲、茶汤罐、煎盘、田犁，皆铁而冶，与古制不侔矣。"赵秉文《夏至》中有"玉堂睡起苦思茶，别院铜轮碾露茶"，以上史料中提到的锅镬、釜鬲、茶汤灌都是茶具，在元代它们是铁制的。而赵秉文《夏至》中的碾茶工具是铜制的。此外，元代的瓷茶具，作为出土文物而见于世面的，已经为数不少。自1964年河北保定出土青花釉里红瓷器后，陆续出土的元代瓷器，其中有些属于茶具，如高足杯、高足碗、茶瓯、注子、执壶等。

第四节　景瓷宜陶

明初，“吴中四杰”徐贲某日夜邀友人品茗对饮，趁兴记述道：“茶器晚犹设，歌壶醒不敲。”可见，茶器具创设是茶饮氛围和饮茶心境所不可缺少的。

由于团饼贡茶的废除，使得散茶在整个社会范围内兴盛，烹点过程相应趋于简单甚至更多采用直接冲瀹的方式，故而行茶品茗的器皿也随之简化。一方面，是煎茶、点茶必用而泡茶无须的器具随行茶方法的更替演变而渐少以至于完全退出；另一方面，用内釉洁白的茶盏茶杯来盛纳茶汤，显得清新雅致、悦目自然而尤显汤色；用异军突起、被誉为紫玉金沙的紫砂陶壶冲泡出来的茶真香本味，使得在总体风格上，茶用器具呈现出一种崇尚自然、返璞归真的趋势，并最终形成此后长领风骚的“景瓷宜陶”的经典组合。

一、瀹饮用器

明代茶饮主流为散茶清饮，条形叶茶更易吸水受潮，故而从茶叶品质的保持来看，贮茶、焙茶器具比以紧压茶为主的唐宋时期更显紧要。

明·高濂《遵生八笺·饮馔服食笺·茶泉类》中“茶具十六器”列有行茶器具16件，“总贮茶器七具”即储存、收纳器具7件。

（一）茶具十六器

（1）商象：即形制如古石鼎的火炉，用以煎水泡茶。

（2）归洁：即竹筅帚，用以涤壶。

（3）分盈：即勺子，用以按量（茶水比例）取用水泉。

（4）递火：即铜火斗，用以搬运带火的燃烧炭薪。

（5）降红：即铜火筋，用以簇火。

（6）执权：即秤砣，用以掌握称茶重量的准确，每勺水两斤，用茶一两。

（7）团风：即素竹扇，用以扇炉发火。

（8）漉尘：即茶洗，用以淋洗茶。

（9）静沸：即竹架，用以像《茶经》所述“交床”那样来支镘。

（10）注春：即瓷或陶质茶壶，用以泡茶出汤。

（11）运锋：即劖［chán］果刀，用以切果。

（12）甘钝：即木砧墩，用以搁置器具。

（13）啜香：即瓷或陶质的瓯盏，用以啜茶。

（14）撩云：即竹茶匙，用以取果。

（15）纳敬：即竹茶橐（托），用以搁放茶盏。

（16）受污：即拭抹布，用以清洁茶瓯。

（二）总贮茶器七具

（1）苦节君：煮茶竹炉，用以生火烧水。

（2）建城：箬竹制作的笼，用以密封贮茶存在高阁。

（3）云屯：瓷瓶，用以舀出水泉供烧煮。

（4）乌府：竹制的篮，用以盛煎茶的燃料炭。

（5）水曹：瓷缸瓦罐，用以贮水。

（6）器局：竹编方箱，用以收纳茶具。

（7）品司：竹编圆橦提盒，用以收贮这准备烹点的各品茶叶。

其实，与唐、宋时期的茶具相比，明代真正常用于煮水、泡茶、品茗的茶具要简便得多。高濂所列23件茶具，辅助用具居多。明代文震亨《长物志》中说得明白：“吾朝所尚（指条形散茶）又不同，其烹试之法，亦与前人异，然简便异常，天趣备悉，可谓尽茶之真味矣。至于洗茶、候汤、择器，皆各有法。宁特侈言乌府、云屯、苦节君、建城等目而已哉。”

（三）其他茶著所记器具

1. 罗廪《茶笺》记叙行茶所涉器具

（1）帨：用新麻布，洗至洁。悬之茶室，时时拭手。相当于今之茶巾。

（2）瓮：用以藏茶，须内外有油水者。预涤净晒干以待。相当于今之茶罐或茶仓。

（3）炉：用以烹泉，或瓦或竹，大小要与汤壶相称。即烧水加热的炉。

（4）注：以时大彬手制粗沙烧缸色者为妙，其次锡。相当于今之烧水壶。

（5）壶：内所受多寡，要与注子称。或锡或瓦，或汴梁摆锡铫。即泡茶壶，“瓦”指陶质。

（6）瓯：以小为佳，不必求古，只宣、成、靖窑足矣。即茶盏或茶杯，瓷质。

（7）夹：以竹为之，长六寸。如食箸而尖其末，注中泼过茶叶，用此夹出。

2. 张源《茶录》所记器具

（1）贮水（器）：贮水瓮须置阴庭中，覆以纱帛，使承星露之气，则英灵不散，神气常存。假令压以木石，封以纸箬，曝于日下，则外耗其神，内闭其气，水神敝矣。饮茶唯贵乎茶鲜水灵，茶失其鲜，水失其灵，则与沟渠水何异。

（2）茶具：桑苎翁煮茶用银瓢，谓过于奢侈。后用瓷器，又不能持久。卒归于银。愚意银者宜贮朱楼华屋，若山斋茅舍，唯用锡瓢，亦无损于香、色、味也。但铜铁忌之。

（3）茶盏：盏以雪白者为上，蓝白者不损茶色，次之。

（4）拭盏布：饮茶前后，俱用细麻布拭盏，其他易秽，不宜用。

（5）分茶盒：以锡为之。从大坛中分用，用尽再取。

3. 朱权《茶谱》

其特别之处，在于以宋元点茶法的方式和器物来烹试散形叶茶，故而茶器具又会复杂一些。其所记为茶炉、茶灶、茶磨、茶罗、茶架、茶匙、茶筅、茶瓯、茶瓶等。

（1）茶炉：与炼丹神鼎同制。通高七寸，径四寸，脚高三寸，风穴高一寸。上用铁隔。腹深三寸五分，泻铜为之，近世罕得。予以泻银坩埚瓷为之，尤妙。襻高一尺七寸半。把手用藤扎，两旁用钩，挂以茶帚、茶筅、炊筒、水滤于上。

（2）茶灶：古无此制，予于林下置之。烧成的瓦器如灶样，下层高尺五为灶台，上层高九寸，长尺五，宽一尺，傍刊以诗词咏茶之语。前开二火门，灶面开二穴以置瓶。顽石置前，便炊者之坐。予得一翁，年八十犹童，疾憨奇古，不知其姓名，亦不知何许人也。衣以鹤氅，系以麻绦，履以草履，背驼而颈蜷，有双髻于顶。其形类一“菊”字，遂以菊翁名之。每令炊灶以 供茶，其清致倍宜。

（3）茶磨：磨以青礞口为之。取其化谈去故也。其他石则无益于茶。

（4）茶碾：古以金、银、铜、铁为之，皆能生鉎。今以青礞石最佳。

（5）茶罗：径五寸，以纱为之。细则茶浮，粗则水浮。

（6）茶架：今人多用木，雕镂藻饰，尚于华丽。予制以斑竹、紫竹，最清。

（7）茶匙：要用击拂有力，古人以黄金为上，今人以银、铜为之。竹者轻，予尝以椰壳为之，最佳。后得一瞽者，无双目，善能以竹为匙，凡数百枚，其大小则一，可以为奇。特取其异于凡匙，虽黄金亦不为贵也。

（8）茶筅：截竹为之，广、赣制作最佳。长五寸许，匙茶入瓯，注汤筅之，候浪花浮成云头、雨脚乃止。

（9）茶瓯：古人多用建安所出者，取其松纹兔毫为奇。今淦窑所出者与建盏同，但注茶，色不清亮，莫若饶瓷为上，注茶则清白可爱。

（10）茶瓶：瓶要小者易候汤，又点茶汤有准。古人多用铁，谓之罂。罂，宋人恶其生鉎，以黄金为上，以银次之。今予以瓷石为之。通高五寸，腹高三寸，项长二寸，嘴长七寸。凡候汤不可太过，未熟则沫浮，过熟则茶沉。

4. 许次纾《茶疏》

许氏在文中（见图6–2）对茶器的记叙，分散在茶饮各环节。

（1）贮水：甘泉旋汲用之斯良，丙舍在城，夫岂易得。理宜多汲，贮大瓮中，但忌新器，为其火气未退，易于败水，亦易生虫。久用则善，最嫌他用。水性忌木，松杉为甚。木桶贮水，其害滋甚，挈瓶为佳耳。贮水瓮口，厚箬

图6–2 许次纾《茶疏》

泥固，用时旋开，泉水不易，以梅雨水代之。

（2）舀水：舀水必用瓷瓯。轻轻出瓮，缓倾铫中。勿令淋漓瓮内，致败水味，切须记之。

（3）煮水器：金乃水母，锡备柔刚，味不咸涩，作铫最良。铫中必穿其心，令透火气，沸速则鲜嫩风逸，沸迟则老熟昏钝，兼有汤气。慎之慎之。茶滋于水，水借乎器，汤成于火。四者相须，缺一则废。

（4）烹点：未曾汲水，先备茶具。必洁必燥，开口以待。盖或仰放，或置瓷盂，勿竟覆之。案上漆气食气，皆能败茶。先握茶手中，俟汤既入壶，随手投茶汤。从盖覆定。三呼吸时，次满倾盂内，重投壶内，用以动荡香韵，兼鱼不沉滞。更三呼吸顷，以定其浮薄。然后泻以供客。则乳嫩清滑，馥郁鼻端。病可令起，疲可令爽，吟坛发其逸思，谈席涤其玄衿。

（5）称量：茶注宜小，不宜甚大。小则香气氤氲，大则易散漫。大约及半升，是为适可。独自斟酌，愈小愈佳。容水半升者，量茶五分，其余以是增减。

（6）汤候：水一入铫，便须急煮。候有松声，即去盖，以消息其老嫩。蟹眼少后，水有微涛，是为当时。大涛鼎沸，旋至无声，是为过时，过则汤老而香散，决不堪用。

（7）瓯注：茶瓯古取建窑兔毛花者，亦斗碾茶用之宜耳。其在今日，纯白为佳，兼贵于小。定窑最贵，不易得矣。宣、成、嘉靖，俱有名窑，近日仿造，间亦可用。次用真正回青，必拣圆整。勿用呰窳。茶注以不受他气者为良，故首银次锡。上品真锡，力大不减，慎勿杂以黑铅。虽可清水，却能夺味。其次内外有油瓷壶亦可，必如柴、汝、宣、成之类，然后为佳。然滚水骤浇，旧瓷易裂，可惜也。近日饶州所造，极不堪用。往时龚春茶壶，近日时彬所制，大为时人宝惜。盖皆以粗砂制之，正取砂无土气耳。随手造作，颇极精工，顾烧时必须火力极足，方可出窑。然火候少过，壶又多碎坏者，以是益加贵重。火力不到者，如以生砂注水，土气满鼻，不中用也。较之锡器，尚减三分。砂性微渗，又不用油，香不窜发，易冷易馊，仅堪供玩耳。其余细砂，及造自他匠手者，质恶制劣，尤有土气，绝能败味，勿用勿用。

5. 黄龙德《茶说·七之具》

器具精洁，茶愈为之生色。用以金银，虽云美丽，然贫贱之士未必能具也。若今时姑苏之锡注，时大彬之砂壶，汴梁之汤铫，湘妃竹之茶灶，宜成窑之茶盏，高人词客，贤士大夫，莫不为之珍重，卸唐宋以来，茶具之精，未必有如斯之雅致。

6. 冯可宾《岕茶笺 · 论茶具》

茶壶窑器为上，锡次之。茶杯汝、官、哥、定，如未可多得，则适意者为佳耳。

或问茶壶毕竟宜大宜小？茶壶以小为贵，每一客，壶一把，任其自斟自饮，方为得趣。何也？壶小则香不涣散，味不耽搁，况茶中香味，不先不后，只有一时。太早则未足，太迟则已过。的见得恰好，一泻而尽。化而裁之，存乎其人，施于他茶亦无不可。

7. 明代张谦德《茶经 · 论器》

提到的茶具只有茶焙、茶笼、汤瓶、茶壶、茶盏、纸囊、茶洗、茶瓶、茶炉 9 件而已。

明代的散茶清饮，最为崇尚紫砂或瓷制的小茶壶。文震亨《长物志》云："壶以砂者为上，盖既不夺香，又无熟汤气。"张谦德《茶经》说："茶性狭，壶过大则香不聚，容一、两升足矣。"

明代以后饮用的主要是叶茶，贮茶主要用青花瓷或宜兴紫砂陶的茶罂（盖罐）。形制基本为直口，丰肩、腹下渐收，圈足，造型典雅别致，既美观，又实用。

二、阳羡紫砂

宜兴紫砂制器，宋代已见诸文字记载，但制壶用于泡茶，则自明代开始。

紫砂壶具，以江苏宜兴丁蜀镇为中心产地，也以阳羡、荆溪为名。其肇始，可溯源于宜兴丁蜀镇西南山麓的金沙寺。明 · 周高起《阳羡茗壶系 · 创始篇》记载："金沙寺僧逸其名，闻之陶家云：僧娴静有致，习与陶缸瓮者处，抟其细土，加以澄练，捏筑为胎，规而圆之，刳使中空，踵傅口柄盖的，附陶穴烧成，人遂传用。"

明正德年间（1506~1521 年），随吴颐山进士于金沙寺伴读的家童供春，闲暇时学金沙寺僧制壶，并在壶把刻篆"供春"二字，留下可考的物证而被公认为紫砂壶鼻祖（见图 6-3）。在明代，紫砂名匠已然辈出。在万历年间（1573~1620 年），出现董翰、赵梁、元畅、时朋四大家（紫砂"明四家"），后继则是以时鹏之子时大彬（1573~1648 年）为首的三大壶中妙手，另两位是李仲芳和徐友泉。由此开始，一脉相承延续到陈鸣远（康熙年间紫砂名艺人），再到一代大师陈鸿寿（1768~1822 年）与杨氏兄妹合作，使紫砂壶与文人翰墨结合而散发风雅的人文气息。文雅之士的直接参与制作，壶坯作纸，刀刻为绘，让实用紫砂器彰显出耐人寻味的艺术表现力。这样的紫砂文人壶，经邵大亨至晚清玉成窑而蔚为大观。

图 6-3　供春树瘿壶（陆全明供图）

明末清初，时大彬早年制大壶，作日用器而工艺粗糙。游历娄东后，他与陈继儒等文人相交甚密，深受“品茶施茶之论”影响而改制小壶，由粗而精，使紫砂壶更适合文人饮茶习性，并确立至今紫砂业沿袭的用泥片和镶接凭空成型的技术体系。陈继儒在其《茶董小序》中表明：“自谓独饮得茶神，两三人得茶趣，七八人乃施茶耳”，正与同时代的冯可宾在《岕茶笺》中论茶具所述“或问茶壶毕竟宜大宜小？茶壶以小为贵，每一客，壶一把，任其自斟自饮，方为得趣”的看法相合。可见，紫砂壶形制容量由大改小的转折，在明清之际由时大彬完成，实为那个时代的茶饮尤其是文人品茶的观念所致。

烧制紫砂壶的原料，通常是深藏于岩石层下且分布于甲泥泥层之间的矿泥。上海硅酸盐研究所对紫砂矿泥所做的岩相分析表明，紫砂黄泥属高岭—石英—云母类型，含铁量很高。紫砂壶烧制成于高氧高温状况，烧制温度在 1100℃ ~1200℃。紫砂原料有紫泥、绿泥和红泥三种，因用来制器出售可获财富，宜兴当地人俗称其为

"富贵土"。

（一）紫砂壶的特点

李渔《闲情偶记》中也说："茗注莫妙于砂，壶之精者，又莫过于阳羡。"总括来说，紫砂壶有五大特点。

（1）制器用泥经过澄练，烧成后具有双重气孔结构，孔径微细，密度高。明文震亨《长物志》有记："茶壶以砂者为上，盖既不夺香，又无熟汤气。"即用紫砂壶沏茶，不失原味且香不涣散，得茶之真香本味。

（2）透气性能好，用来泡茶不易变味，有夏日隔夜不馊之说。

（3）便于洗涤。久置不用，可以开水烫泡两三遍或满贮沸水立刻倾出，再浸入冷水中冲洗，即可复原，泡茶仍得本味。

（4）冷热急变适应性强。寒冬腊月，注入沸水，不因温度骤变而胀裂；其砂质传热缓慢，无论提抚握拿均不烫手；且耐烧，文火烹烧，不易爆裂。当年苏东坡用紫砂陶提梁壶烹水点茶，有"松风竹炉，提壶相呼"之句。

（5）紫砂使用越久，壶身色泽越发光亮照人，气韵温雅。紫砂壶长久使用，器身会因抚摸擦拭，变得越发光润可爱，所以闻龙在《茶笺》中说："摩掌宝爱，不啻掌珠。用之既久，外类紫玉，内如碧云。"但，内如碧云应是泡茶后对茶垢不加洗涤所致，不利健康而不足取。

（二）紫砂壶的品质判断

紫砂壶品质判断的标准可概括为五个方面，即泥料、形制、工艺、款识、功能。

（1）"泥"：紫砂壶称誉于世的基础性原因，是其原料紫矿泥的优越。一把壶的优劣，首先是泥的优劣，即泥色和质表感觉。泥色应是矿泥天然烧成，不掺颜料燃料；表面质感应是触手细而不黏滞，所谓"色不艳、质不腻"。

（2）"形"：紫砂壶之形，素有"方非一式，圆不一相"之赞誉。形的评判，就难易程度和境界高低而论，古拙为佳，大度其次，清秀再次，趣味最后。

（3）"工"：紫砂壶成型技法十分严谨。点、线、面，是构成壶形的基本元素，在紫砂壶成型过程中，其过渡转折都应交代清楚而且流畅。面须光则光，须毛则毛；线，须直则直，须曲则曲；点，须方则方，须圆则圆，都不能有半点含糊。按照紫砂壶成型工艺的特殊要求来说，壶嘴与壶把要在一直线上，并且分量要均衡；壶口与壶盖结合要严紧；其流、把、钮、盖、肩、腹等应与壶身整体比例协调（见图 6–4）。

图 6-4 时大彬“圈钮壶”（陆全明供图）

（4）“款”：款即壶的款识。一是鉴别壶的作者，或题诗镌铭的作者；二是欣赏题词的内容、镌刻的书画，还有印款（金石篆刻）。紫砂壶的装饰，可以融诗、书、画、印于一体，其文学、书法、绘画、金石诸多方面的中国传统艺术，具有多方面的审美价值。而历来紫砂壶又按人定价，名家名壶更是身价百倍。正如《阳羡茗壶系》所述：“至名手所作，一壶重不数两，价重每一二十金，能使土与黄金争价！”

（5）“功”：即壶的使用功能和手感。制壶者有时过于讲究造型的美观，而忽视泡茶的适用性和持壶斟酌的趁手方便，以至于“中看不中用”，有违壶的实用功能要求。其基本要求是：容量适度、高矮得当、口盖严谨、出水流畅及手持稳当舒适。

（三）紫砂壶的保养

紫砂壶的好处之一，是能“裹住香气，散发热气”，久用更能激发茶香，呈现温润光泽，用得愈久愈显价值。日常保养宜注意以下几点。

（1）用完后的紫砂壶必须保持壶内干爽，勿积存湿气。壶内勿常常浸着水，应到要泡茶时才冲水。

（2）放在空气流通的地方，不宜放在闷热处，不宜用后包裹或密封；勿常将壶盖密，最好宜侧放壶盖。

（3）勿靠近油烟或尘埃；勿用洗洁精或其他化学物剂浸洗，否则会破坏茶味，并使壶表失去光泽。

（4）宜一茶一壶，至少是品质特点相近的茶用同一把壶。

三、景瓷宜陶

明太祖朱元璋（1328~1398 年）在统一中国以后的洪武二年（1369 年），就在景德镇设立了一个烧制瓷器的陶场即洪武官窑，出品专供宫廷使用。永乐（1403~1424 年）、宣德（1426~1435 年）年间的青花瓷器烧，使用了一种名为苏麻离青的进口钴料着色，整体细洁，观感完美。明朝的瓷器很多都有接口，但是官窑的瓷器接口不明显，而民窑的就非常明显。

成化时期（1464~1487 年）出现斗彩，即用青花勾线条，然后在上面画五彩制成的瓷器。斗彩瓷器在明清的文人中广受青睐。嘉靖青花采用产于西域一带回青钴料，烧成的瓷器是蓝中带有一种很浓的紫色。回青经嘉靖、隆庆、万历三个时期，到万历后期逐渐消失。

高濂《遵生八笺》，罗列茶具多达 23 件，就行茶而言，不可或缺的核心器具只有茶盏和茶壶两种。

明代的茶盏，仍用瓷烧制，并推崇白瓷或青花瓷茶盏。张谦德的《茶经》中曰：“今烹点之法，与君谟不同，取色莫如宣（即宣德窑）、定（即定窑），取久热难冷，莫如官（即官窑）、哥（即哥窑）”，其中官窑、哥窑，则以青瓷为主。

明代茶盏由黑釉渐变为白瓷，而且拥有“甜白”的说法，这揭示了其瓷质趋于洁白细腻，由此跟景德镇的青花和宜兴的紫砂，先是三足鼎立，后逐渐形成“景瓷宜陶”的格局。而在国际贸易的版图上，白瓷也同样让位给了青花。白底青纹的色相和多变的器型，不仅受到北方满族猎人的喜爱，也博得了欧洲君主的青睐。

图 6-5　明代王问《煮茶图》中有隐逸之气的竹炉

第五节　清集其成

清代，缘于制茶工艺的发展，最终全部形成今日所见各种茶类，即绿茶、红茶、乌龙茶、白茶、黑茶和黄茶这六大基本茶类。其饮用方式，仍然沿用明代的直接冲泡法。故而，清代的茶具无论是种类和形式，均多随明制而工艺精细、材质多样、品种丰富。在景瓷宜陶居于主流的格局下，文人参与茶具形制的设计和装饰内容的创造，直接导致其艺术审美品位的提升和含义的丰沛，使得传世精品层出不穷。

清代的茶盏，以首见于康熙并于雍正、乾隆时盛行的盖碗最负盛名。

宜兴紫砂茶具，技艺和款式又有新的发展。入清后，由于文人与艺匠的密切结合，创造出多姿多彩的精湛紫砂茗壶和仿生制品；还有一种“宜钧”器，以紫砂胎施仿钧釉，可与石湾窑变釉陶相媲美。

此外，自清代开始，福州的脱胎漆茶具、四川的竹编茶具、海南的生物（如椰子、贝壳等）茶具也开始出现，自成一格，逗人喜爱。锡制茶壶在当时广受欢迎，仅次于窑器，其优点在于不易磕裂或碰碎，易于保管。清代茶叶罐仍以瓷与紫砂器为主，形制多样，有方形、圆形、花瓣形等。总体来看，清代茶具的异彩纷呈，是这一时期的重要特色。

东风西渐是清代茶具历史的另一现象。根据海牙博物馆收藏的荷兰东印度公司档案记载，捷达麦森号是 1752 年 1 月 3 日（清乾隆十六年十二月十八日）在南海触礁沉没的。当时船上装有“茶叶 686997 磅，瓷器 17 大类 151200 件”，其中属于饮茶用的有茶壶和带托盘茶杯。这表明在 17 世纪中叶，我国陶瓷器的输出是随着东印度公司把大量茶叶运往欧洲而促成的。而荷兰德夫特（Delft Ware）陶瓷业也就是为了满足西方人饮茶的需要而兴起的。小小的青花瓷壶正是品茗风尚影响西方的一个物证。更可使人看到康乾之世的东风西渐对世界文明的积极影响。

因茶饮主流方式的延续至今，现代行茶主茶器确为明清形制的承传而大同小异。

一、斗量鉴水

乾隆皇帝弘历曾特制一个银斗，用它来品鉴天下之水。其基本观念是以水质的轻重来判断水质的优劣。而他所得出的结论，是北京的玉泉水为天下第一，其次是长江畔的中泠水，再次是惠泉、虎跑泉水。传说，弘历经常巡游，随身所携带的玉泉水经舟车船颠簸，色味难免发生变化。他别出心裁地用所到之地的泉水来洗——两水相混，搅后静置，因它处水重，就带污浊下沉，而玉泉水轻，就上浮而清澈，舀出存放待用。所谓以水洗水，更多是坊间茶余饭后的谈资。而这个银斗，却是个特殊的茶器了。

二、瓷陶辉映

（一）瓷釉多彩

瓷质茶器的釉彩，突破明代以饱和原色红、蓝、黄、绿、绛、紫等为主的做法，创造了多达几十种如豇豆红、郎窑红、天蓝釉、豆绿、果绿、孔雀绿、茶末绿、淡黄、鳝鱼黄等的间色釉，其中著名的豇豆红，就还有美人醉、桃花片、娃娃脸、大红袍、正红等变化，形成的装饰效果更为独特。作为彩绘基础的白色釉，已可以纯熟地烧造出高品质、浓淡不一的牙白、鱼肚白、虾肉白等色，为彩釉器的飞速发展提供了可靠的前提，而戗金、炙金、描金、泥金、抹金、抹银等装饰工艺的运用，使得花色目不暇接。特别是康熙时期珐琅彩瓷的创烧，标志着一代极品的诞生。精瓷茶具，多由江西景德镇生产，其时，除继续生产青花瓷、五彩瓷茶具外，还创制了粉彩，并为宫廷珐琅彩瓷茶具提供坯胎。

（二）紫砂茗壶

清康熙年间（1662~1722 年），出身国子监太学生的紫砂名家陈鸣远，眼界非凡，开创壶体镌刻诗铭之风，刻铭和印章并用于署款，使茗壶氤氲书卷气，上承明代精粹，下启清代新局，博得与前辈大师共享“宫中艳说大彬壶，海外竞求鸣远碟”的美誉。其所制作的梅干壶、束柴三友壶、包袱壶、南瓜壶（见图6-6）等，集雕塑装饰于一体，情韵生动、匠心独运，制作工艺、穷工极巧。

图6-6　陈鸣远南瓜壶

至乾隆（1736~1795年）、嘉庆（1796~1820年）年间，宜兴紫砂推出了以红、绿、白等不同石质粉末施釉烧制的粉彩茶壶，使传统砂壶制作工艺又有新的突破。“西泠八家”之一陈鸿寿（1768~1822年），工文学、书画、篆刻。他集紫砂壶艺形制之大成，设计了的“曼生十八壶式”，由杨彭年、杨风年兄妹制作，待泥坯半干时，再由陈曼生用竹刀在壶上镌刻文或书画，而耐人寻味，人称“曼生壶”。这种文人设计、工匠制作再由文人以壶为纸、竹刀为绘的“曼生壶”，完全摆脱“匠”气而升至大雅，能够承载可有的全部审美意味，堪谓器以载道，从而奠定文人紫砂壶的业界地位，为宜兴紫砂茶壶开拓了新的创作方式，增添了更有情趣的雅味清韵。以其提梁石瓢壶为例，盖印“彭年”，底印“阿曼陀室”，铭文：“煮百石，泛绿云，一瓢细酌邀桐君。曼铭。”铭文与壶形相映成趣，切壶切景，拙而不俗，用其泡茶，赏得真香本味之外，别有文人雅玩之韵，物质与精神契合完美。

中国传统的诗书画印，在艺术意境美上已成为世界公认的审美体系。作为中国传统的紫砂艺术，它的体脉根植于中国传统文化土壤中，其审美表达自然摆脱不了中国传统美学的影响。“曼生壶”真正的审美价值，在于它的意境美达到了天人合一的境界，一壶一铭，切茗切境，应器映情。缘于此，“文人壶”正是紫砂艺术人文内涵的集中体现，突显为一种艺术品格，至此，中国紫砂壶艺术的古代体系已完备形成。

道光、咸丰年间，邵大亨（1796~1861 年）制作的紫砂茶壶以浑朴见长。其后作为文人紫砂壶的绝唱玉成窑（见图 6–7），主持人梅调鼎（赧瓮）也是玉成窑的发起者，其书法被赞“清二百六十年中，论高逸无出其右者”。玉成窑不仅限于紫砂窑口，更是一个由书画篆刻家领衔，制壶名手、陶刻高手共同创作的团体。如书法大家任伯年、胡公寿、虚谷等，制壶名家何心舟、王东石，篆刻家徐三庚、陈山农等，制玉成窑茄形壶、心舟石瓢等。其上题刻“切题、切意、切茶”，系文人审美情趣在紫砂器上淋漓尽致挥洒，字随壶传，承曼生之韵又自成一派，独具格调。

图 6–7　玉成窑文人紫砂器（陆全明供图）

三、盖碗

盖碗又称“焗盅”或雅称“盖瓯”（见图 6–8），首见于康熙并于雍正、乾隆朝时期盛行。前代承托茶盏的茶托子，在此已简化为与今无异的盖碗之托，并加了盖。盖呈碟形，有高圈足状钮作提手之用；碗大口小底，有低圈足；托为中心下陷的一个浅盘，其下陷部位正好与碗底相吻。盖、碗、托三位一体，盖利于保洁和保温，且易凝聚茶香；碗敞口利于注水，敛腹利于茶叶沉积，且易泡出茶汁；托利于防止茶水溢出，又利于隔热。

品茶时，一手把碗，一手持盖，一边以盖拨开漂浮于水面的茶叶，一边细品香茗，给人以稳重大方，从容不迫的感觉。使用盖碗又可以代替茶壶泡茶，可谓当时饮茶器具的一大改进。

图6-8 乾隆《三清茶诗》盖瓯

四、工夫茶具

茶饮，为“百姓日用而不知”，在承担调理身体的物质性功能的同时，也因文化内涵的丰富而具有精神性的闲养心性及融合自然的作用。

工夫茶起源于宋代，在广东的潮州府（今潮汕地区）及福建的漳州、泉州一带最为盛行，乃唐、宋以来品茶艺术的承袭和深入发展。苏辙有诗曰：“闽中茶品天下高，倾身事茶不知劳。”有一种说法，工夫茶是由福建的“小杯茶”演变来的。宋代，“斗茶”之风盛行一时，谁家买到好茶，就要请客。宾客中有好茶或带来媲美，或请来比拼。这种风气逐步演变到茶农、茶商的试茶评茶。由于日日品茶，喝多腹撑也难受，饮杯遂由大改小渐渐成为很浓的小杯茶，此即工夫茶的雏形。

到清代初期，乌龙茶（分类上的“青茶”）的加工工艺经出现、发展而成熟、定型。对乌龙茶的行茶过程，即从茶叶转化到茶汤的有序步骤，秉承始自陆羽《茶经》的茶道原理，从择茶、取水、备器开始，到烫器、置茶、醒茶、正泡、烫杯、酌分，堪称器物完备而礼序周详。

所谓工夫茶，“工夫”的含义在于专注用心、细致精微、器物完备、礼序讲究，也因采用古法制茶、泡茶而费工费时，即不吝时间，不吝精力。某种程度上，工夫茶具有集中国茶饮文化之大成而呈现的价值，因“百姓日用”而简洁朴素，因承传经久而精到耐玩，彰显出人文历史的底蕴和生活艺术的魅力。

潮州工夫茶，实际包含茶叶、茶器和行茶程序三部分。

完整的工夫茶，首先从茶叶选择开始，产地、原料、加工、存储的规范、用心、经验、年份，都系思量所及。其次从器物选用着手，务求组合得当，适用必需，虽讲究而实则“日用”，以茶汤为根本追求，兼顾礼仪表达。最后是行茶技艺，虽有多种版本的“功法”，实际不出乎茶叶投量足、冲泡水温高、出汤稳定而利落。除此之外，品饮的方式和心情，事茶的环境，品茗的茶侣，品啜的依礼，都会影响到个中三昧的获得或失却，感受的完整或缺损，茶、水、火、器、烹、饮，终须一一讲究，招招研求，才不负这自然造化与人类智慧所成就的杯中之物，方可领受工夫茶之深切含义，追寻悠然自得的心境，闲情逸致的人生态度，又不失体现百姓日用的习尚风雅，而可行于几乎任何的生活场景。

清中期以后，传统工夫茶转移到广东潮州、汕头一带，逐渐形成所谓“烹茶四宝”之称——潮汕风炉、玉书碨、孟臣罐、若琛瓯。潮汕风炉是小型粗陶炭炉，用以生火；玉书碨是高柄长嘴的瓦陶壶，即砂铫，用以烧水；孟臣罐是小容量紫砂或朱泥壶，用以泡茶；若琛瓯是小茶杯，用以饮茶。传统的潮州工夫茶具（见图6–9），如下所述。

图6–9 潮州工夫茶具（詹冬业供图）

（一）茶壶

茶壶，潮人土语俗称“冲罐”。清代中叶之前，惯用宜兴来砂泥制者，推崇“孟臣”“铁画轩”“秋圃”“萼圃”“小山”“袁熙生”等，都容量小而瀹泡趁手；之后，潮州朱泥壶与宜兴紫砂壶并用，并逐渐偏重于前者，其去盖覆扣，流嘴、壶口、把柄上缘皆平而成一直线，谓之“三山平”，为壶型品质上乘的标志。

冲罐形制，宜小不宜大，宜浅不宜深，视饮茶人数有两人罐、三人罐、四人罐；宜浅不宜深，浅能发味、留香、汤出尽。款式多选瓜形、柿形、梨形、鼓形、梅花形，小如橘、大如蜜柑。

（二）盖瓯

盖瓯形如仰钟，上有盖，下衬垫。特点是出汤快、去渣易，尤其客多场合，可代冲罐。但其口敞易散香，潮人视为权宜之用，不作常规。

（三）茶杯

茶杯，选用四字诀：“小，浅，薄，白。”小则一啜而尽；浅则水不留底；色白如玉用；质薄如纸。常择直径不足一寸的白瓷小杯，壁薄如纸以能起茶汤之香，色洁如玉以衬托茶汤之色。推崇“若琛”款，白地蓝花，底平口阔。江西景德镇和潮州枫溪出品的白瓷小杯，俗称“白果杯”也是佳品。

（四）砂铫

砂铫以枫溪所出最为驰名，美称“玉书碨”，俗称“茶锅仔”，用于盛水而煮。砂泥做成，手感轻巧，水开时掀动小盖子，发出一阵阵清脆的声响。

（五）红泥小炉

红泥小炉潮汕地区的潮安、潮阳、揭阳都有制作。通风束火，用以煮水。通常高六七寸，也有高二尺余的“高脚炉”，置炭的炉膛深而小，这样使火势均匀，省炭，小炉有盖和门，不用时把它一盖一关，既节约，又方便。下半部设格用以盛榄核炭或木炭，小炉门边常刻对联“寒夜客来茶当酒，竹炉汤沸火初红”。

配合使用有三件：藤暖盒，用于贮炭；炭夹，用于夹取榄核炭或木炭，常以钢铁制成（钢筷用以拣炭、挑火，且可使主人双手保持清洁）；羽扇，鹅毛制，俗称“风炉扇”。羽扇扇火时既须用劲，又不可扇过炉门左右，这样才既保持火候，又尊敬客人。

（六）壶垫茶船

壶垫，或称壶承，形如盘而小，上置冲罐、承受沸汤，夏垫宜浅，冬垫宜深以利保温。垫底衬毡，秋瓜络制为上，软木可代。

茶船，即茶盘，双层，可方可圆，但须“宽，平，浅，白”，上置茶杯以行茶。

（七）水瓶水钵龙缸

水瓶，修颈垂肩，平底，有提柄，素瓷青花者最好。

水钵，多瓷质，用以贮水，明代制的“红金彩”，用五金釉，描金鱼二尾在钵底，舀水时水动，好像金鱼也动，这是很少见的珍品。置于茶几茶桌，配以竹制水杓或椰瓢。

龙缸，类似庭中栽种莲花之莲缸，或较小些。用以储存大量的泉水，密盖，下托以木几，放在书斋一角，古色古香。龙缸也是素瓷青花，有明宣德年造的，但很难见到。

（八）茶洗

形若大碗，常备一正二副。正洗用以贮浸茶杯，副洗一用以贮浸冲罐，另一容纳茶渣和弃水。

（九）锡罐和纳茶纸

锡罐专茶专罐，名贵有加。纳茶纸，返璞归真而颇有古意的投茶用具。

第六节　当代器物

当代行茶以冲泡（也称散茶瀹饮）为主流，所涉茶器体系的骨干，功能分别为储茶、备水、冲泡、品茗及其他。其因“茶艺”的兴起，推出形制多样的器物而蔚为大观。以下对各种茶器的主要特点及用途进行说明。

一、储茶器具

（一）行茶茶罐

茶（叶）罐：也称茶仓、茶盒，用来储存冲泡用茶叶的小容量储茶器（见图6-10）。当然，大量储存茶叶的建筑空间即贮存茶叶的仓库，也简称为“茶仓”，这在《明会典·茶课》已有文字说明：“凡中茶有引由，出茶地方有税，贮放有茶仓，巡察有御史，分理有茶马司、茶课司，验有批验所。设于河、洮、甘等州，西宁等卫，成都、重庆等府，以备召商中茶，接济边饷，或实行茶马贸易，充实军马。”

图6-10　日本茶道所用贮存茶粉末的茶罐“枣”（王丽娟供图）

日本抹茶道中，存放完整茶叶的是陶罐名为“茶瓮”或“茶入”，存放茶粉末的是“枣”，多为漆器。甚至还有一个来自古老陶瓷器皿形制的名称，即“茶壶”。

（二）存茶方式

（1）陶瓷罐（瓮）：潮州凤凰单丛茶常用绿釉嵌盖陶罐。罐：利于避光和干燥，但宜盖软木或至少封口接触部位为软木，也有结合金属罐口、罐盖直接做成旋盖方式的，考究的添置内盖，利于密封。瓷釉多可纹饰，选用可形成氛围或布席主人的心意表达（见图 6–11）。

图 6–11　潮州窑绿釉茶叶陶罐（汪静宜供图）

（2）金属罐：锡罐为无味且密封性能很好的传统高档储茶罐，锌合金铁皮罐为传统茶叶店常用店堂零售储茶罐（见图 6–12）。

图 6–12　金属罐口及罐盖的瓷质茶罐

（3）纸罐：零售小罐居多，尤其常用于茶艺师技能培训。

二、煮水器具

自茶艺表演开创时期起，煮水器的迭代从未中断。其种类繁多，主要有随手泡、酒精炉加玻璃水壶、电热炉，以及传统的炭炉加砂铫等。选用要点为茶具配套和谐、煮水无异味。

（一）随手泡

最早引用的铁架炉内置酒精灯配置提梁玻璃壶，现已鲜见，但在无电源的地方仍不失为解决泡茶用水加热的有效途径。电加热底盘与不锈钢水壶的一体化设计，第一代泛称随手泡，其出现极大地推动了茶艺用水加热的便利并因此获得极为广泛的应用。发展至今，这种壶、炉一体的煮水器，已有水沸时几近无声和按需控温的设计与制作工艺，为茶人所喜而可方便运用于有所要求或限制的不同场合。逐渐出现而并行发展的，为加热装置与水壶分开的电磁炉、电陶炉和古已有之今人沿用的烧炭泥炉以及砂铫为代表的陶壶、铁壶、银壶，以至虽不多用但确有所见的铜壶、锡壶和金壶（见图 6-13）。

图 6-13　水沸时近乎静音的“随手泡”（张若瑜供图）

（二）电陶炉

电陶炉是利用电流热效应将电能转化为热能的一种炉灶设备，其主要结构由发热盘、微晶板、电控系统、温控系统和炉体组成。

电陶炉发热盘由发热部分的铁铬发热片和绝热盘组成。电陶炉具有渐进式温升、三重热均衡，无局部高温等特点，不易出现糊底盘、假沸腾等情况。对锅具材质无特殊要求，也无电磁辐射危害。

（三）砂铫

潮汕“烹茶四宝”孟臣罐（朱泥小壶）、若琛瓯（品茗杯）、潮汕炉（红泥小炉）与玉书碨（砂铫或称茶锅）之一，详见“潮州工夫茶”一段。

（四）铁壶

铁壶，亦称铁瓶（按容量，1 升以下的小壶称“铁急须”，1 升以上的大壶称“铁瓶”），是用来煎茶煮水的器皿。以生铁为原料，用传统铸造工艺，以及通过后期的手工打磨，成型的茶壶，兼具养生、观赏和收藏价值。

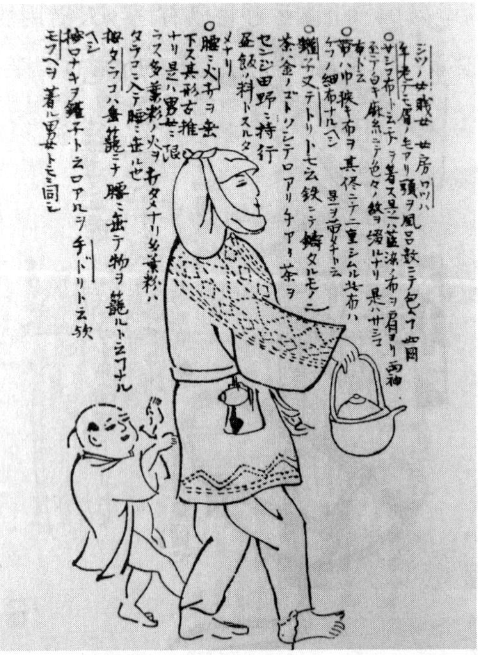

图 6-14　1788 年的日本《农书》，显示手取壶已用于日常（曹建南供图及注）

用于泡茶的铁壶，源自室町时代延庆二年（1309 年）就有记载的、多用于煎药的手取壶（见图 6-14），铁壶则最早可追溯至江户（1603~1868 年）早期。在 18 世纪 50 年代，现代铁瓶由称为其缔造者的三代小泉仁左卫门设计制作成型。到日本江户末期（19 世纪 60 年代），六代小泉制作了惠比寿大黑大入叶文铁瓶，是针对商家贩卖而特别设计的，受到极高的评价，遂称其作品为南部铁瓶而从此普及于普通大众，名声大噪。

大正九年（1920 年）铁瓶生产达到鼎盛，经各大铁瓶制作师讨论并邀请茶道名家的审查、鉴赏，壶师开始学习日本茶道文化。最为突出的就是 13 代铃木盛久（1896~1976 年），他不单学习了茶道，并且自建小茶室刻苦钻研，最终得以把茶道文化融入作品，而得到广泛好评，并且被授予“无形文化财保持者”（人间国宝）的称号，“日之丸”即其最经典的代表作。

明治时期以后，盛冈、水泽的铸造业因南部铁器而成长飞速，在昭和三十一年（1956 年）铁瓶的产量到达了顶峰（月产 5000 个）。但由于需求减少，整个铸造产业也面临了极大的考验。

铁壶的制作工艺大致可以分为：蜡模铸造法、砂铸法和硬模压力铸造法。蜡铸法所作铁壶外观都非常精美，且大部分都采用满工（也就是外表面没有空地）；“砂铸法”铁壶除了霰纹壶，一般不采用满工，而且羽线（合模线）以下一般都是素地；硬模压力铸造铁壶的形制一般都很夸张，多数为高浮雕图案。

使用铁壶煮过的水因为含有二价铁离子（亚铁离子），所以会出现山泉水效应（味甘），可有效提升口感而较圆润、甘甜；同时，在一定程度上可以预防贫血。用来冲煮普洱茶，可有效去除茶中的异味。

铸铁壶的锅烧之制法（800℃ ~1000℃炭烧），表面会变成酸化铁（带白的青紫色膜），所以烧开的水不会感觉有金属味道，且有抑制生菌的作用（见图 6-15）。

图 6-15　日本铁壶

铁壶第一次使用，先将 5~10 克茶叶放入其内，加水蒸煮约 10 分钟，使茶丹宁和溶解出的铁分子形成丹宁铁膜，将更不易生锈，同时可去除新壶的异味。将壶内水倒掉后，重复 2~3 次，直至水质清澈即可。

每次使用后，开小火将壶内水分充分蒸发，再用干的软布擦干，保持壶体干燥。

若铁壶生锈，浸入较浓的淘米水中可除去锈迹，又能防锈。用 1 升左右的清水，加入 50 克左右的明矾，煮沸 10 分钟，然后用刷子或抹布反复擦拭也可去锈。此外，加醋煮水并边烧边刷，或用切开的葱头、新鲜土豆片或萝卜皮蘸一点盐来用力摩擦，都能去除铁锈。

（五）银壶

随着可支配收入的增长，贵金属水壶尤其以银为材质制作者，渐为瀹茶者所青睐。

陆羽《茶经》“四之器”中认为，以银为茶器，既雅又洁。制作银壶所用材料的纯度，以 92.5% 为界限，925 纯银为国际标准，也是日本手工银壶的标准。银的提纯，已可达到 99.999%；纯度越高，质地越软，用来做壶烧出的水口感越好，但因其软而制作工艺也更难。

目前国内银壶生产，以云南的纯手工制作、福建的纯机压、京冀的半手工制作为主，其中河北兰阳为传承有序的皇家传统工艺，其有捶揲、錾刻、镂空、镶嵌、错金银、焊接等完整工序。而即便是纯手工银壶，制作中也存在不同部位和角度的焊接；同时，银的延展度和硬度会因纯度而不同、因工艺而改变。

选用上，容量、器型应考虑使用的要求，也会受到个人审美喜好的影响。使用上，银壶导热好，若水刚烧开就用尽并倒入冷水，瞬间的温度骤变易致壶嘴变形。适当的方式，可以是每次最多倒出 2/3 的热水，再添补 2/3 的冷水。

银壶煮水可以软化水质，泡茶除可提香降涩外，还可充分激活茶叶内含物质，提升其耐泡程度，老银壶则煮水如绢，所泡出茶汤更为顺滑。

银器水养切花，因其杀菌作用而既无虫害又延长观赏期；用来贮盛饮食，有保鲜和祛湿效能。

银壶煮水，宜用电陶炉、环保油炉、炭炉而以炭烧为佳。银的熔点约为 961℃，天然气燃烧温度可达 2300℃，一旦水烧干则后果不堪。日常使用中，用后需烘干

图 6-16　河北兰阳的半手工精工银壶（庄容供摄）

或擦干；有污渍或烟痕，应以软布擦拭去除。银壶在刚开始使用的 1~2 年中，若出现水迹需及时以专用软布擦干，擦洗不净时可借助牙膏，直至养出包浆。银壶形成以表面氧化为主的“包浆”后，水迹污渍不留；其若长期不用，宜保存于密闭包装，或定期送到专业店做养护（见图 6-16）。

银壶的选择，在容量上符合冲泡的需要，款式与工艺则各美入各眼。

（六）炭炉

烧木炭的炉子。《乐府诗集·清商曲辞一·子夜四时歌冬歌八》：“炭炉却夜寒，重袍坐叠褥。”《儒林外史》有云：“〔卜诚〕叫浑家生起炭炉子，煨出一壶茶来。”

三、冲泡器具

（一）主茶器

（1）盖瓯。盖瓯，常称盖碗（杯）、倒钟杯、马蹄杯、三才杯，由瓯盖、杯身、盏托组成，以瓷质居多。

盖瓯有盏托而方便手持，又因有盖而利于茶叶的孕香发味并保留香气于内，故而用来冲泡以花香见长的花茶、需要闷蕴出味的黄山毛峰和催发花朵的杞菊延年茶，颇为实用也方便直接饮用。又因瓷瓯多青花和粉彩，形制美观而可鉴赏，使用时宜盖、身、托三者的纹样对齐，并以正面对客，为礼仪周详的必要（见图 6-17）。

图 6-17　冲泡与品饮功能兼顾的盖瓯

器具操作上，在备具时注意瓯盖翻正，及烫

瓯、冲泡后的回盖，注意勿使太正而宜稍微倾斜以避免“吸住”，幅度以合上盖后不“张口”为宜。

用盖瓯来品茶，则以左手持托来端稳，先以瓯盖拨拂汤面，举盖近鼻以闻香，回盖留缝，倾斜瓯身而饮。

仅用来冲泡的盖瓯，容量100~150毫升居多，器型宜选择口沿外翻弧度较大者，既便于拿取又不烫手，潮式乌龙茶艺即用此形制。潮式乌龙茶艺选用一瓯三杯的瓷器组合，其为较简便的形式，考究者可配用潮州朱泥壶来替换瓷瓯。盖瓯容量为100毫升，投茶5~6克（投茶量的多少相应于操作技艺的熟练与否，老练者可偏于多）；醒茶时刮沫淋盖需冲水至近满，正泡时冲水量够酌三杯即可，也可免于熨指（见图6-18）。

图6-18　茶艺师技能学习内容中的潮式工夫茶

（2）玻璃杯。玻璃杯非传统茶具，因其透明、便于观赏茶汤色泽和芽叶状况，又因散热快、不易产生熟汤气而多用来冲泡绿茶（见图6-19）。

因冲泡后直接用以品饮，通常选用广口，故而200毫升的古典玻璃杯较为适合；而玻璃葡萄酒杯因底凹而利于茶朵坐稳，故用来冲泡工艺花茶（见图6-20）。

绿茶茶艺冲泡按投茶先后有上投、中投、下投三法。投茶先后的分别在明代就有记载，如张源《茶录》所述：“投茶有序，毋失其宜。先茶后汤曰下投；汤半下茶，复以汤满，曰中投；先汤后茶曰上投。”不过，那时投法选择主要取决于季节，即主要源于气候所致环境的温湿度，做法是“春秋中投，夏上投，冬下投”。

图 6-19　主要用于泡饮绿茶的玻璃古典杯

图 6-20　工艺花茶用葡萄酒杯

（3）紫砂壶。乌龙茶茶艺中的闽式和台式，均以容量 100 毫升的紫砂小壶冲泡，并配用 3 个品茗杯。乌龙茶冲泡的一般要求是冲泡次数多，所谓“七泡有余香”。同时，水温高而通常选用沸水、浸泡时间短以至从冲入到出汤仅数十秒者，其香气、滋味并重的品鉴特点又要求高温时间不宜长以免“闷”损香韵。故而，容量小、壶壁薄、出汤顺畅为选择冲泡乌龙茶的紫砂壶时通常要考量的。

紫砂壶在当代，也有创制于上海而颇具影响的作品问世，其中，出自“四海窑”的世博会创意壶和“金沙山房”的“海派文人壶”颇有影响。

独特的人文环境滋养出海派文化的多样性，海派文人壶既秉承了紫砂陶艺的共性，又树立起独特的文化个性。金沙山房出品的“振衣壶”（见图 6-21），壶体由紫砂艺术家设计制作，壶身一面由陈强绘画《东庄（振衣岗）》，另一面由陈佩秋题词《东庄》。《东庄图》是明代沈周所绘册页，有王文治、董其昌、张崟等题名题跋，画面景致或高旷明豁或深幽清雅。其墨色浓润、线条圆劲，画法严谨、设色秾丽，为沈氏传世佳作。

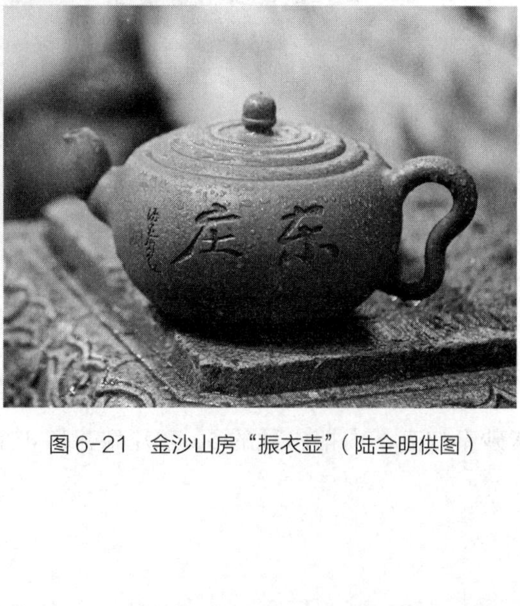

图 6-21　金沙山房“振衣壶”（陆全明供图）

此壶借东庄（图）为名，壶身圆润开阔，有饱满大气之相；壶流为藕形，取其“长通”之趣，给出江南水乡意味。壶钮仿生橡果，取其长成于高树而有耐心和坚定的寓意；壶盖上有涟漪纹，反衬东庄内振衣岗。壶口内部与外藕形曲处对应弯曲，出水激荡流畅。

泥料用降坡泥，原矿因含段泥、红泥、紫泥等诸多共生矿。成陶之后，于深沉之“橙红色”底上，满布五彩斑斓的粗细、深浅之红、黄星斑点。砂土气重，日久使用，渐显明锐，养成变化大而温润庄重。

整把壶放在手中摩挲，圆润可人，玩赏之间，似乎江南风土和人文情怀尽在掌上。

品饮而言，品茗杯宜内白釉无纹样的高温瓷质为宜，其中，尤以潮州工夫茶传统的若琛杯最为适配，容量小、壁薄釉白、唇口深底。若用紫砂或其他陶质杯，也宜选择内搪白釉者。

茶艺师培训中的闽式乌龙茶艺，采用一壶三杯的紫砂组合（见图 6–22）。操作时，持壶的手指配合须合理才能稳当，通常以拇指、中指对夹壶柄并抵以无名指，食指抵盖（钮）。俗称“狮子滚绣球”的烫杯操作，用中指抵杯底作轴，用拇指和食指近口沿夹杯以保持杯身的适当前倾姿态并提供其转滚的动力，滚动的杯提离底杯时应保持利于沥汤的倾斜度。

图 6-22　紫砂小壶配三杯的闽式乌龙茶艺配器与布具（主器具）

普洱清饮的冲泡，为一壶一盅四杯的组合（见图 6–23）。选用容量 200 毫升的紫砂秦权壶，内搪白釉的 50 毫升品茗杯 4 个；若壶容量大于 200 毫升，也宜当作

200 毫升等容量使用，冲泡时若八分满则为 160 毫升，所得茶汤足够用来分至 4 杯到七分满的量，按容量计算需 140 毫升。

同为黑茶的天尖清饮冲泡，茶具配置略同普洱茶艺，仅秦权壶换为容量相近的球形壶。

图 6-23　一壶一盅四杯配置的普洱清饮茶艺茶器（廖丽芬供图）

（4）瓷壶。瓷质茶壶，益于孕香而洗后不滞留香气滋味，适于一壶冲泡不同茶品。

正山小种清饮茶艺，选用 280 毫升容量的美人肩白瓷壶，配用 4 个 80 毫升容量的白瓷品茗杯。按容量计，冲泡时需八分满，即 230 毫升的水，才可酌分 4 杯至七分满合计约 220 毫升（见图 6-24）。

图 6-24　红茶清饮茶艺配器（周小娟供图）

尤应留意的是，品茗杯的七分满目测常近于八分，所以会有七八分满之说，实为缘于视觉误差所致。在壶中所泡茶汤品质形成后，巡回分茶方法准确而合理的运用，为杯中茶汤结果之均匀的关键。技能鉴定时，只冲泡一道茶汤，会有分茶后留有剩余茶汤多至小半壶的现象，其多出于冲泡时水量的过多而实不可取，且为茶艺技能的敷衍做法，不足取更不可取。

（5）银壶

在金属器里，银壶的适用性较广，它的质地更密，传热性甚至优于瓷壶。像台湾省称为“清茶”的文山包种茶，最重清扬的特性，而且香气的表现决定质量的优劣，用银壶冲泡就最能表现这方面的风格。

（6）如意壶。如意壶为时尚茶饮所用，多用于调饮冲泡方式。其带过滤功能的内胆，用于投放茶叶，冲水后茶汁可以浸出，出汤时茶渣却可留在胆内而无忧跟出（见图 6–25）。

用如意壶冲泡柠檬红茶，茶汤要达到滋味平衡、浓度均匀的两大关键，除了红茶冲泡的三要素把握之外，无疑为用热茶汤冲击融化方糖的手法和巡回分茶时来回酌入之茶汤量的控制。

图 6-25　如意壶冲泡柠檬红茶的器具配置

如意壶的一个特殊用法，是冲泡冰茶时，内胆盛装冰块，将已泡好的约双倍浓茶汤淋于冰块俗称“过冰山”。流经冰块的茶汤，自身被降温叠加冰块融化成的冷水，混合之后温度更低。冲泡程序和要素控制合理的茶汤，既有滋味明确的浓度和香气，又有凉爽冷冽的口感，而酌入玻璃杯后，可见杯身凝结水汽，颇适于暑天饮用。

（二）品茗器

（1）茶杯（品茗杯）：用于品啜茶汤。

（2）闻香杯：借以保留茶香用来嗅闻鉴别。

（3）盏托：盏托，又名“茶托”或“茶船”，承放盛茶杯盏的小托盘，可避免杯盏烫手，也起美观作用。因有的盏托造型似舟，故以茶船或茶舟名之。

（4）杯垫：用来置杯布于茶席，有构图定位、颜色质感衬托的作用（见图 6-26）。

图 6-26　杯垫

（三）置茶器

（1）茶则（茶匙或茶勺）：由茶罐中量取茶叶以置入冲泡器的用具，陆羽《茶经·四之器》记载，“则，以海贝、蛎蛤之属，或以铜、铁、竹、匕、策之类。则者，量也，准也，度也”，明确茶则取用茶叶（或其粉末）时的酌量作用。同时可以看出，唐代用作茶则的制作原料（铜、铁、竹）和形制（匕、策）已呈多样性，当今也同样，有竹木、兽骨、陶瓷、金属、玉石翡翠等。

在日本抹茶道的茶道具中，茶勺用来舀取茶粉，通常以竹为材料制成，同样也有配合眼睛观察来斟酌投茶分量的功能。

（2）茶拨：将茶叶由茶荷拨入茶壶等冲泡器工具。

（3）茶漏（斗）：放于壶口上导茶入壶，防止茶叶散落壶外。

（4）茶荷：接盛茶罐倒出的茶叶以鉴赏和作茶量判断，可从中将茶叶拨入冲泡器。

（5）茶匙组合（见图 6-27）称法多样，有“六君子”“茶道六用”，甚至直呼“茶道”的。其作为辅助用具，由茶筒（或称茶瓶）归拢茶则、茶拨、茶夹、茶漏、茶针等。其中，茶则用来量取茶叶，茶拨用来拨茶入器，茶夹用来烫杯和挂置茶漏，茶漏用来扩大壶口以方便投茶，茶针用来疏通壶嘴但因制壶工艺的改变已很少用得上；茶瓶也称容则，用以收纳茶则、茶匙、茶夹等。

功能上来看，茶匙组合的简化形式，为茶荷配用茶拨（见图 6-28）。

图 6-27　茶匙组合

图 6-28 茶荷与茶拨（缪俊彦供图）

（四）分茶器

茶盅，也称公道杯或茶海：茶壶中的茶汤泡好后可倒入茶海，然后依人数多寡平均分配；而人数少时则倒出茶水可避免因浸泡太久而产生苦涩味。茶海上放滤网可滤去倒茶时随之流出的茶渣。

（五）茶巾和茶棨

唐代陆羽《茶经》称为"巾"，用粗绸制成；宋代谂安老人《茶具图赞》称为"司职方"，用布帛制成，都用作擦拭茶具。现在的茶巾，则主要用来擦拭泡茶过程中残留在茶具外壁、器底或滴落在泡茶台的水或桌面水滴，质地多为棉麻。使用要求而言，宜选择吸水性好的，色彩纹样则按需配置，以适用于茶席或场合，通常，素色而针脚细致者更宜。

茶棨，陆羽《茶经》解释为锥刀，唐代用来给茶饼穿孔，现代用来解开饼、砖、沱等各种形状的紧压茶。茶器材质有金属、牛角、兽骨等，以不锈钢居多，但实际使用的趁手高效则既取决于用者的熟练程度也受制于形制的合理性。形制设计符合人体工程学原理以便手握使力、制作精良的茶槊，解茶碎屑可以少到几乎没有的程度。

（六）壶承和盖置

壶承，盛放茶壶的器具，也用于盛接溢水及淋壶茶汤，是养壶的必须器具（见图 6–29）。壶承，适用于不淋壶或小水淋壶的干泡法，可借以取得茶席台面的整洁干爽。有别于潮汕茶船可受盛较多淋壶烫瓯滚杯水，壶承更多是用浅碟或无边框的垫板，以突出壶身的线条美感。即使是墙角的一片旧瓦或老桩甚至朽木，经由悉心整理，就像佛陀脚下的莲花，托升主角（茶壶）冉冉而起。壶垫多纺织品，用于隔开壶与茶承，避免因碰撞而发出响声影响气氛。

盖置，用于搁置壶盖、瓯盖等。

图 6–29　壶承（陈芳供图）

（七）理茶器

（1）茶夹：用来将茶渣从壶中夹出，或将超长条形茶叶（如太平猴魁）取出置入冲泡器和持杯烫洗。

（2）渣匙：用以清理冲泡器中茶渣，有时与茶匙为同一物件。

（3）茶针（茶簪）：尖端用于通壶内孔。也有用于撇去茶沫的，但不宜如此使用。

（八）其他

（1）茶盘：用以盛放茶杯或其他茶具的盘子。

（2）渣方：用以盛装茶渣。

（3）水方（茶盂、水盂）：用于盛接弃置茶水。

（4）涤方：用于放置用过后待洗的杯、盘。

（5）奉茶盘：奉茶用的托盘。

（6）茶拂：置茶后用于拂去茶荷中的残存茶末。

（7）温度计：用来学习判断水温。

（8）茶巾盘：用以放置茶巾、茶拂、温度计等。

四、择器与行茶品茗

茶饮器具的搭配组合，既是行茶品茗的必需品，也是生活艺术的形式呈现，是功能与审美的统一。

（一）因式而异

各种民间或社会上的泡茶方式，经过规范化，就形成了各式茶艺形式，如冲泡乌龙茶，就有闽式、潮式和台式之分，也常用来对应福建、广东和台湾的乌龙茶，如安溪铁观音、凤凰单丛和冻顶乌龙。然而必须认识到，所谓“式”是有其局限性的，有的“式”因时过境迁早已不是当地人们的日常所为，而“规范化”的过程中本身必然会有所取舍——器物具体摆布时的方位、使用时的手势以及整个演绎或表演的程序和礼仪表达，都会产生变数而难以严格统一，以至于要求完全一致本身就显得荒诞不经。

在此意义上，潮式工夫茶为当代茶艺的某种简化而规范性的演绎或表演形式，潮汕工夫茶则应视为传统的茶饮样式，后者在选用器物中包含“烹茶四宝”即潮汕风炉、玉书碨、孟臣罐、若琛瓯则为应有之义。

（二）因人制宜

饮茶的人年龄、性别、爱好以及审美趣味千差万别，无论是作为款待的对象还是本人摆席泡茶，只要条件许可，自然需要考虑器物形制、材质、色彩乃至容量上的适用性，由此形成的氛围和谐，为茶事活动其他因素所不能替代。

（三）因事表达

茶事活动场景广泛，贵至款待国宾，平至茶友切磋，雅到文士茶会，俗到茶商茗战，各有诉求也需要不同的情绪或心意的表达，涉茶器物可选的多样性，恰能为这种“表达”的实现提供“空间”。当然，茶事中的表达，远非仅限于器具的配用，而是综合的呈现。在这方面，宋代四般闲事“焚香、挂画、插花、点茶”在这方面可以提供有益的参考和思路拓展。

（四）因茶选配

茶艺的基本原理，或者说从茶汤品质的要求即泡出一道道好茶的角度，茶饮器具的选配立足点，在于呈现茶品应有的色、香、味、形。

单从材质方面着眼，就陶瓷而言，按原料和烧制温度（相关于结晶程度）可分为陶、炻、瓷。陶质茶器的观感和触感比较粗粝低调，跟焙火程度较高的乌龙茶，如岩茶和浓香型铁观音、发酵程度较深的黑茶如安化花卷茶、陈年生普或熟普的具有“风格”上的一致性。炻质茶器既不像陶器的透气又不似瓷器的莹润，跟发酵程度较轻或较浅的白茶、黄茶、文山包种等有不错的匹配。瓷质茶器紧致、细腻、“清脆”，能够较好呈现清新、高扬的绿茶及香气层次丰富的东方美人和工夫红茶。

因茶制宜的器具选用，需要经历较长时间的试茶、比对来积累经验，从泡茶品茗的实践中来真正把握。

第七章

我国各地饮茶习俗

本章导读

饮茶习俗是指人们在长期生活实践中不断积累、演变、发展出的与饮茶相关的文化现象。饮茶习俗总是散发着古老的神秘感，代代相传，延续至今，具有很强的继承性，同时在经历不同时代时，又发生着一些变化，具有明显的时代特征。饮茶习俗的区域性特征也很突出。俗话说：十里不同风，百里不同俗。不同民族、不同地域的饮茶习俗有着明显的差异，这也赋予了饮茶习俗更丰富多样的内涵。饮茶习俗反映的是一种大众文化心理，渗透于人们的生活中，表达了人们对美好生活的向往与追求。本章节将对饮茶习俗和社会生活的关系做简要阐述，同时对汉族、少数民族的饮茶习俗分别进行介绍。

学习目标

1. 知识目标：了解茶饮习俗与我们社会生活的关系
2. 能力目标：熟悉各民族茶饮习俗

第一节　饮茶习俗与社会生活

一、茶与待客之礼

中国是礼仪之邦，自古以来就有客来敬茶的习俗。客来敬茶是我们中国人最基本的待客之礼，不分民族，不分地域。客来敬茶的礼俗大致发源于三国两晋南北朝时期，虽说当时客来敬茶还未蔚然成风，但在士大夫阶层已有发端。晋代的王濛、陆纳、桓温都是以茶待客的推崇者。之后到了唐宋时期，随着茶叶生产的不断发展和饮茶的逐渐普及，茶道大行。唐代颜真卿等在《月夜啜茶联句》这首五言诗中写道："泛花邀坐客，代饮引情言。"此诗由六位文人共作，饮茶吟诗，风雅无边。宋代朱彧在其著作《萍洲可谈》中提到："今世俗客至则啜茶，去则啜汤……此俗遍天下"。宋代饮茶成风，上至文人雅士，下至黎民百姓，宾主设礼，最流行的就是点茶送汤。宋代杜耒的《寒夜》诗云："寒夜客来茶当酒，竹炉汤沸火初红，寻常一样窗前月，才有梅花便不同。"诗中描写了主人寒夜煮茗，与客围炉清谈的情景。可见，唐宋时期，客来敬茶已成为普遍的习俗。

所谓客来敬茶，就是客人来了，先奉上一杯香茶表示欢迎之意。这里的"客"与"茶"皆是泛指，登门便是客，敬的是什么茶以及敬茶的形式，因不同民族不同地域自然也不同，但目的都是相同的，无非是主人以茶为媒介表达对客人的尊重和友好，"以茶表敬意"。

二、茶与婚俗

茶在待客之道中发挥了重要的作用，同时在各地婚俗中也扮演了关键的角色。

自古以来，对于中国人来说婚姻乃人生大事，而茶在人们恋爱、定亲、嫁娶整个过程中都全程参与，象征着对婚姻美好的祝愿。明代郎瑛的《七修类稿》中写道："种茶下籽，不可移植，移植则不复生也，故女子受聘，谓之吃茶。又聘以茶为礼者，见其从一之义。"明代许次纾在《茶疏》中写道："茶不移本，植必生子。"可见，受限于当时的科技水平，古人认为茶籽下种不可移栽，人们向往的美好爱情应当就是这样坚贞不移。茶树开花后会结出很多籽，寓意多子多福。茶性洁净，寓意爱情纯洁。因此，茶自然而然地就成了青年男女确立婚恋关系的重要媒介物。

对于汉族人而言，男女订婚，男方要向女方纳彩礼。江浙及南方地区曾流行"三茶六礼"之习俗。其中所谓的"三茶"，有两种说法。一是指订婚时的"下茶礼"，结婚时的"定茶礼"，同房时的"合茶礼"。另一种是指婚礼时拜完天地后进行的三道茶仪式，即第一道白果茶、第二道莲子枣子茶，以及第三道真的"茶叶"茶。新人在吃三道茶时也有讲究：第一道、第二道是接杯后，双手捧茶，向神龛深深作揖，然后将杯子与嘴唇触碰一下后，由家人收走，上第三道时作揖后才真的将茶一饮而尽。旧时湖南浏阳等地有吃茶定终身的说法，青年男女经人介绍后，双方有意约见的话，定好日子由媒人陪同男方去女方家见面。若女方中意，就会端出事先备好的茶。若男方也中意，喝茶后把茶钱留下，若看不上女方，出于礼貌也要喝茶，喝完茶将杯倒置即可。所以喝过茶后，这婚姻能成不能成，双方心中都各自有数了。闽台地区也有类似的风俗，称为"相亲定亲茶"。

我国大多数少数民族的婚恋比旧时的汉族自由许多，茶在少数民族婚俗中也不可或缺。例如，云南拉祜族的男方请媒人去女方家提亲，或女方请媒人到男方家求婚，都要跑三次，每一次都必须带不同的礼品，其中第一次的礼品中就包括了茶叶，茶叶质量好不好成了了解对方家庭状况与劳动能力的重要依据，直接影响了定亲的最终结果。

云南德昂族青年男女的婚恋十分自由，父母基本不会干涉，也不受等级地位的限制。青年男女双方一旦建立恋爱关系，随着不断相处感情加深后，就可禀告各自父母。男子一般会在父母睡觉时，悄悄地把茶叶放在母亲常用的筒帕里，母亲醒后看见筒帕里的茶叶，就会明白儿子想结婚了，得去女方家提亲。接着他们会请两位亲戚作为提亲人。提亲人去女方家提亲，同样也是将茶叶装在筒帕里，无须多说什么，女方家瞧见便知道对方是来提亲的。一般提亲人要上门三次以表男方家的诚意，女方收下茶叶就表示接受提亲。随后男方家会请提亲人带着茶叶、酒肉再次登门宴请女方家长辈，宴席上，男方亲戚还要向女方父母赠送茶叶。

贵州侗族人恋爱自由，但婚姻一般由父母包办，若女子不同意这门婚事，可以退茶的方式来退婚。做法是女子包好一包茶叶，选择适当的时机带着茶叶到男方家，向男方父母表达自己没有福分服侍二老，请二老另找一个好媳妇，话说完得将茶叶迅速放在堂屋的桌上，立刻转身跑。如果跑掉的话，即退茶成功，女方父母就可到男方家处理具体的退婚事宜。如果没跑成功，被男方家人抓住，就得照常按规矩举行婚礼。

滇西诗礼乡还流行喝离婚茶的习俗。离婚茶也叫好聚好散茶，想要离婚的夫妻双方择吉日，邀请长辈，摆茶席，由长辈泡一壶“春尖”茶，如果夫妻双方未将茶喝完，说明他们的婚姻还有挽回的余地，如果一饮而尽，说明和好的希望不大，那就上第二杯茶。第二杯茶是甜茶，有些夫妻会因这一杯茶言归于好，如果双方仍一饮而尽，那就上第三杯。第三杯为祝福茶，不苦也不甜。喝完三杯茶也就意味着双方以后各自珍重、各奔东西。此时在场的长辈会唱起凄美动听的茶歌，有些夫妻会被歌声所感在这个环节回心转意，此时就得再喝三杯茶，分别是甜茶、苦茶、白开水。漫长的夫妻生活，有甜蜜也有坎坷，更多是平淡如水但不失温度的日子，唯有细水长流才能走到最后。

可见，我国各民族各地区的婚俗中都普遍使用到了茶，恋爱、订婚、结婚都离不开茶，茶是对美好婚姻的祝愿；退婚、离婚也有茶，茶性是平和的，仿佛提醒着男女双方即使婚姻关系无法再继续，也请互相尊重，体面地说再见。

三、茶与丧葬、祭祀礼俗

在我国，茶自古就被用于祭祀、丧葬的礼俗中。南齐世祖武皇帝以茶示简，在遗诏中说，“我灵座上慎勿以牲为祭，唯设饼果、茶饮、干饭、酒脯而已”，此后，祭祀时都要用茶叶作为祭品。我国很多民族的祭祀活动中都会用到茶。云南德昂族人视茶为始祖，一生中各种重要的时刻都有茶相伴，他们有祭家堂的风俗，每年两次，祭祀物品中必定有茶。

在台湾省的土地庙或妈祖庙中，常常会有一些中老年人一大清早提着一壶茶去为神明点茶以祈求神灵保佑。点茶时一般在神龛上恭敬地摆放好三个杯子，随即注入茶汤。台湾当地在很多祭祀活动中都会用到茶，具体的礼节会因祭祀对象的不同而有差异。

除了以茶祭天、地、佛、鬼、神等，我国以茶随葬的风俗也流传已久。湖南长沙马王堆汉墓中出土过一箱茶叶，可见汉代已有以茶随葬。人活着的时候喜欢茶，死后亦离不开茶。

福安地区在安葬死者时，棺材入穴前，当地的地师先生会在地穴的红毯上撒上一些茶叶、芝麻、麦子、钱币等，再由死者亲属将其拾起装在一个布袋里，称为“龙籽袋”，带回家中，永久挂于楼仓内。“龙籽袋”其实就象征着死者留给亲属的财富。

云南德昂族家中有人去世时，亲属会用竹篾编制一种叫作“合帕”的小竹房，以五色装饰，一般编制三个，其中一个放于棺木上，里面放入茶叶、米粒、水酒、烟草等，最后随死者生前用过的一些物品一起烧掉，意为供死者在阴间使用，其中茶叶是必不可少的供物。

云南丽江一带的纳西族，人之将死时，其亲属会将一个包有茶叶、碎银和米粒的小红布包放入其嘴巴中，并说着：“您走时不要有牵挂。”随后将红布包取出，挂于死者胸前。茶叶、碎银、米粒意为死者在阴间有茶喝、有饭吃、有钱用。

可见，茶在丧葬、祭祀礼俗中发挥了重要的作用。茶为圣洁之物，人们通过茶表达对神灵的敬畏、对先人的追思。

第二节　汉族饮茶习俗

一、潮汕工夫茶

潮汕地区流行工夫茶，所谓工夫茶，就是冲泡品饮都比较讲究，需要一定的时间。潮汕地区几乎家家户户都备有工夫茶具，设有专门的泡茶区。潮州工夫茶所用的茶叶为闽粤特产的乌龙茶，如凤凰单丛、铁观音等。近代茶人翁辉东在其《潮州茶经》一书中提到工夫茶器具包括了潮阳红泥炉、枫溪砂铫（烧水用）、宜兴紫砂壶孟臣罐（泡茶用）、景德镇若琛瓯（品饮茶汤用），合称“工夫茶四宝”。冲泡工夫茶时，先煮水，煮水的炭火以橄榄炭为最，其焰活火匀，且散发幽香，烧出来的水较为松软。潮汕工夫茶投茶量较多，一般要装入壶的八分满，且将碎茶装在壶底处，叶茶装在近壶嘴周围，这样一壶茶会更耐冲泡，且茶汤也更清透。水煮沸后，烫壶温杯；用高冲手法冲泡茶叶，水至满溢；手持壶盖刮沫，淋盖，盖上壶盖；沸水淋壶，以达保温的目的；用低斟手法巡回分茶，确保每杯茶汤浓淡均匀；最后的几滴茶汤分别滴入各茶杯中。简单概括起来就是：“高冲低斟，刮沫淋盖、关公巡城、韩信点兵。”品饮茶汤时，以拇指食指握于杯沿中指托杯底的方式端起茶汤，先闻其香，再品茶汤。可见，潮汕工夫茶既讲求茶汤冲泡的科学性，又呈现艺术性，是潮州传统文化的重要组成部分。2008年，潮汕工夫茶还入选了《第二批国家级非物质文化遗产名录》。

二、广州早茶

广州人喜欢喝茶，但一般不太会在家中烹茶待客，而是热衷于去茶楼喝茶，尤其是去茶楼吃早茶，称之为“叹茶”。广州人大清早见面，就连问候语都和喝茶有关：“今朝，饮茶未啊？”早在清代同治年间（1862~1875 年），“二厘馆”茶楼遍布大街小巷，所谓“二厘”，意思是按人头算，每位茶客二厘钱，茶价较为低廉，可见当时二厘馆的客源主要是广大的劳动民众。广州也不乏一些较为高档的喝茶去处，如陶陶居、莲香楼、惠如楼、一乐也等，都是些历史悠久的茶楼，至今尚存，每天也是生意兴隆、宾客满堂。无论亲朋聚会、洽谈业务、结交新友，广州人都喜欢去茶楼，茶楼成了广州人社会交往的一个重要载体，和广州人的日常生活密不可分。

广州茶楼一般有早市、午市和夜市，早市生意最好。茶楼每日清晨四点左右就开门营业。茶客坐定，至少也会点个“一盅二件”，即一壶茶两笼点心。广州人饮茶通常都会配上茶点，单点茶饮不点茶点的情况比较少见。广州茶楼有个不成文的惯例称作“净饮双计费”，即单点茶饮每位茶客茶价得翻倍计算。各大茶楼每日应市的点心制作精美、种类繁多，比较常见的有叉烧包、猪肠粉、虾饺、萝卜糕、糯米鸡、马蹄糕等，可谓数不胜数。广州茶楼的服务也颇具特色，如果茶客需要续水，得自行揭开壶盖，不然服务员不会过来给你续水。据说这个规矩是有来由的，相传晚清时，有个八旗子弟叫荣寿禄，有天提着鸟笼去茶楼，故意把小鸟放进茶盅里，盖上盖子。茶楼伙计前来续水，揭开壶盖时，小鸟飞走了。这个荣寿禄乘机仗势勒索茶楼赔钱。这以后，为避免此类事件再次发生，几大茶楼的老板们互相通气，立下规矩：茶客饮茶，必须自行揭盖，否则一律不给续水。这个做法一直延续至今。所以去广州茶楼喝茶，想要续水，记得自行揭盖。

三、江南元宝茶

元宝茶流行于江南地区，特别是春节期间，招待亲朋时总要奉上一杯元宝茶。喝元宝茶是辞旧迎新、相互祝愿的一种方式。人们一边喝着元宝茶一边聊天，一家人其乐融融，欢聚一堂。元宝茶的原料为适量绿茶和两颗青橄榄，用开水冲泡即可。两颗青橄榄象征一对金元宝，有恭喜发财之寓意，在品饮时可将青橄榄吃掉。

四、皖南琴鱼茶

琴鱼茶流传于皖南泾县，因用当地特产琴鱼制作而成，故而得此名。每年农历三月三前后，当地人用一种特制的三角网捕捞琴鱼，趁着鱼还鲜活时，连同茶叶、盐、糖、桂皮、茴香等香料一起加沸水煮，煮熟后晾干，再用木炭火烘至橙黄色制成琴鱼干。将鱼干存于特制锡罐中，可长期储存保持风味。平日家中来客时，只需用开水冲泡琴鱼干制成琴鱼茶，即可招待客人。制作琴鱼茶时所用的茶叶是当地产的名茶——涌溪炒青。由于制茶时加入了很多香料，所以冲泡的琴鱼茶没有一点腥味，非常鲜美可口，令人回味无穷。实际上，皖南泾县人的这种吃法，可看作古代的先民将茶叶和其他食物一起烹煮食用的遗留。

五、杭州七家茶

每年立夏日，杭州地区的农家都会冲泡当年采制的新茶，配上一些细果作为茶点，赠送给家附近的亲朋邻里。一般赠送范围为左三家，右三家，再加上中间自己一家，一共七户人家，故名曰七家茶。

六、德清熏豆茶

熏豆茶又称为烘豆茶，流传于浙江湖州、德清、余杭一带。相传古时候有位和大禹一样善于治水的人叫防风氏，他曾在这一带治水。当地百姓为感谢他用橘皮、野芝麻等泡茶给他喝，并以烘青豆佐茶，帮助他祛湿驱寒。谁知防风氏性子急，直接将青豆倒入茶中连汤带豆一起吃。没想到吃下去后，力气变得更大，治水业绩更佳。如今，熏豆茶的配制是以烘青豆为主，配以嫩绿茶叶、炒芝麻、腌橙皮、紫苏、笋干、丁香萝卜、桂花、老姜等精制而成。茶汤清香可口、咸淡适宜、独具风味。客人在品饮时最好将杯中的原料包括茶叶一起吃掉。

七、北方大碗茶

在北方曾一度流行喝大碗茶，工地码头、田间地头、大街马路边，随处可见卖大碗茶的茶摊。茶摊通常布置得也很质朴简易：找片树荫、支张桌子、摆几个板凳就算搭了个摊子了。过去，北方人喝茶不似南方人那样细致讲究，喝茶主要目的是解渴，用来泡茶的壶和用来喝茶的碗通常容积都比较大。这些茶主要供给广大的劳动民众，泡茶用的茶叶较为低档，茶价自然也亲民。走过路过的老百姓买上一碗大碗茶，解渴的同时也稍作休息，喝足了再继续劳作。北京著名的老舍茶馆，其创始人尹盛喜先生就是卖大碗茶起家的，还成立了大碗茶集团公司。

八、山西酽茶

所谓酽茶，就是浓茶的意思。山西不产茶，却是茶叶消耗大省，山西人喝茶喜欢放很多的茶叶，一般投茶量都不少于茶壶容量的一半，冲泡出的茶汤非常苦，外地人通常都不能接受这苦味。此茶俗应是与当地水质不佳有关，唐代茶圣陆羽就曾在评定各地水质时认为"晋水最下"，所以，多放点茶叶可以掩盖水质差的问题。关于水质，山西的古县、浮山等县还流传着一首相关的民谣："喝了古县水，粗了脖子细了腿，要想治好病，得喝浓茶水。"可见，山西人还认为喝浓茶有一定的治病功效。

第三节　少数民族饮茶习俗

一、藏族酥油茶

藏族主要分布在我国西藏自治区、青海省和四川省西部，以及云南迪庆、甘肃甘南等地区，这些地区大多地处高原，空气稀薄、寒冷干旱、缺少蔬菜瓜果，生活环境较为严酷。酥油茶是藏族同胞每日生活不可或缺的饮品，也是高原生活的必需品。酥油茶热量较高，可以帮助藏族同胞充饥御寒，同时还能解乏醒脑、生津止渴、滋润肠胃、增强体质。茶中含有维生素 C，可以减轻少食蔬果带来的损害。酥油茶的主要用料是酥油和砖茶。酥油是从牛奶、羊奶中提炼出来的，具体做法是先将奶加热，随后用木杵反复上下抽打使得水油分离，最上面凝结的一层脂肪冷却后就是酥油。制作酥油茶时，先将砖茶熬成浓茶汁，再把茶水倒入一种特制茶桶中，加入酥油和食盐，也可再加入一些事先炒好的碎核桃仁、花生、松子仁等，用木杵用力上下来回反复抽打，油、茶、佐料充分交融后倒进锅里加热，浓郁芳香的酥油茶便做好了。藏族同胞喝酥油茶时一般习惯和糌粑一起食用，他们喜欢酥油茶，也常用酥油茶招待客人，同时形成了一套喝酥油的礼俗。当客人坐定时，主人会拿一只茶碗放到客人面前给客人斟满酥油茶，客人最好不要马上喝，应先和主人寒暄聊天，等主人再次提壶站到客人身边时，客人可端起碗来，轻轻吹开浮在茶汤上的油花，然后呷一口，并对茶表示赞美。待客人把碗放回桌上，热情的主人会再给添满。假如客人不想再喝，即便主人添满后，也不要动茶碗，等到即将告辞时，可连着多喝几口，但不要喝光，碗里得留点茶底。这种做法才是符合藏族同胞喝茶礼俗的。

二、回族刮碗子茶

宁夏回族自治区是回族主要聚居区。回族多居于高原沙漠地带，缺少水资源，气候干旱。日常饮食以牛羊肉、奶制品为主，少食蔬果。茶叶中含有丰富的维生素和多酚类物质，可弥补蔬果的缺乏，同时有助于解腻生津，促进消化。回族人自古就爱喝茶，尤其是爱喝盖碗茶。盖碗茶的用料非常丰富，除了必需的茶叶外，加入桂圆干、冰糖一起冲泡制成“三香茶”，在此基础上再加入葡萄干、杏干制成“五香茶”，再加上花生、芝麻、枸杞制成“八宝茶”。茶叶一般是绿茶、云南沱茶、湖南茯茶、茉莉花茶。回族人喝茶，方法多样，其中最具特色的是喝刮碗子茶。喝刮碗子茶用的茶具，俗称“三件套”，即茶碗、碗盖和碗托，据说形如炮台，也可称“三炮台”。茶碗盛茶，碗盖保香，碗托防烫。品饮茶汤时，左手端托，右手持盖由里向外刮去茶汤表面的茶沫，同时也促进碗中各用料溶于茶汤，增加茶汤浓度，刮碗子茶的叫法也由此得来。一般来说，刮碗子茶经沸水冲泡加盖闷 5 分钟后即可品饮。由于刮碗子茶中的用料多样，这些用料在茶汤中的浸出速度不同，因此每次续水后的茶汤滋味是不一样的。回族人称其一刮甜、二刮香、三刮茶露变清汤。回族人品茶讲究“轻、稳、静、洁”。冲茶、刮沫、品饮要轻；泡茶要稳，水不浅不溢；品茗环境安静和谐；泡茶碗具洁净无染。“不管有钱没钱，先刮三晌盖碗”，这是回族流行的一句谚语。回族老人也常告诫年轻人：“不吸烟不喝酒，盖碗茶不离手。”也许，这就是回族人多长寿的原因所在。

三、侗族打油茶

侗族主要分布在云南、广西、湖南、贵州四省交界地。侗族的饮食文化带有浓郁的民族色彩，大部分地区日食三餐，有些地方早餐时就吃油茶，而把午餐当作早饭。油茶是侗族人喜欢吃的特色家常饮品，对长期居住在山区的民族而言，常喝油茶能强身、预防感冒、生津开胃、祛邪去湿。制作油茶，也叫“打油茶”，用料主要是茶叶和生姜，其余还有芝麻、花生、玉米、笋干、糯粑等配料。如果是自己家里人喝，配料较为简单，如果是待客，配料则更为丰富。打油茶时，先将新鲜茶叶投入油锅中翻炒，待茶叶散发茶香时，加适量食盐、生姜等，继续翻炒，加水煮开成“油茶”汤。同时将配料加工好，盛入茶碗中，冲入煮开的油茶汤，油茶便制作好了。由于油茶里食料较多，主人奉茶时一般会给客人备上筷子。如果客人在吃油茶时称赞味美并发出“啧啧”声，主人会十分高兴。

四、蒙古族咸奶茶

蒙古族同胞世居草原，以畜牧为生，尽管逐水草而居的游牧生活方式在现代社会被逐渐弱化，但仍被视作蒙古族的标志。蒙古人喜欢喝咸奶茶。咸奶茶是用青砖等茶叶和奶制作而成的调饮茶。制作时，先用铁锅烧水，与此同时将茶砖打碎备用。待水一沸时放入适量碎茶继续烹煮。水二沸时，加入奶并稍加搅拌，再加入盐。三沸时，奶茶便煮好了。煮咸奶茶看似简单，实则不易，使用的器具、熬煮的时间、投放茶叶及加入奶的顺序与时机都很有讲究。蒙古族的姑娘从小就要和母亲学习如何熬煮咸奶茶，几乎都练就了一套娴熟的煮茶技艺。在亲朋好友面前展示煮茶的本领是蒙古族姑娘婚嫁时的必备内容。咸奶茶富含营养，是蒙古族人不可或缺的饮品，往往一日一顿饭，但一日三次茶，可见他们对于茶的依赖程度。

五、土家族擂茶

土家族主要分布在湘、鄂、渝、黔交界地带的武陵山区，这里峰峦叠嶂、古木参天、重云积雾、土壤富硒富磷，非常有利于茶树的生长和茶叶优质品质的形成。在这里生活的土家族同胞千百年来还保留着古老的吃茶方式，即擂茶，又名三生汤。关于“三生汤”名字的由来，流传着两种说法。一是因为擂茶是以生叶（从茶树上采摘的鲜叶）、生姜、生米三种生原料经研碎后加水烹煮而成，故而得此名。二是相传三国时，蜀汉名将张飞曾带兵进攻武陵壶头山的“五溪蛮”，路过乌头村，当时村内瘟疫流行，加之酷暑难耐，将士病倒无数，连张飞本人也未能幸免。危难关头，村内有位老郎中被将士们的严明军纪所感，献上了祖传的除瘟秘方，即擂茶。张飞感激不已，夸赞老郎中神医下凡，自己真是三生有幸！此后，人们便称擂茶为三生汤。可见，自古，土家族同胞就认为擂茶有一定的药效。如今，制作擂茶的用料在原有基础上有了较大的改良，除了茶叶外，通常还要加入炒花生、炒芝麻、炒米花、生姜、食盐、胡椒粉等，将这些用料统统倒入特制的擂钵中，持擂棍用力旋搅、研捣成糊状，取出适量盛放碗中用沸水冲泡即可。对于土家族人来说，擂茶是每日生活的必需品，劳作的人们干完活回到家，总是要喝上几碗才舒服，倘若一天不喝擂茶，便感觉浑身无力、精神不济。

六、白族响雷茶、三道茶

白族主要分布在云南、贵州、湖南等省，其中以云南省的白族人口最多，主要聚居在云南省大理白族自治州。白族人爱喝茶，同时也有客来敬茶的习俗。白族人日常会制作响雷茶招待客人。主要做法为将刚采摘的新鲜茶叶或沱茶投入砂罐内，放置火塘上烘烤，烘烤时得不停转动砂罐，使茶叶均匀受热，等叶色转黄，散发出焦香时将开水冲入砂罐内，此时罐中会发出雷鸣般的“咕嘟咕嘟”的响声，继续烧煮片刻使茶水融合，随后就可倒入碗中饮用，饮用时可兑入一些开水。白族青年男子上姑娘家提亲或招待姑娘家父母时，都得亲自制作响雷茶，制茶的本领也就成了评估女婿的标准之一。

白族三道茶通常是招待贵客或较为隆重的场合才有的。这三道茶也寓意着白族人信奉的人生哲理。第一道茶是苦茶，即前文提到的响雷茶。此道茶浓酽焦香，滋味苦涩，寓意着人生的苦境，通常只斟半杯，客人一饮而尽。第二道茶是甜茶，是以大理特产乳扇、核桃仁和红糖为用料，冲入大理名茶感通茶茶汤制作而成。此道茶甜而不腻，通常用较大的茶杯斟茶，客人可以痛快地品饮，体味苦尽甘来的快意。第三道茶叫回味茶，是以蜂蜜、花椒、姜、桂皮为料，冲入苍山雪绿茶茶汤制作而成。此道茶甜中带有麻辣味，告诫人们要常常“回味”生活，牢牢记住“先苦后甜”的人生哲理。此外，辣在白语中与“亲”字谐音，表达亲密之意；而姜在白语中读“菓”，有富贵之意，因此此道茶表达了主人对客人的真挚情感及祝福之意。2014 年 11 月，白族三道茶荣列国务院公布的《第四批国家级非物质文化遗产代表性项目名录》。

七、基诺族凉拌茶

基诺族主要分布在云南省西双版纳傣族自治州景洪市基诺乡。自古以来，基诺族的先民就生活在基诺山及周围地区，基诺山是普洱茶六大茶山之一。基诺族是一个与茶密不可分的民族，在基诺语中，茶被称为“啦博”，“啦”即“依靠”，“博”即“芽叶”，其意就是“赖以生存的芽叶”，可见，基诺族对茶叶的重视程度。基诺族至今仍保留着一种吃茶方式，即凉拌茶。制作凉拌茶的具体方式为：将采摘的新鲜茶芽用手揉碎，放入大碗中，再加入揉碎的黄果叶、辣椒粉、食盐等用料，冲入清凉的山泉水，稍加搅拌，静置片刻便可食用。这其实就是生食茶叶，是一种古老而原始的吃茶方式。

八、傣族竹筒茶

傣族主要分布于我国云南的南部和西南部地区，以西双版纳最为集中。生活在茶树发源地的傣族同胞，自然与茶渊源深厚，相传是佛祖教会了傣族人饮茶。竹筒茶，是傣族的一道别具风味的传统茶饮，傣族同胞喜欢用它来招待四方宾客。竹筒茶的用料主要是当地古茶树采制的鲜叶或晒青毛茶，具体制作程序如下：将晒青毛茶或鲜叶装入香竹筒中，一般选用生长期一年左右的嫩竹筒。随即放在火塘上烘烤，烘烤时为使茶叶受热均匀，得转动竹筒直至竹筒内的茶叶变柔软。将柔软的茶叶压紧，再往竹筒里塞紧茶叶继续烘烤，如此循环重复，直至竹筒内茶叶塞满压紧。茶叶烘烤好后，用刀劈开竹筒，取出茶叶，此时茶叶紧压在一起呈圆柱形。掰开适量茶叶放入碗中，冲入烧开的山泉水，三五分钟后即可饮用。烘烤过的竹筒茶喝起来既有茶的滋味，又有竹的清香，生津止渴，唇齿留香。

九、纳西族龙虎斗茶

纳西族是云南特有的一个少数民族，主要居住在滇西北的丽江市。纳西族流行着一款奇特的调饮茶叫“龙虎斗”。制作龙虎斗时，先烧水，随后取适量茶叶放入一个小陶罐中，放在火塘上烘烤，烘烤时为让陶罐内茶叶受热均匀，要不断地转动陶罐。当茶叶散发出焦香，将烧开的水冲入罐中，烹煮3~5分钟。同时另备一个茶盅，倒入半盅白酒。将烹煮好的茶水冲入茶盅中，茶与酒混合，发出阵阵响声，响声越大越好，寓意着吉祥。纳西人认为龙虎斗有很强的药效，可治疗感冒，提高免疫力。

十、维吾尔族香茶、奶茶

维吾尔族是新疆的主体民族，遍布全疆，多数居住于天山以南的喀什、阿克苏、和田等地，少量居住于天山以北的伊犁谷地和吉木萨尔、奇台一带。维吾尔族人非常热情好客，也有客来敬茶的习俗。客人来访，将其引于靠大墙的一边入座，以表尊敬，随即双手敬上一碗热茶，同时端上馕饼、干果、冰糖、新鲜瓜果等摆放在客人面前。南疆和北疆的饮茶习俗稍有不同。南疆的维吾尔族同胞喜欢喝香茶。制作香茶的茶叶用的是茯茶，先用一种特制长颈茶壶烧一壶开水，将茯砖敲开研碎投入壶中，再加入适量研磨过的胡椒、桂皮、姜、丁香等香料一起烹煮，煮的过程中轻轻搅拌茶汤，3~5分钟后香茶便做好了。分茶时，长颈壶上会套上一个过滤网，阻隔茶叶或香料倒入小茶碗中。南疆人有时也喝奶茶，但北疆人喝得更多。制作奶茶的茶叶同样也是茯茶，煮茶用的器具为铁锅或铝锅，将茶敲开研碎投入加入清水的锅中烹煮，沸腾时兑入适量的鲜奶或奶皮子，加入少许盐，十分钟后便可饮用。维吾尔族人喝茶时都会佐以一些主食，如手抓饭、馕等。馕是维吾尔族的一种传统特色食物，是一种烤制食品，外皮金黄，以面粉为主要原料，多油香脆，配上茶饮可解腻去火。

十一、羌族面罐茶

居住在陕西南部略阳县的羌族同胞喜欢喝面罐茶，古老又独特。制作面罐茶时需要用到两只一大一小的瓦罐。大瓦罐用于煮面浆，小瓦罐用于煮茶。先将清水注入大瓦罐，加入葱、姜、花椒、茴香等香料，加适量盐，放火塘上烧开。同时用清水调制面浆，兑入大瓦罐中，继续加热直至烹熟。再将较为粗老的晒青茶或敲碎的紧压茶投入小瓦罐内，加水熬煮，茶香四溢、茶汁充分浸出时将茶汤兑入大瓦罐内，略加搅拌，再倒入小碗，加入炒制过的核桃、花生米、腊肉丁、鸡蛋等食料，面罐茶就做好了。这些食料悬浮在碗中不同的位置，共三层，吃起来时每一层味道也不尽相同，别有风味。

十二、苗族八宝油茶汤

苗族主要分布于我国黔、湘、鄂、川、滇、桂、琼等省区，其中鄂西、湘西、黔东北一带的苗族人喜欢喝八宝油茶汤。“一日不喝油茶汤，满桌酒菜都不香”，可见油茶汤对苗族人来说不可或缺。客来敬茶用的也是八宝油茶汤。八宝油茶汤的用料较多，制作讲究，首先用茶油将煮后晾干的玉米、黄豆、豆腐干丁、花生米、团散、粉条等炸好盛入碗中备用。随后用茶油炸茶，炸茶时，还要放入适量花椒，当茶叶叶色变黄且发出焦香味时，加适量清水，放入姜丝烹煮。一沸时，再兑一些清水继续烹煮。二沸时，加入适量食盐、胡椒、大蒜等佐料，稍加搅拌即可。再将煮好的茶汤连同佐料倒入盛有油炸食料的碗中，八宝油茶汤就做好了。主人在奉茶时会配上小勺方便客人享用茶汤中的食材。

十三、拉祜族烤茶

拉祜族主要分布在澜沧江西岸，北起临沧、耿马，南至澜沧、孟连等县。拉祜族喜欢烤制各种食物，也喜饮烤茶。具体程序为：先用当地的陶制小罐放在火塘上用小火烤热，投入适量茶叶继续烤，烤时注意尽量使茶叶受热均匀，待茶叶叶色转黄散发焦香时，冲入沸水，刮沫，再加入一些沸水，即可倒入茶碗饮用。烤茶香气十足，滋味浓烈，饮后顿感神清气爽。

十四、裕固族摆头茶

裕固族主要聚居在甘肃省肃南裕固族自治县和酒泉黄泥堡地区。裕固族人，喜欢喝一种酥油炒面茶，且喝茶方式较为特别。先将砖茶敲碎加水熬煮成浓茶汤，兑入适量鲜奶，加入酥油、炒面、食盐、曲腊，也可再加入生姜粉、茴香等香料，略加搅拌，即可倒入茶碗中饮用。喝茶时，由于茶汤烫人，裕固族人习惯有节奏地从左往右转动茶碗，同时嘴吹茶汤，吹一次摆一次头，所以叫作“摆头茶”。如有贵客临门，在奉茶时女主人还会高歌一曲，一般客人要等女主人唱完后用双手去接茶。

十五、景颇族腌茶

居住在云南省德宏地区的景颇族，至今保留着以茶作菜的古老吃茶法，吃腌茶就是其中之一。腌茶的原料是新鲜的茶树叶。鲜叶采摘回来后清洗干净，摊放在竹篾上，使其散发一部分水分，再对其进行揉搓，拌入辣椒、食盐，放入竹筒内，边放边用木杵舂实，最后用竹叶堵住竹筒口，达到密封的效果。2~3 个月后，腌茶就做好了，此时茶叶叶色转黄。食用时，还可拌以香油、蒜泥等佐料。

十六、哈尼族土锅茶

哈尼族主要分布在云南元江和澜沧江之间，聚居于红河、西双版纳、江城、墨江、镇沅等地。哈尼族人喜欢饮用土锅茶，关于土锅茶的由来，还有个传说。在古时候，有个哈尼族小伙猎得了一头豹子，请村民们一起来吃。大家一边吃豹肉饮米酒，一边唱歌跳舞，尽兴过后口干舌燥，小伙起身去烧一锅水好让客人们解渴，就在水沸时，突然刮起一阵狂风，屋外树叶纷纷吹落，有几片飘到了烧水的锅中，没想到这锅水甘甜又解渴。这以后，哈尼族人煮水时都会放几片树叶在水里，土锅茶就是这么来的。哈尼族人在招待客人时，一般是由女主人烧制土锅茶，程序较为简单，先用土锅将水烧开，投入适量茶叶，水再次烧开后，过 2~3 分钟即可将茶水倒入小茶盅内献给客人品饮。

第八章 茶馆服务与管理

本章导读

茶馆是供人们品茗的休闲娱乐场所，在我国由来已久。茶馆是与旅游业密切相关的一个窗口行业，其发展对于我国的茶文化事业和休闲产业也有着重要的影响。如今，我国的茶馆业发展势头良好，但服务和管理水平仍然不高。所以，这一章节，首先介绍我国茶馆的形成和发展，随后介绍现代茶馆的服务与管理。

学习目标

1. 知识目标：了解我国茶馆的发展史以及茶馆在各时代的特征
2. 能力目标：了解茶馆服务流程及茶馆管理具体涉及哪些内容

第一节　茶馆的形成与发展

一、晋代的茶馆

两晋时期，茶不再是一种纯粹的自然物质，人们赋予了它文化属性和精神价值，茶文化应运而生。随着茶文化的出现，饮茶的人越来越多，甚至有了专门以烹茶为生计的人。陆羽在《茶经》中转引过《广陵耆老传》中的一段记载："晋元帝时，有老姥每旦独提一器茗，往市鬻之，市人竞买。自旦至夕，其器不减。所得钱散路旁孤贫乞人。人或异之，州法曹絷之狱中。至夜，老姥执所鬻茗器，从狱牖中飞出。"这个故事发生在东晋时的扬州，虽说充满了神话色彩，但可看出当时已出现了提着茶桶到市场上摆摊卖茶水的情景。以卖茶水谋生的流动摊贩，可看作是茶馆的雏形，因此两晋时期是茶馆发展的萌芽期。

二、唐朝时期的茶馆

唐代，特别是唐代中期的开元年间，饮茶之风遍及全国，茶成了"比屋之饮"。陆羽《茶经》的问世，更是推动了茶文化的传播。唐代封演在其《封氏闻见录》中记载："开元中，泰山灵岩寺有降魔师，大兴禅教。学禅务于不寐，又不夕食，皆许其饮茶。人自怀挟，到处煮饮。从此转相仿效，遂成风俗，自邹、齐、沧、棣，渐至京邑，城市多开店铺，煎茶卖之，不问道俗，投钱取饮。"从山东、河北一直到长安，这些非产茶的北方城市出现了那么多煎茶贩卖的茶铺，可想唐时茶铺遍地的繁荣景象。唐代牛增孺《玄怪录》中记载："长庆初，长安开元门外十里处有茶坊，内有大小房间，供商旅饮茶。"茶坊售卖茶水，且还设有大小不一的房间供商旅休息，可见这茶坊具有一定规模，绝非街边小摊。唐时的茶馆，更准确地说应称为茶铺、茶坊、茶肆，虽说陈设简单，但已有茶馆之实，且发展势头就如茶文化的传播一样十分强劲，不断朝着兴盛期迈进。

三、宋元时期的茶馆

宋代，茶叶生产技术有了很大的提高，大观年间（1107~1110 年），宋徽宗还以帝王之尊写了《茶论》一书，上行下效，茶饮很快得到普及，饮茶之风比起唐代有过之而无不及。宋时的茶馆仍称为茶肆、茶坊、茶楼等，比起唐代的茶馆，其设施设备、门面装饰、经营内容等都更为丰富，可谓五花八门。孟元老《东京梦华录·潘楼东街巷》中记载："茶坊每五更点灯，博易买卖衣服图画，花环领抹之类，至晓即散，谓之鬼市。""旧曹门街北山子茶坊，内有仙洞，仙桥，仕女往往夜游吃茶于彼。"可见，这种茶馆不但提供茶水，还会涉及其他交易，茶馆的社交属性越来越凸显。茶馆内有仙洞、仙桥，显示茶馆在建筑风格上也颇费心思。到了南宋时，茶馆业更为繁荣，耐得翁《都城纪胜》中记载："杭州大茶坊，张挂名人书画，在京师只熟食店挂画，所以消遣久待也。今茶坊皆然。冬天兼卖擂茶，或卖盐豆豉汤，暑天兼卖梅花酒。绍兴间，用鼓乐吹杨梅酒曲，用旋杓入酒肆间，止是论角，如京师量卖。茶楼多有都人子弟占此会聚，习乐或唱叫之类，谓之挂牌儿。人情茶坊，本非茶汤为正，但将此为由，多下茶钱也。又有一等，专是娼妓父兄打聚处。又有一等，专是诸行借工卖伎人会聚行老处，谓之市头。"吴自牧《梦粱录》中提到："今杭城茶肆亦……插四时花，挂名人画，装点门面。四时卖奇茶异汤，冬月卖七宝茶、馓子、葱茶……今之茶肆，列花架，安顿奇松异桧等物于其上，装饰店面，敲打响盏歌卖，止用瓷盏漆托供卖。""更有张卖面店隔壁黄尖嘴蹴球茶坊，又中瓦内王妈妈家茶肆名一窟鬼茶坊，大街车儿茶肆、蒋检阅茶肆，皆士大夫期朋约友会聚之处。"可见，宋代的茶馆仍兴盛不衰，茶馆的环境布置也更为讲究，出现很多营造氛围的装饰物，提供的茶品也种类繁多。不但普通群众喜欢在茶馆聚会，连士大夫也喜欢在茶馆相约友人。宋末元初时，茶馆业受到了战乱的影响，由盛转衰。直到后来元朝统治者施行了一些促进农业生产的政策，茶叶经济和茶馆业才得以恢复。

四、明清时期的茶馆

明代，出现了饮茶史上一次重大的变革，国家以法令形式废除了团饼茶，一改唐宋饼茶煎煮，而是直接散茶冲泡。这种冲泡茶叶的方式促进了茶叶加工技术的发展，同时也推动了茶馆业的发展。“茶馆”一词于明代正式出现，茶坊、茶楼、茶肆等传统叫法也仍在沿用。明代茶馆的类型也逐渐分化，有适合大众消费的普通茶馆，也有适合贵族、文人的高档茶馆。到了清代，茶馆业更为繁荣。《儒林外史》第二十四回有这样一段描写：“大街小巷，合共起来，大小酒楼有六七百座，茶社有一千余处。不论你走到哪一个僻巷里面，总有一个地方悬着灯笼卖茶。插着时鲜花朵，烹着上好的雨水，茶社里坐满了吃茶的人。”当时的南京城内有上千家茶馆，其实除了南京，北京、扬州、上海等城市也都茶馆林立。可见明清是茶馆业的又一个兴盛期，直至鸦片战争后，逐渐式微。

五、近现代的茶馆

近代，由于社会动荡，茶叶经济一落千丈，而茶馆业却出现了一段时期的畸形繁荣，这个时期的茶馆再也没有旧时的风雅之派，而是显得有些乌烟瘴气，有的茶馆兼营洗浴业、博彩业等，中华人民共和国成立后都被取缔，茶馆业逐渐走向衰败。中华人民共和国成立后，茶叶经济得到恢复，但好景不长。直至 20 世纪 80 年代，即改革开放后，茶馆业迎来了真正的复兴。1977 年，台湾省台北市开创了第一家“茶艺馆”，这家茶艺馆主营国画和陶器，客人可以一边品茗一边欣赏馆内的艺术品；1990 年，福建省博物馆开办了大陆第一家茶艺馆；1991 年，上海闸北公园开出“宋园茶艺馆”；1994 年，北京开出“五福茶艺馆”。各地的茶艺馆如雨后春笋般涌现。同时，一些传统老茶馆也与时俱进，通过重新装修、调整经营内容，以全新的面貌出现在大众眼前。所谓新型的茶艺馆和传统茶馆的区别就在于，除了茶品的供应外，还注重文化的交流与传播，可以说茶艺馆的诞生对整个茶文化事业起到了很大的推动作用。

第二节　茶馆服务

一、营业前的准备

（一）服务现场的准备

在茶馆开门营业前，服务现场的准备工作一定要细致，包括卫生情况、桌椅摆放、灯光明暗、室内温度、背景音乐的选择及音量等，确保环境整洁舒适、物品摆放齐全有序。

（二）熟悉茶单

服务人员对本茶馆的茶单是否熟悉，直接影响服务质量和经营效果。首先，熟悉茶单有利于推销。茶馆服务员在介绍茶品时就像是商品的售货员，而茶单上的茶品就是产品，服务人员对茶单的了解程度会影响其销售茶品的能力。服务人员能否为茶馆打开销路，取决于对茶单的了解。其次，熟悉茶单也可以便于为客人提供建议。有些客人可能对茶了解不多或对本茶馆的茶品不了解，此时就需要服务人员为客人介绍本茶馆的茶品及其价格，给出合适的建议，为客人选择茶品提供帮助。

（三）营业前短会

各项准备工作基本完成，茶馆即将开门营业前，茶馆经理或领班负责主持召开营业前短会。主要目的有：检查全体服务人员的仪容、仪表是否符合要求；使所有员工在意识上进入工作状态，形成良好的营业气氛；再次强调当天营业的注意事项，提醒重要客人的接待工作等。短会结束后，各就各位，开门营业。

二、营业时的服务流程

（一）引茶客就座

引茶客就座一般由茶馆专职引座员负责。茶客到店，由专人引座，能让客人感受到欢迎之意，给茶馆留下美好的第一印象。另外，引座制度的设计也方便茶馆控制客流量，使茶馆的服务得以有序进行。引座时应注意以下几点：一张茶桌只安排同一批客人就座，按一批客人的人数安排适当的茶桌；将年老的客人或行动不便的客人尽可能安排在进出方便的地方；将年轻的情侣尽量安排到较安静、有气氛的位置；将穿着讲究气质佳，且与茶氛围很相配的客人安排在茶馆中心引人注意的位置；尊重客人的意愿，尽量按其需求安排就座。

（二）接受茶客点单

茶客坐定后，服务员应上前招呼，向客人们问候，随后递上茶单。在一批客人中，首先观察一下哪位是主人，如果主人亲自为其他客人点茶，服务员应从左边先去招呼这位主人；如果主人请其客人各自点茶的话，服务员应先为主人右手边的那位茶客点茶，或者从其中一位女茶客开始，有时也可从最先看好茶单的那位茶客开始。在服务员服务期间，可能又会有新的茶客被领到其服务区域，这时应抽身先去招呼一下新到的客人，告知很快就会去照料他们。新到的客人们得到了关注，会感受到服务员的体贴，从而更有耐心地等待点单服务。值得强调的是，招呼客人时务必要礼貌微笑、热情周到、态度诚恳、灵活机动、恰到好处。

（三）回答茶客询问

作为茶馆的一线服务员，在为茶客提供服务时，常常会被问及一些问题，如关于茶单上的茶品茶点、茶馆周边的旅游景点、交通等。所谓功夫在诗外，这就要求服务员日常不断地进行一些知识的学习和信息的积累。作为服务员，最基本的一些信息要掌握：本茶馆的营业时间、地理位置、联系电话、交通情况、菜单的内容及近期是否有变更、茶饮相关知识、茶点的搭配、本茶馆的特色茶饮和茶点、当地的历史文化、风景名胜等。如果服务员一时有问题回答不上来，不应胡乱作答，可请教同事或查询确认后答复客人。茶馆也应定期给予服务人员相关培训，不应让服务员带着疑问去服务。

（四）向茶客推荐茶品及茶点

向客人推荐茶品或茶点时，最重要的一点是要让客人感受到服务员是站在客人的立场上，切实为他们着想的，而不是因为茶馆的利润在进行推销。推荐时要注意时机，做到恰到好处。比如当茶客点了红茶，此时可以推荐客人搭配酸味口感的茶点。推荐时还应注意沟通技巧，不要问客人“您喜欢乌龙茶吗”“请问要点个绿豆糕吗”，这样得到的回答很有可能是“不用了”“不需要”，尽量多使用建设性的语言和客人沟通，或给客人有所选择，如“您点的明前西湖龙井，搭配个绿豆糕怎么样”“您喜欢正山小种还是金骏眉”。在推荐茶品时，还要注意语言的艺术性，多使用一些能刺激客人感官、勾起客人“茶瘾”的词，如“现在正逢新茶上市，建议试试明前的西湖龙井，非常鲜爽”“我们的新品正和白牡丹，是富安大白种，冲泡后有浓郁的牡丹花香”。

（五）上茶及茶点

在点单环节时，服务员就要有意识地记下每位客人点的是什么茶，避免上茶时再次和客人一一确认。上茶和茶点时，尽量方便客人，避免胳膊碰撞到客人。上茶时，要将茶盘放置客人的正前方桌面上，茶具的摆放以客人顺手的方向放置为佳。如果是由客人自己泡茶的，应告知客人烧水壶的使用及注意事项。

（六）巡台

为客人上好茶水茶点后，服务员可礼貌退避，并告知茶客有需要请随时呼唤。在不打扰茶客的前提下，密切关注茶客是否需要帮助，以便及时提供服务。

（七）结账与收款

客人用完茶要求结账时，服务员应尽快取来客人的账单，将其放在收银夹或小托盘里交给客人。客人对账单有疑问时，服务员应耐心解释。结账方式主要有现金、微信、支付宝和信用卡，不管哪种形式，都要求服务员准确、迅速、礼貌地完成结账工作。如果遇到客人支付小费，服务员应按茶馆规定婉言谢绝或收下致谢，也可请经理出面处理。

（八）送客

客人买完单，不要催促客人离去。待客人主动起身后方可送客，送客时提醒客人不要遗忘随身物品，微笑道别，欢迎客人再次光临。

（九）整理台面

客人离开后，各值台区域的服务员应立即进行收台清扫工作。按茶馆规定的要求，重新擦拭布置台面，摆齐桌椅，清扫地面。

第三节　茶馆管理

一、茶馆日常管理

（一）商品与物品管理

茶馆的商品指的是对茶客销售的有关物品，如茶叶、茶点、茶具等。商品管理的内容包括了商品的展示陈列、商品的定价、损坏处理规定、日常的维护、销售奖励等。而物品指除了商品外的那些物品，如一些设施设备、环境装饰物等，这些物品的使用和管理也会影响到茶馆的正常经营。因此，对物品的使用和管理也要根据相应的规章制度，主要包括了负责人的明确、具体的使用规定、损坏处理规定、养护措施与规定等。

（二）采购与库存管理

茶单确定后，所有的食品原料都必须通过采购获得。茶馆原料的采购，是茶馆为客人提供茶单上各种茶品和茶点的重要保证。如果原料的采购数量、质量或价格不合理，会使经营成本大大提高，因此对采购工作也要规范管理。进货之后，茶馆还要保证卖出的货物是合格的，所以茶馆管理人员还要建立一套科学、合理、完整的验收体系，保证整个验收工作在机制、体系上完善。随后就是库存管理，食品原料的贮存管理和发放控制与采购、验收工作一样，对茶馆产品的质量和食品成本控制有着重要的影响。食品原料的储存管理不到位会引起食品原料变质，或遭盗窃、丢失，或被私自挪用等问题。库存管理不严，不但使茶馆成本和经营费用提高，而且也无法保证茶客能获得优质的茶饮。

（三）财务管理

茶馆的财务管理是指茶馆根据国家财经法规制度，以茶馆可控资金为对象，以获得经济效益为目标，按照财务管理的原则，组织好相应的财务活动，处理好各方面财务关系的一项综合性经济管理工作。凡是涉及茶馆资金和物资流向的任何一个环节都离不开财务管理。具体而言，财务管理涉及了内部的会计制度、财务制度、工作流程、现金管理、资金运作、会计报表、税务等。茶馆资金供应链体系的有序运转，合理的人员统筹安排与物资支出，对于茶馆财务管理目标和经营效益目标的实现起着决定性作用。

二、茶馆销售管理

（一）产品销售计划

茶馆产品的销售和其他产品一样，也需要做计划，尽量做到采购多少、生产多少、销售多少。做销售计划首先可对茶馆产品做一个销售统计，即将茶馆茶叶等产品的销售份数记录下来。获得销售统计数据后，相关管理人员可用不同的方式对这些数据进行汇总。比如，按经营日期汇总，即将每日的销售统计数据按日期罗列，把每周或每月的数据列在一张纸上加以汇总，这种汇总数据能反映茶品或茶点的总销售趋势及各款茶品或茶点的销售趋势，由此可预计次日、下周或下月的茶品或茶点销量，有利于做好生产计划。随后进行销售预测，如果能对未来的销售量做出较为精确的预测，就能较准确地做好采购计划，从而能够每日较正确地确定各种产品的生产份数，避免盲目生产和采购，降低茶叶、茶点等变质和丢失的概率，减少浪费。

（二）产品价格制定

茶馆产品的价格制定是茶馆销售管理的核心内容。茶馆产品的价格体现了茶馆企业的档次、规格，反映了茶馆的市场定位和经营指导思想及经营策略。茶馆产品的价格是否合理，直接影响茶馆企业在消费者心中的印象，而这些又反过来决定了茶馆的经营业绩与效益。

（三）茶馆营业场所的销售决策

茶馆营业场所的销售决策所包括了茶馆营业时间的确定、淡季时间价格折扣决策、亏损先导推销决策等。茶馆在做这些决策时，都是以企业能获得目标经济效益为前提。

（四）销售控制

销售控制是从控制角度保证茶馆产品最终变化为茶馆商品的过程。这一过程的圆满实现，需要茶馆经营管理人员建立一个完整的茶馆销售控制体系，这个体系包括了对茶单的控制、对出茶和茶点过程的控制、对收银员的控制、对相应销售控制指标与销售报表的建立与考核。

三、茶馆服务管理

（一）茶馆服务环境的营造

茶馆服务环境是指茶客在品茶时所处区域的周边的环境状况，包括茶馆的空间布局、风格特征、光线色调、温度湿度、背景声音、清洁卫生等诸多方面。茶客到茶馆喝茶，在消费茶馆提供的茶品和服务的同时，还会感知周围的环境，获得相应的体验。因此，服务管理的第一要务，就是向茶客提供一个舒适、美好、安全的品茗环境。好的品茗环境能让顾客印象深刻、流连忘返。

（二）茶馆服务质量控制

为促使茶馆的每一项工作都能围绕着为茶客提供优质服务来开展，需要对茶馆服务质量进行控制。总的来说，要进行有效的服务质量控制，可从三方面着手。第一，建立服务规程和标准，即茶馆服务应达到的规格、程序和标准，用服务规程和标准来统一各项服务工作，使服务标准化、岗位规范化、工作程序化和系列化。第二，收集服务质量信息，茶馆管理人员应及时获取服务效果的相关信息，即茶客对茶馆的服务是否满意，根据茶客的反馈不断改进服务，提高服务质量。第三，做好员工培训，企业间服务质量的竞争主要就是员工素养的竞争，唯有通过严格的培训，才能保证茶客能获得高质量的服务。

四、茶馆人事管理

人事管理是茶馆经营管理的一项重要工作，有效地开发和利用人力资源，不仅可以降低经营成本，而且还可以有效地调动和提高员工工作的积极性和主动性，激发其工作热情，增强其责任心，从而促进茶馆经营目标的实现。人事管理的内容包括员工的招聘培训、工资、福利、考核、奖惩、激励、个人发展、心理调适等。一般的茶馆要结合自身的具体情况，制定一套切实可行的人事制度，对相关内容做出详细的规定和要求，指导人事工作。

Chapter 9

第九章

English on tea drink

茶饮英语

本章导读

茶饮英语主要应用于茶饮场合的交流，并非另类的英语，在语法和表达方式上更没有别出心裁的地方。所谓“专业英语”，主要涉及专门领域的常用词汇以及一般词汇用于专门领域时的特有含义。

茶饮知识的主体，在文化交流或日常话题所涉方面，通常包括茶叶的品质特点和成因、茶艺冲泡和器具选用以及茶饮文化历史等。据此，本单元内容以双语方式来编写，英语部分尽可能选自原文为英语的知识性短文，因其平易、生动而便于运用。

学习目标

1. 知识目标：了解茶饮文化及相关的英文表述
2. 能力目标：能够真正用英语对外交流

Section 1 Characteristics of tea kinds and the relevant causes in harvesting and producing

第一节 茶叶的品质特点及其采制原因

"Tea" is a product made from the leaves, buds or young twigs of the tea bush or tree "Camellia sinensis". It is commonly consumed in the form of a beverage made by steeping it in hot water for a few minutes or cooking it for more minutes. The name tea derives from the Chinese character 茶, pronounced "te" in the Min Nan dialect. The flavour of the raw tea is developed by processes including oxidation, heating, drying and the adding herbs, spices or fruits. Tea is a natural source of caffeine and the amount ratio is even more than in coffee beans.

茶，以拉丁学名为"Camellia sinensis"的灌木或乔木型茶树之当年生的叶、芽或嫩枝为原料制成。通常的饮用方式，是以热水冲泡几分钟或煮更长一点时间来做成饮料。"tea"这个词源自汉字"茶"，闽南语发音为"te"。毛茶的风味通过氧化、加热、干燥加工过程形成，并由添加药草、香料或水果而得到扩展。茶是咖啡因的天然来源，其含量甚至高于咖啡豆。

The term herbal tea usually refers to infusions of fruit or herbs containing no actual tea, such as rosehip tea or chamomile tea. Alternative terms for this are "tisane" or "herbal infusion".

药草茶，通常是指用玫瑰果或洋甘菊等不含茶叶的水果或药草冲泡出来的饮料，对应的英语词汇为 tisane 或 herbal infusion。

Tea is grown primarily in countries and regions of China, India, Bangladesh,

Pakistan, Iran, Republic of Korea, Sri Lanka, Japan, Indonesia, Nepal, Australia, Argentina, and Kenya.

茶树，主要种植于中国、印度、孟加拉国、巴基斯坦、伊朗、韩国、斯里兰卡、日本、印度尼西亚、尼泊尔、澳大利亚、阿根廷和肯尼亚等国家和地区。

一、Tea category and its basis 茶叶类别及分类依据

There is an infinite variety of tea kinds. All tea comes from the plant camellia sinensis. Camellia sinensis is a tropical and subtropical evergreen plant native to China. As an evergreen, the tea tree continuously grows but goes into dormancy owing to cooler seasonal weather changes.

茶叶的品类千变万化，然而所有的茶均产自茶树。茶树是一种热带及亚热带常绿植物，其原生于中国。作为一种常绿植物，茶树会在一年四季中持续生长，但会在较为寒冷的季节进入休眠。

The tea tree itself may grow over 10 meters, but to allow ease of harvest, they are typically trimmed down to about 0.6~0.9 meters, with exception to wild and ancient tree teas which are harvest using ladders.

茶树可生长至 10 米多高，为了方便采摘，通常会被修剪至 0.6~0.9 米，野生或古茶树则除外，故其采摘时需要用到梯子。

Tea is best grown within 20 degrees of the equator between the Tropics of Cancer and Capricorn. Leading tea-producing countries include China, India, Japan, Kenya, Sri Lanka and Vietnam. Although, Camellia sinensis is a cultivated plant in over 49 countries and regions between longitudes 42 degrees north and 33 degrees south.

茶树适合生长在南北纬 20° 之间，即南北回归线之间。茶叶的主要生产国，有中国、印度、日本、肯尼亚、斯里兰卡和越南，而茶树的栽种在世界上超过 49 个国家和地区，北至北纬 42° ，南至南纬 33° 。

The primary type of tea sold and the way it is prepared in each country also varies. China is mainly a green tea producing and consuming country, often preparing hot tea with a gaiwan, India is considered a black tea consuming country preparing hot tea primarily with a tea pot and adding milk and sugar. The USA consumes a variety of teas with the highest consumption being iced tea – black and herbal teas are primarily consumed using tea bags.

茶的种类和饮用方式在不同国家均有不同。中国以绿茶生产和消费为主，人们常以盖碗泡饮热茶；印度是红茶消费国家，人们用茶壶沏茶，添加牛奶和糖来饮用；美国则消费各种茶，以冰茶最多，通常以红茶或香草茶包为主。

The main types of tea are distinguished by their processing and characters especially based on the degree or period of fermentation (oxidation) the leaves have undergone. They are green tea, black tea, oolong tea, white tea, yellow tea and dark tea.

茶叶的类别以加工工艺和品质特点尤其是按发酵（氧化）程度和先后来区分，分为绿茶、红茶、青茶（乌龙茶）、白茶、黄茶和黑茶。

二、Green tea 绿茶

Green tea is made from unfermented leaves of the Camellia sinensis plant. Unlike oolong teas and black teas, green tea does not go through the oxidation process – heat is applied to the leaves to neutralise the oxidative enzymes before oxidisation is able to take effect. The resulting liquor of infused green tea is typically light and pale in colour, often with a green hue.

绿茶是未经发酵的茶叶。与乌龙茶、红茶不同，绿茶没有经过氧化过程，为此，鲜叶在氧化反应开始之前就要施以热量，以抑制氧化酶的活性。绿茶的茶汤通常口感较轻，清汤绿叶。

There are mainly two ways of heat applied to stop oxidation: one is with steam, another is by dry cooking in hot pans.

利用高温阻止（茶多酚）氧化有两种主要导热方式，一种是蒸汽，一种是锅炒。

Xihu Longjing is on the top of Chinese green tea. It is well-known not only by the green color, the strong fragrance, aromatic taste and beautiful shape, but also with the famous mountains, temples, lakes, springs in the place where it is from.

西湖龙井：西湖龙井是中国绿茶的第一名品。它不但拥有色绿、香郁、味甘、形美的四绝美誉，而且也因出产地所在的山、寺、湖、泉而增色。

三、Black tea 红茶

Black tea is the most popular tea in the world.

红茶是世界范围饮用最为普遍的茶。

Black tea is also referred to as "Red tea in China", a description of the colour of the liquid. In contrast, the English term black tea refers to the colour of the dry leaves. "Red tea" may refer to rooibos, an increasingly popular South African tisane.

红茶"Black Tea"，在中国是以茶汤颜色命名，而在英语里则是按照干茶颜色命名。"红茶"用来称呼"rooibos"（南非博士茶），那是渐受热捧的南非非茶之茶。

Black tea is considered to be fully oxidised, although there is still a range of oxidisation possible in manufacturing black tea. To produce black tea, the tea is rolled and left to rest in a warm damp environment to promote oxidisation. Heat is applied to the tea once the desired level of oxidisation has been accomplished.

通常认为，红茶是全发酵茶，但红茶制作的氧化程度存在一定的范围。在加工过程中，茶叶经揉捻，然后在湿热环境下静置以促进其氧化，一旦氧化程度达到标准，茶叶需要加热以终止氧化。

Lapsang souchong : Originally from Mount Wuyi in the Fujian province of China. Lapsang souchong is a black tea which is withered and dried over smoldering pine branches and roots, thereby developing a strong smoky flavour.

正山小种：源自中国福建武夷山的正山小种，用松树枝为燃料萎凋和烘干的红茶，故而发展出强烈的松烟香。

Keemun: It has a light flowery, sweet flavor.

祁门红茶：具有如花似蜜的风味。

Yunnan Congou: This strip-shape tea from the southern-west part of China has strong flavor with flower scent.

云南工夫红茶：中国西南所产的条形红茶，滋味浓厚，有花香。

四、Oolong tea 青茶

Oolong tea is produced only in China. With a special and duplicated production method, this tea is a partly fermented one with a special flowery aroma.

乌龙茶仅产于中国，制作工艺复杂，属于半发酵茶而带花香。

Oolong tea is a partly oxidised tea, with oxidisation falling somewhere in between green and black tea typically in the range of 8% to 85% depending on the style of tea being made. Most oolong teas use tea plant cultivars specifically chosen to produce oolong.

乌龙茶是半发酵茶，其氧化程度在绿茶和红茶之间，范围为 8%~85%。制作乌龙茶的茶树多有专选的品种。

During production, the leaves are typically kept as whole leaves that can either be compressed into balls or rolled into whole leaf strips. Oolong tea can be roasted to varying degrees to bring about alternate flavour characteristics (floral an aromatic to lightly toasty, to dark golden roast). Less oxidised oolongs offer a more fresh green tea taste, whilst heavily oxidised oolongs present a more malty tea flavour.

在加工过程中，茶叶以整叶的形式进行揉捻，制成球状或卷状。乌龙茶的焙制程度各不相同，其风味由此发生变化（轻焙的茶花香更浓，重焙则色深）。氧化程度较低的乌龙茶有比新鲜绿茶更丰富的风味，重发酵的乌龙茶则呈现更多麦香味。

Phoenix single bush comes from GuangDong Cao'an district's Phoenix Mountains. Mainly according to the nuances in fragrance, Phoenix single bush can be further categorized into more than 80 varieties, such as "Milan Xiang" "Rougui Xiang" "Xingren Xiang" etc.

凤凰单丛产自广东潮安地区。以其香气特点为依据，可分出 80 多个品种，如黄栀香、肉桂香、杏仁香等。

五、White tea 白茶

White tea is produced mainly in Fudng and Zhenghe of Fujian and is the most delicate of all teas. White tea undergoes minimal rolling and is typically withered as the main processing. Its name derives from the fine white hairs on the unopened buds of the tea plant, which give the plant a whitish appearance. The resulting tea liquor created during infusion is also typically light or whitish in colour.

白茶主要产自福建福鼎和政和，在所有茶类中口味最为清淡。加工时揉捻轻或不揉，而以萎凋为主要工序。其茶名来自茶树上未绽嫩芽的白毫所给予干茶的偏白外观，茶汤颜色同样清浅。

Figure 9-1 Silver needle Pekoe（白毫银针）

White peony/Bai Mudan is made from the bud and leave. After being steeped, the leaves unfold with the silver bud resembling petals of a peony blossom.

白牡丹茶有芽有叶，冲泡之后叶护衬着芽，形似花朵，故名白牡丹。

六、Yellow tea 黄茶

The quality characteristic of Yellow tea is that the dry tea and tea infusion are both in yellow color. The yield of this tea is very low.

黄茶品质特点是黄汤黄叶，其出产很少。

Yellow tea is made in a similar way to green tea, but the leaf on processing is smothered and left to oxidise at a slow rate, producing leaves that are slightly yellow in colour and which offer a more mellow taste than green tea. It also showed that yellow tea has stronger antioxidant activity and anti-inflammatory properties than green tea.

黄茶的生产过程与绿茶类似，但在制叶经闷制会缓慢氧化，从而带有淡黄色，滋味相比绿茶更加柔和。黄茶的抗氧化功能和消炎成分比绿茶更强。

Junshan Yinzhen: Junshan Yinzhen is from Junshan Island in Dongting lake of the Hunan Province in China.

君山银针产自中国湖南省洞庭湖君山岛。

七、Dark tea 黑茶

Dark tea is a category of post-fermented teas. This category includes teas like Pu-erh, Hunan Heicha, Sichuan Heicha, Liupu Cha and An Cha etc.

黑茶是后发酵茶类，包括普洱茶、湖南黑茶、四川黑茶、六堡茶和安茶等。

Pu-erh is from Yunnan province in China. It is pressed into various different shapes including discs (bing), bricks (zhuan), birds' nests (tuo), square (fang), mushroom (jin), melon (jingua), or can be left loose (san).

普洱产自云南，压制的形状有饼茶、砖茶、沱茶、方茶、蘑菇茶、金瓜贡茶等，也有散茶。

According to the processing, Pu-erh comes in two varieties: the traditional raw (sheng) tea, or piled (shu) tea. Sheng Pu-erh requires aging to fully mature and turn the color both of dry tea and liquor into a rich brown/dard color. This process can take more than 10 years and develops complex characteristics as it ages. Shu Pu-erh undergoes a being-piled process which takes only months to complete and produces a tea similar to that of the naturally aged Sheng Puerh in apperance and quality, but with less complexity in flavor.

普洱茶分为两种：生普和熟普。生普洱需要陈化足够时间，直至茶颜色变为棕黑色。陈化过程可长达 10 年以上，茶的口味会随年份发生变化。熟普的加工只需数月时间的渥堆便可完成，其外观和内质与生普相似，但风味的丰富性不如自然陈化的生普。

八、Flower scented tea 花茶

Dry tea is able to easily receive any aroma, which may cause problems in processing, transportation or storage of tea, but can be also advantageously used to prepare scented teas.

干茶易于吸附气味，这既导致加工、运输或储存产生问题，却也有利于制作窨花茶。

Scenting is mixing tea leaves and desired fresh flowers together to give the tea the scent from flowers. After scenting, the scented tea needs to re-dried due to the water content of fresh flowers. Jasmine would be removed while Osmanthus be kept because it helps the flavor but jasmine does not. In some cases a small protion of jasmine would be kept for decoration.

窨制，是将茶叶与所选鲜花拌和，让花吐香气给到茶叶。窨过后，源于鲜花所含水分的吸收，在制茶需复火干燥。茉莉花要起出而桂花需留下，因为前者无益于风味而后者有益。也有保留少量茉莉花以点缀的做法。

Jasmine tea is a tea which is scented with jasmine flowers. Originally, only green tea was used to scent with jasmine flowers. However, nowadays white, black and oolong tea is scented with jasmine too.

茉莉花茶是用茉莉鲜花窨制成的花茶。原本只用绿茶来做，现在也有用白茶、红茶和乌龙茶来做的。

九、Terms on tea producing 制茶工艺术语

1. Flavor relating to process 工序之于风味

There are four main processes, totally or in part, used in creating the various kinds of teas with various flavors. They are: a）Choose type of tea to be used, Leaf bud type vs. leave type; b）Fermentation; c）Rolling; d）Baking.

总体上看，用于制茶以致毛茶风味不同的主要工序有四种：a. 鲜叶选择，芽叶

型或叶型；b. 发酵；c. 揉捻；d. 烘焙。

2. Classified by fresh leaf grade 按原料分类

According to the maturity of fresh shoots material, dry tea leaves can be divided into tip-tea type and leaf-tea type. The defference between the two types is: tipped tea with tips or all tips and while leafed tea with no tips at all. The soup of tip-tea is delicate while the leaf-tea's is more robust.

按鲜叶原料的成熟程度，成品茶可分为芽茶型（tip-tea type）与叶茶型（leaf-tea type）。其主要区别在于：芽茶原料带有芽或全为芽，叶茶原料无芽。在茶汤方面，芽茶比较细腻，叶茶比较粗犷。

3. Meaning of fermentation 发酵的含义

Fermentation occurring in the tea producing course has two kinds, they are pre-fermentation and past-fermentation. Pre-fermentation is usually caused by polyphenol oxidation enzyme and past-fermentation is caused with microorganism. So the later one is a real one. The color of brewed-tea helps to determine the degree of fermentationgreen (light) → red (heavy).

制茶和茶叶风味形成过程中的发酵，有前发酵和后发酵两种。前发酵通常由多酚氧化酶促成，实为以氧化为主的生物化学变化过程；后者既有酶的参与，也有非酶促氧化部分，并因有微生物的参与，是真正意义上的发酵。叶底可借以判断茶叶的发酵程度：绿（轻）→红（重）。

4. Tea finery remanufacturing 茶叶再加工

After finery processing, remanufacturing may take place. Its purpose is making different varieties of tea. There are four types of remanufacturing—scenting, baking, blending and mixing.

精制后，可能作再加工，以图变化。再加工有四种方式，即窨制、焙火、拼配和调味。

5. Flower scenting 窨花

Each kind of flower has its own character just as each kind of tea has. When the scenting process is taking place, flowers and teas that have similar character would be mixed together. For example, jasmine usually would be mixed with light-rolling Ch'ing-

Ch'a, because both of them have young and vigorous characters. Osmanthus is usually mixed with midiun-rolling Dongding or heavy-rolling Tieguanyin because they all have old and steady characters.

如同茶叶，每种鲜花都有各自的特点。窨制时，气质相近的花和茶将拌和在一起。例如，茉莉花通常跟轻揉捻的清茶拌和，因两者都清新而充满活力；桂花跟中度揉捻的冻顶或重揉捻的铁观音拌和，因其都具有成熟和稳重的特性。

6. Baking 焙火

Baking is the second type of remanufacturing. High temperatures are used to be bake the tea and give it a "baked" flavor. When it is baked for shorter periods of time and / or at lower temperature, the tea is called "raw". When it is baked for longer periods of time and / or at higher temperatures, the tea is called "ripe". The brightness of dry tea leaves and brewed-tea help to distinguish if the tea is "raw" or "ripe". Raw tea has lighter color than ripe tea.

烘焙是茶叶再加工的第二种方式。焙茶用高温，给予"经烘焙的"风味。烘焙时间短些、火温低些的茶以"生"相称，时间较长、火温较高则称为"熟"。干茶和叶底的亮度，有助于判断"生"或"熟"。生茶会更亮一些。

7. Blending 拼配

Almost all teas in tea-bags and most other teas sold in western countries are blends. Though recently with improvements in the dry freeze technique and the improved infusion method, tea powder and condensed tea essence that only needs hot or cold water to make a cup of tea are sold. Blending may occur at the level of tea-planting area (e.g., Assam), or teas from many areas may be blended. The aim of blending is a stable taste over different years, and a better price. More expensive, more tasty tea may cover the inferior taste of cheaper tea.

在西方国家，几乎所有茶包形式或大部分其他样式销售的茶，都是拼配的。随着近期冻干技术和冲泡方法的进步，只需热水或冷水即可冲泡一杯茶的茶粉和浓缩茶已上市。拼配工序可于茶种植区（如阿萨姆）即完成，拼配来自各产茶区的茶叶。拼配的目的，在于保持多年稳定的口味和更好的价格。较贵而口味较好的茶可以弥补廉价茶的瑕疵。

8. Mixing and additives 调配和加味

The forth type of remanufacturing is mixing. In the mixing process, the desired flower, fruit or herbs are mixed with the tea. For example, Luo-Shen flower are combined with black tea to create Luo-shen black tea and peppermint tea is created by combined Ch'ing-Ch'a and peppermint. There are various teas which have additives.

第四种方式是调味，即选用花、果、药草与茶叶相配。例如，洛神花跟红茶、薄荷跟清茶的调配。另外还有加味茶。

9. The names of tea 茶叶名称

basic tea type 基本茶类

green tea 绿茶
non-fermented tea 不发酵茶
roasted green tea 炒青绿茶
basket-fired green tea 烘青绿茶
steamed green tea 蒸青绿茶
solar-drying green tea 晒青绿茶
black tea 红茶
all-fermented tea 全发酵茶
souchong 小种红茶
bohea/lapsang suchong 正山小种
congou 工夫红茶
keemum 祁红
strip black tea 条形红茶
broken black tea 红碎茶
oolong tea 乌龙茶
oriental beauty formosa oolong tea 东方美人
bitten tea 着涎茶
motley tea 三色茶
champagne oolong 白毫（香槟）乌龙
white tea 白茶
white tea by new processing method 新工艺白茶
white bud tea 白芽茶
white leaf tea 白叶茶
yellow tea 黄茶
yellow little leaf tea 黄小茶
yellow bud tea 黄芽茶
post-fermented tea 后发酵茶
yellow large leaf tea 黄大茶
Liupu tea 六堡茶
dark tea 黑茶
Pu'er tea 普洱茶
reprocessed tea type 再加工茶类
compressed tea 紧压茶
brick tea 砖茶
others 其他
tribute tea（in … dynasty）贡茶
single bush 单丛
tea plucking 鲜叶采摘
wild tea plant 野生茶树

cultural tea plant 栽培茶树　　buttered tea 酥油茶

smaller green leaf-hooper 小绿叶蝉

intercroping between tea and fruit tree 茶果间作

10. Words and phrases on tea producing 制茶用词

vegetative orgen 营养器官　　new shoot 新梢　　tea polyphenol(s) 茶多酚

amino acid 氨基酸　　caffeine 咖啡因　　polyphenol oxidase 多酚氧化酶

withering 萎凋　　fermentation 发酵　　smothering 闷黄

piling 渥堆　　rolling 揉捻　　drying 干燥

Section 2 Tea preparation and utensils

第二节 茶艺冲泡及器具选用

一、Tea drink 茶饮

（1）Only beverages containing camellia sinensis are considered tea.

只有含有茶叶的饮料才称为茶。

（2）Herbal infusions that do not contain camellia sinensis are not teas.

不含有茶叶的花草茶不是茶。

（3）Oolong tea, black tea, chai tea (if containing black tea) are considered teas.

乌龙茶、红茶和印度香茶（若含有红茶）都是茶。

（4）Peppermint, Camomile and lemongrass are considered herbal infusions or tisane, and not tea.

薄荷、洋甘菊和柠檬草都是花草饮料而不是茶。

（5）Tea originates from China and tea production is wide spread. China is the largest producer of tea.

茶源自中国，茶饮遍布世界。中国是最大的产茶国。

二、Tea preparation 行茶

It is the course of turning the tea leaves to liquor called tea preparation. Nowadays the main current way of preparing tea is brewing.

行茶，就是把茶叶用水转换为茶汤的过程。当代行茶的主要方式是冲泡。

Current main way of Tea Infusion is to infuse leafy grade tea in a brewing vessel (gaiwan or teapot).

中国现行的主流行茶方式，是用冲泡器（盖碗或茶壶）来冲泡叶茶。

1. The gongfu tea ceremony 工夫茶

The gongfu tea ceremony is a kind of Chinese tea ceremony, involving the ritualized preparation and presentation of tea. It is probably based on the tea preparation approaches originated in Fujian and the Chaoshan area of eastern Guangdong.

工夫茶是中国茶道的一种，具有行茶和奉茶的仪式感。其源于福建和粤东潮汕的行茶方式。

2. Green Tea 绿茶

Water for green tea, according to most accounts, should be around 80 °C to 85 °C; the higher the quality of the leaves, the lower the temperature. Preferably the containers in which the tea is steeped should be warmed beforehand.

根据数据测量，用于冲泡绿茶的水应为 80℃ ~85℃，茶叶品质越高，要求水温越低。泡茶用器宜事先烫热。

3. Black Tea 红茶

The water for black teas should be added at the boiling point, except for very delicate Darjeeling teas, where slightly lower temperatures are recommended. This will have as large an effect on the final flavour as the type of tea used. The most common fault when making black tea is to use water at too low a temperature. Since boiling point drops with altitude, this makes it difficult to brew black tea properly in mountainous areas. The tea should not be allowed to steep for less than 30 seconds or more than about five minutes (a process known as "brewing" or dialectally "mashing" in the UK), After that, tannin is released, which counteracts the stimulating effect of the theophylline and caffeine and makes the tea bitter (at this point it is referred to as being "stewed" in the UK).

用于冲泡红茶的水应加热到沸点，除了很细嫩的大吉岭红茶建议用稍低的水温。因茶品而异的水温，对最后的风味有很大的影响。常见的错误，是冲泡红茶用了温度过低的水。水的沸点随纬度而下降，使得在高山地区泡好红茶有困难。行茶的浸泡时间不应短于 30 秒也不宜超过 5 分钟（在英国称为“沏泡”，方言称为“mashing”的过程）。经此，对茶碱和咖啡的刺激性有抵消作用的茶单宁得到释放，并带来苦味（在这一点上，对应英国的煮茶）。

4. Oolong Tea 乌龙茶

Oolong teas should be brewed around 90 °C to 100 °C. The brewing vessel should be warmed before infusing. Yixing clay teapots and porcelain gaiwan are the ideal brewing vessel for oolong tea. For best results use spring water, as the minerals in spring water tend to bring out more flavour in the tea.

冲泡乌龙茶，水温应为 90℃ ~100℃，冲泡器也需预热。宜兴紫砂壶和瓷盖碗为冲泡乌龙茶的上选，水宜山泉。

5. Buttered tea 酥油茶

Butter, milk, salt, and sugar are added to brewed tea and churned to form a hot drink called Po cha in Tibet. Traditionally it is made with brick Dark tea liquor, yak's milk and butter in a churn for several minutes to blend them well.

在西藏，茶汤加入奶酪、牛奶、盐和糖，舂打做成称为酥油茶的热饮。传统上，它用黑砖茶汤、牦牛奶和奶酪混合，舂打数分钟做成。

6. Additives 辅料

The socially "correct" method is to add the milk after the tea, but this convention was established before the invention of the refrigerator. Adding the milk first also makes a milkier cup of tea with sugar harder to prepare as there will be no hot liquid in the cup to dissolve the sugar effectively. Of course, if the tea is being brewed in a mug, the milk must be added after the tea bag is removed.

社交场合“正确的”方法，是加奶入茶，不过这种做法的确立是在冰箱发明之前。先加奶使奶味更足，但糖不易有效融化。当然，如果茶是在杯子里冲泡的，奶就只能在取出茶包后加入。牛奶被认为可以中和茶单宁和降低酸度。

三、Tea utensils used in cooking tea in Tang Dynasty 唐代煮茶及所用器具

1. The way of tea cooking 煮茶法

The cake tea processing method was the major tea manufacturing method in the Tang Dynasty. The tea soup cooking with dressings was changed into pure tea brewing because of Lu Yu's advocacy after the middle Tang. The cake tea was ground into powder, shifted and cooked in a caldron before drinking.

唐代制茶以紧压饼茶为主。加辅料混煮茶汤的方式，在中唐因陆羽对清饮的提倡而改观。饮茶时，饼茶碾碎成末，筛后在釜中煮成茶汤。

Xiao Yi Obtaining the Painting of Lanting with Trick Picture drawn by Yan Liben was a precious reference about tea cooking by people of the Tang Dynasty, were a typical scene of tea cooking by people of the Tang Dynasty is shown.

《萧翼赚兰亭图》，由阎立本创作，在佐证唐代煮茶上弥足珍贵，呈现的是典型的煮茶情形。

Figure 9-2 The secret celadon plate（秘色釉瓷盘）

Lu Yu described twenty-four utensils used in tea cooking in his *Tea Classics*. They are:

陆羽《茶经》叙述了廿四茶器。其为：

brazier 风炉　　charcoal basket 炭筥

第九章 茶饮英语

charcoal mallet 炭檛
fire chopsticks 火筴
cauldron 鍑
cauldron stand 交床
tea-cake pliers 夹
paper wallet 纸囊
crushing roller 碾
sieve box 罗合
tea scoop 茶则
water vessel 水方
water filter bag 漉水囊
gourd scooper 瓢
bamboo tongs 竹夹
salt container 鹾簋
boiled water vessel 熟盂
bowl 碗
bowl basket 畚
brush 札
water basin 涤方
spent tea basin 滓方
tea cloth 巾
utensil table/utensil basket 具列 / 都篮

四、Tea utensils used in whisking tea in Song Dynasty 宋代点茶及所用器具

The way of tea whisking 点茶法

Toasting: Tea bricks are usually first toasted over a fire to destroy any mold. Toasting also likely imparted a pleasant flavour to the resulting tea.

炙茶：茶砖通常先在火上烘烤以解块。炙茶还可提香。

Grinding: The tea brick was broken up and ground to a fine powder.

末之：茶砖捶碎后碾成粉末。

Whisking: The powdered tea is mixed into hot water and frothed with a whisk before serving. The colour and patterns formed by the powdered tea is enjoyed while the mixture is being imbibed.

击搅：末茶浸于热水，以茶筅击打出泡沫来饮用。饮用之前，可以鉴赏茶汤的色泽和纹样。

The ground and whisked teas used at that time called for dark and patterned bowls in which the texture of the tea powder suspension can be enjoyed. The best of these bowls, glazed in patterns with names like oil spot, partridge-feather and hare's fur are highly valued today.

经磨末和击点的茶盛以黑色和有纹样的茶碗，使得茶汤“肌理”得以欣赏。最好的茶盏，按纹样名为油滴、鹧鸪斑和兔毫盏，至今仍受推崇。

Shen'an described twelve utensils in tea praperation in his 'Pictorial of Tea Ware'. Their names are:

审案老人《茶具图赞》述有宋人行茶所用 12 件茶具，其名称为：

Wei Honglu（tea container）韦鸿胪（茶笼）

Mu Daizhi（woody Pestle and mortar）木待制（木椎）

Jin Facao（tea crushing roller）金法曹（茶碾）

Shi Zhuanyun（tea mill stones）石转运（茶磨）

Hu Yuanwai（gourd scooper）胡员外（茶杓）

Luo Shumi（tea sifter）罗枢密（茶罗）

Zong Congshi（tea broom）宗从事（茶帚）

Qidiao Mige（lacquered tea-bowl saucer）漆雕秘阁（盏托）

Tao Baowen（porcelain tea bowl）陶宝文（茶盏）

Tang Tidian（water kettle）汤提点（汤瓶）

Zhu Fushuai（tea whisk）竺副帅（茶筅）

Si Zhifang（tea towl）司职方（茶巾）

五、Current tea utensils relating to tea drink preperation 当代行茶及相关器具

The way of tea steeping 泡茶法

After 1391, Emperor Hung-wu, the first Emperor of the Ming Dynasty, decreed that tributes of tea to the court were to be changed from brick to loose-leaf form. The imperial decree quickly transformed the tea drinking habits of the people, changing from whisked teas to steeped teas. This is the current main method of preparing tea in Chinese culture.

1391 年之后，明代开国的洪武皇帝下诏贡茶由砖改散。皇令很快改变了人们

的茶饮习惯，点茶改为了泡茶，此法至今仍为主流。

The main utesils used in the way of steeping tea are named Jing Porcelain and Yi Pottery, they are Yixing purple-clay teapot and Jingdezhen white inner glazed tasting cup.

泡茶所用主要器具为景瓷宜陶，即泡茶用宜兴紫砂壶，品茗用景德镇白瓷杯。

The teapot is needed such that the tea leaves can be steeped separately from the drinking vessel for an infusion of proper concentration. The tea also needs to be kept warm and the tea leaves must be separated from the resulting infusion when required.

茶壶用来分开泡茶和品茗，同时可以保温茶汤和分离茶、汤。

Tea caddies and containers also became necessary in order to keep the tea and conserve its flavour. This due to the fact that tea leaves do not preseve as well as tea bricks. Furthermore, the natural aroma tea became the focus of the tea drinking due to the new preparation method.

茶罐和茶瓮等也成为必要，以储存茶叶并保持其风味。这源于散茶不如砖茶易于保存。进一步，茶香成为饮茶的关注点。

A change in chinese tea “drinking vessels” was also evident at this point. Smaller bowls with plain or simple designs on the interior surfaces were favoured over the larger patterned bowls used for enjoying the patterns created by powdered teas. Tea drinking in small bowls and cups was likely adopted since it gathers and directs the fragrant steam from the tea to the nose and allows for better appreciation of the tea’s flavour.

中国茶饮器也因此改变，容量小、内表面简单的茶盏胜过容量大而装饰纹样的茶碗。饮于小盏小杯利于香气入鼻和品鉴风味。

tea utensils used in tea steeping 泡茶器具

tea infuser 泡茶器	teapot 茶壶	teacup 茶杯	gaiwan 盖碗
tea scoop 茶则	tea holder 茶荷	tea caddy 茶叶罐	tea spoon 茶匙
tea clip / tongs 茶夹	tea guider 茶拨	glasses 玻璃杯	pot bearing 壶承
lid holder 盖置	cup saucer 杯托	tea tasting cup 品茗杯	tea cloth 茶巾
scent sniffing cup 闻香杯		fair pitcher 公道杯	
tea liquor filter 滤网		water pot / jar 水盂	

tray / salver 托盘

piaoi teapot / tea maker 飘逸杯

六、Words and phrases on tea-brewing 泡茶用词

Three T's of Brewing: tea amount, temperature of water, time of infusion

泡茶三要素：茶叶投量，冲泡水温，浸泡时间

single brew 单次冲泡

multi brew 多次冲泡

tea to water ratio 茶水比例

flaking 紧压茶解块 / 撬茶

degree of rolling 揉捻轻重

brewed leaves 叶底

tea harvest tenderness 茶青嫩度

tea shape tightness 紧结程度

roasting degree 焙火的轻重

aging time 陈放 / 化的时间

piling or non-piling 渥堆与否

water soluble substance quantity 水可溶物的多寡

interval time 间隔时间

cold brewing 冷泡法

heat preservation capacity 保温性

determine water temperature 判断水温

solubility rate/propotion 溶出速度 / 率

tea liquid temperature 茶汤温度

pre-brew 温润泡

equal division 均匀分茶法

serve tea 奉茶

tea ceremony site 茶席

cooking tea 煎茶

whisking 点茶

brewing tea 泡茶

bitterness 苦味

astringency 涩味

aged scent 陈香

mouthfeel 口感

pre-brew scent 汤前香

post-brew scent 汤后香

teapot gripping styles 持壶法

pour/guide tea into holder 倒 / 拨茶入荷

appreciate water 品泉

observe tea liquid color 观汤色

smell hot aroma 热嗅

smell warm aroma 温嗅

smell cool aroma 冷嗅

taste tea flavor 尝滋味

observe brewed leaves 看叶底

observe appearance 干评

七、Words, phrases and example sentences on tea arts and events 茶艺茶事用词句

floral arranging 插花

incense lore 焚香

hanging arts/scroll 挂画

tea brewer 司茗

brewer assistant 茶童

tea man 茶人

tea doctor 茶博士

tea partner 茶侣

tea monk 茶头

tea affairs 茶事

tea pleasure 茶趣

ea break 茶歇

tea fitness 茶宜

beauty of white space 空白之美

unwilling to part 依依不舍

tea ambience 品茗环境

sans self tea gathering 无我茶会

once in a lifetime 一期一会

Tea master maxim: improve brewing is advancing the ability of the tea artists, is the way to the spirit of tea, is the enlightenment of the tea world.

泡茶师箴言：泡好茶，乃茶人体能之训练，茶道追求之途径，茶镜感悟之本体。

The aesthetic ability refers to the ability of discovering, feeling, understanding, appreciating and creating beauty.

审美能力是人发现、感受、理解、欣赏和创造美的能力。

The Japanese have a special way of serving tea called tea ceremony or chanoyu.

日本人用一种特殊的方式来上茶，被称为茶道或“茶之汤”。

The most interesting aspect of watching chanoyu is the beauty of the movements and positions.

观赏茶之汤，最有趣的是其动作和姿态的美。

If you look at how an experienced tea practitioner sits, you see that the shoulders and arms are completely relaxed, the spine is straight, and the weight of the body is focused below the navel.

若观察有经验的习茶者之坐姿，会看到肩膀和手臂是完全放松而脊梁挺拔，身

体重量落在脐部以下而安稳。

Afternoon tea and tea parties are Western examples of the intricate formal ceremonies. The traditional British afternoon tea is full of romance and leisure as a treat for family members and friends. They drink afternoon tea in their sitting room or in their gardens.

下午茶及茶会是西方繁复礼节的典范。传统的英国下午茶，充满了浪漫和悠闲，它是对家人和朋友的一种款待。他们在起居室或者花园里喝下午茶。

The current fete form on international has banquet, buffet meeting, bender, tea party.

国际上通用的宴请形式有宴会、招待会、冷餐会、酒会、茶会等。

There are seven necessities in traditional Chinese daily life: Firewood, rice, oil, salt, sauce, vinegar and tea are the seven necessities to begin a day.

中国人传统生活有开门七件事：柴米油盐酱醋茶。

Section 3 Words, phrases and sentences on tea history and culture

第三节 茶饮文化历史的相关词语和句子

Tea embodies the intimate relationship between humans and nature. It infiltrated into the life ideal of the Chinese nationality since the beginning when tea was introduced into human life. Whether or not all those legends have any basis in fact, tea has played a significant role in Asian culture for centuries as a staple beverage, a curative and a symbol of status. The Chinese are credited most for the development and cultivation of tea and the methods of its early preparation and use.

Figure 9-3 Tea drinking began from ShenNong's tasting all kinds of herbs
（茶之为饮，发乎神农氏）

茶凸显了人与自然的关联，它从进入人类生活的起就渗入了中华民族的理想生活中。无论所有传奇是否属实，茶在亚洲文化中作为一种基本饮料、一种治病方式、一种地位符号扮演了显著的角色。中国人确信为对茶饮发展和茶树种植及其利用方式居功至伟。

According to the legend, tea drink began from the times of Shennong who is the god of agriculture. He would chew leaves, stems, and roots of various plants to discover medicinal herbs. If he consumed a poisonous plant, he would chew tea leaves to detoxify the poison. Because of this, tea is considered one of the earliest Chinese medicines.

依据传说，茶饮发乎神农氏。神农咀嚼不同植物的叶、茎和根（“尝百草”）来发现药草，如果遇毒，他会嚼食茶树叶子来解毒。由此，茶被认为是中国最早的药物。

In one story, Gautama Buddha is said to have discovered tea, when a falling tea leaf happened to land in his cup one day as he sat meditating in a garden.

有个故事说的是释迦牟尼发现了茶，因为某一天他在园中冥想时一片茶树叶正好掉落到他的杯子里。

Bashu district was the earliest tea producing area and so was called cradle of Chinese tea. In the earliest local chronicles “Hua Yang Guo Zhi”, it was recorded that people in Bashu states had begun to plant tea about 3000 years ago.

巴蜀地区是最早产茶的，并因此称为中国茶的摇篮。在当地最早的编年史《华阳国志》记载，巴蜀人种茶始于约 3000 年前。

In the Han Dynasty, tea drinking was very popular in Bashu district and tea began to be a commodity in commercial circulation. Wang Bao, a Sichuan celebrity of the West Han Dynasty wrote in his document *The contract with servant* about “brewing tea and preparing tea utensils” as well as “buying tea from Wuyang Town”. *The contract with servant* was then a document for selling servants and has now become an important historical document about tea.

汉代，巴蜀地区茶饮普遍，茶叶已开始称为商贸流通的商品。西汉名人王褒在《僮约》里写了要“烹荼”“尽具”“武阳买荼”，《僮约》因此由劳作合约变为有关茶的重要文献。

Although the people's understanding of tea remained primitive, there was a tea manufacturing method at that time. The methods of cake tea processing and drinking were followed until the Tang and Song periods. The only change was that the processing was more careful and the drinking more meticulous.

尽管对茶叶的认知尚处于初级阶段，那时人们已经形成制茶方法。饼茶的生产和饮用延续到唐宋。唯一改变的，是制茶工艺更细致，饮用方式更精致。

Tea was drunk as a popular drink house by house in Tang Dynasty.

唐代茶已成为比屋之饮。

During the Tang Dynasty, tea-drinking customs spread quickly in the north of China on the basis of development in south China. The flourishing and influences of Buddhism were important factors in promoting tea-dinking customs to spread from the South to the North of China. This was fully reflected in the *What Feng heard and saw* written by Feng Yan of Tang Dynasty. During the Kaiyuan period of Tang, a devilish subduing master from Lingyan Temple of Taishan Mountain subscribed to Chan (Buddhism) in a big way. Those who studied Chan or sat in meditation were required neither to sleep nor to eat food at night, but all of them could drink tea. So tea brewing and drinking could be seen everywhere. It gradually became a custom in the Buddhist circle because of each other's following.

唐代，茶饮风俗以南方为基础迅速扩展于北方。佛教的兴旺和影响对于茶饮由南向北普及是重要的因素，这充分反映在唐代封演的《封氏闻见记》里。唐代开元年间，泰山灵岩寺的降魔师普法，习禅和打坐的人要求不得昏昧和夜食，但可以饮茶。所以人们到处煮饮，饮茶也就在佛教徒中风行。

Another important factor for the flourishing of tea affairs was the appearance of tribute teas for imperial court use. Tea drinking was popular in the imperial court of the Tang period and there were many forms of tea ceremonies and tea parties. The imperial court attached great importance to tea production.

茶事兴旺的另一因素，是宫廷用贡茶的出现。唐代宫廷普遍饮茶且茶会多样，皇家的需求使得茶叶生产极为重要。

"People have learnt new tea knowledge since Lu Yu was born in the world". The publication of Lu Yu's *Tea Classic* in the middle of Tang had an epoch-making significance and was a symbol of the tea culture system's setting.

"自从陆羽生人间，人间相学事春茶。"中唐时陆羽《茶经》的付梓具有划时代的意义，且为茶文化体系形成的标志。

Tea classic was a special book on tea. It summarized and reviewed the popular tea customs at that time and discussed the origin, history, production, manufacture, brewing and tasting of tea.

《茶经》是茶学专著，总结和回顾了那时的茶饮习俗，探讨了茶饮的源起、历史、生产、制作、行茶和品茗。

Tea had become a staple of border trade commodities in the Tang Dynasty. *The new Tang's book* "Lu Yu's Biography" recorded that Huihe people traded horses for tea in the morning. This was the beginning of tea-horse trade, which lasted for more than one thousand years through the Tang, Song, Yuan, Ming and Qing dynasties. Tea was then introduced into the Northwest, Southwest, Mongolia and Tibet.

唐代，茶叶成为主要的边境贸易商品。《新唐书》"陆羽自传"记载了回鹘人的茶马交易，这一交易经宋、明、清而历千年。茶叶由此引入西北、西南、蒙古和西藏。

Prosperous Song Dynasty Tea 宋代茶饮的兴盛

The Song Dynasty was historically an important period during which tea culture was highly developed.

宋代是中国历史上茶文化大发展的全盛时期。

The major characteristics of the Song's tea included exquisite workmanship of tribute tea- dragon-phoenix ball tea, elegant tea competition skills and tea serving arts.

宋代茶的主要特点，包括龙凤茶的精致工艺、优雅的斗茶和侍茶艺术。

Tea drinking method of the Song Dynasty was transformed into infusing method from cooking method used by the Tang people. The so-called tea infusing was that ground tea powder was put into a tea bowl, stirred with implements while boiling.

宋代的茶饮方式，从唐代煮茶转变为点茶。点茶，是将磨筛而成的茶粉置入茶碗，用汤匙或茶筅击打成茶汤。

Dragon-phoenix ball tea was a general designation（选定；指定；委任；名称；称

号；称呼）for Song's North Garden tribute tea, i.e. the Dragon ball tea and the Phoenix Cake Tea. The Dragon-phoenix ball tea was the greatest achievement of ancient Chinese cake tea production.

龙凤茶是宋代北苑贡茶的统称，概指龙团风饼。龙凤茶是中国古代紧压茶制作方面最伟大的成就。

The greatest development and contribution of Song people to tea culture was reflected in the harmony with tea and related arts, it carried tea tasting toward the perfection of scholar tea.Scholar tea tasting was very popular in the Song Dynasty. Su Dongpo's poem reads: "a fine tea had always been mentioned in the same breath with beautiful women".

宋人对茶文化的最大推动和贡献，在于茶饮与其他艺术的融通，使得品茶趋为完美的文士茶。文士茶在宋代极为普遍，苏东坡诗中写道："从来佳茗似佳人。"

Whisking tea was one of the four pastimes of scholars in Song Dynasty.This Song style of tea preparation incorporated powdered tea and ceramic ware in a ceremonial aesthetic known as the Song tea ceremony. Japanese monks traveling to China at this time had learned the Song preparation and brought it home with them. Although it later became extinct in China, this Song style of tea evolved into the Japanese tea ceremony, which endures today.

点茶是宋代文士的四般闲事之一。宋代的这种行茶方式以一种具有美感的仪式将末茶和瓷器结合一体。彼时的旅华日僧学习了这种行茶方式并带回日本。点茶法虽然在中国逐渐衰微，但在日本融入茶道并承传至今。

Original Purity and Simplicity Returning of the Ming Dynasty Tea 明代茶饮的返璞归真

In China, steaming tea leaves was the primary process used for centuries in the production of tea. The Chinese learned to process tea in a different way in the mid-13th century. Tea leaves were roasted and then crumbled rather than steamed. This is the origin of today's loose teas and the practice of brewed tea.

在中国，蒸青制茶是运用了很多世纪的早期工艺。13 世纪中叶制茶工艺发生了变化，茶叶以炒青然后碾碎的方式代替了蒸青工艺。这是如今散茶和冲泡做法的源头。

On the sixteenth day of ninth month in Ming's Hongwu twenty-fourth year (A. D. 1391), Emperor Zhu Yuanzhang issued an imperial edict that only loose tea would be accepted as a "tribute."Soon, most tea was distributed in full-leaf, loose form and steeped in earthenware vessels. The tea tasting system of the ages was found. This drinking method was considered by the Ming people to be particularly simple, naturally interesting, and true flavor tasting.

洪武二十四年（1391 年）九月十六，朱元璋下诏"唯采茶芽以进"。不久，大部分茶叶以全叶、散形制成，用陶瓷器冲泡。行茶品茗体系由此建立。这一饮茶法被认为是明人追求简单、天趣和真香本味所致。事实上，散茶清饮唐代民间就已有。

The New Pattern of Scholar Tea in the Ming Dynasty 明代文士茶

Some scholars of the Ming dynasty such as Wen Zhengming,Tang Yan, Xu wei were all great men of letters who had talent and omniscient in the fields of music, chess, painting and calligraphy. They all had the hobby of tasting tea. They created a new situation in "Scholar tea" of the Ming Dynasty. They all left lots of excellent works and precious materials for later generations.

明代文士如文徵明、唐寅、徐渭都富于文才，琴棋书画无不通晓而且嗜茶。他们推动"文士茶"确立地位，并为后代留下佳作和珍贵的资料。

Compared with their predecessors, they laid more stress on selection of natural environment and construction of aesthetic temperament and interest during tea tasting, which was fully reflected in their works. The great painters either played music, brewing tea, with the harmony of the tinkling of spring, breeze, music, and the sound of boiling water in tea pot, or sat opposite each other to taste tea in a hatched cottage, or stood alone against verdant hills and watched the river surging.

其书画作品充分反映出，跟前辈相比，他们品茶时在自然环境的选择、审美倾向和趣味的构建上更少压力。大书画家们弹琴、泡茶，与清泉、微风、音乐和铛中煮水声和谐相处，或者相互对坐于茅屋或面对青山激流独自兀坐来品茶。

Once tea was involved in the nature, it was not only a physical product, but also a medium for people to correspond and to return to nature.

当茶事融入自然，就不仅是物质产品，也是人们回归自然的途径。

Tea Becoming Common Customs in the Qing Dynasty 清代的茶饮普及

During the Qing Dynasty, the main stream of Chinese tea culture - the spirit of traditional culture of nation began to enter common people's life. Tea house culture and tea customs culture replaced the former elite tea culture. Tea culture penetrated into the city people's daily life and became common customs and a noble national sentiment as it was integrated with traditional etiquette.

清代中国茶文化的主流，是民族传统文化精神进入寻常百姓生活，茶馆文化和茶叶消费文化替代了之前的精英茶文化。茶文化渗透于城市的日常生活而成为世俗和一种贵族情怀，融入了传统礼仪。

Tea Houses, Teashops and Tea firms in the Qing Dynasty 清代茶馆、茶店和茶场

Teahouse trades in the Qing Dynasty prospered greatly. Various tea houses were distributed all over the cities and the country, they were beyond count and all afforded magnificent views. They constituted the basis of the modern magnificent teahouse phenomenon.

茶馆在清代大为兴旺，其遍布城乡而难以数计且装饰华美，概为现代茶馆的滥觞。

The special teashops, tea stores, tea companies and tea firms appeared one after another. Hangzhou Wenglongsheng Tea Firm was found in 1725. It was a tea firm of great reputation in selling Westlake Longjing Tea of three-prior plucking (prior to Guyu festival, prior to Qingming festival, prior to Chunfen festival). Shanghai Wangyutai Firm was also well known for selling black tea and green tea from Anhui.

茶店和茶叶公司也接连开出。杭州翁隆盛茶庄茶庄成立于 1725 年，以销售三前龙井（雨前、明前、春前）享有盛誉。上海汪裕泰茶叶公司以销售安徽红茶、绿茶驰名。

Chinese tea houses 中国茶馆

Due to the importance of tea in Chinese society and culture, tea houses can be found in most Chinese neighborhoods and business districts. Chinese-style tea houses offer dozens of varieties of hot and cold tea concoctions. They also serve a variety of tea-friendly and/or tea-related snacks. Beginning in the late afternoon, the typical Chinese tea house quickly becomes packed with students and business people, and later at night plays host to insomniacs and night owls simply looking for a place to relax. Formal tea houses also exist. They provide a range of Chinese and Japanese tea leaves, as well as tea making accoutrements and a better class of snack food. Finally there are the tea vendors, who specialize in the sale of tea leaves, pots, and other related paraphernalia.

基于茶饮在中国社会和文化中的重要性，在大多数中国的居住区和商业区都能找到茶馆。中国式茶馆提供几十种热或冷的调饮品，以及宜茶快餐。晏午开始，典型的中国茶馆很快成为学生和生意人的聚集地，夜晚，则是失眠者和夜猫子用来放松的所在。正式的茶馆也是有的，供有一系列中国茶或日本茶，侍者穿着茶服，配餐也更好些。最后，是茶店经营，专注于销售茶叶、茶壶及其他涉茶用品。

Section 4 Tea in the contries and regions over the world

第四节 世界各国各地的茶

一、The word "tea" 茶字

The Chinese character for tea is 茶 , but it is pronounced very differently in the various Chinese dialects. Two pronunciations have made their way into other languages around the world. One is 'te' (POJ: tê) which comes from the Min Nan dialect spoken around the port of Xiamen (Amoy). The other is 'cha', used by the Cantonese dialect spoken around the ports of Guangzhou (Canton) and Hong Kong, as well as in the Mandarin dialect of northern China. Yet another different pronunciation is 'zoo', used in the Wu dialect spoken around Shanghai.

汉字的"茶"，在各地方言中发音颇不相同。有两种发音传到世界上，其一是"te"，来自厦门地区的闽南话；另一是"cha"，源于广州和香港地区的广东话，同样用于华北的普通话。再一种不同的发音是"zoo"，源自环上海区域的吴语。

Tea plant is distributed in wide are in the China ranging from north latitude 18℃ ~37℃ , east longitude 94℃ ~122℃ and the vertical distribution ranging from 100 m above sea level to an elevation of 2,600 m.

The tea area in China is divided into four areas :

The southern areas, the south-west tea areas, The south of Chang Jiang tea area and the north of changjiang tea area.

茶树在中国，分布于北纬 18°~37°、东经 94°~122° 的广大地区，垂直分布从海拔 100~2600 米。有四大茶区：华南茶区、西南茶区、江南茶区和江北茶区。

二、Taiwan Province 台湾省

Recently, bubble tea from Taiwan has become an extremely popular drink among young people around the world. This Asian fad spread to the United States in 2000, where it is generally called "bubble tea", "pearl milk tea", or "Boba".Additionally, bubble tea can now be found in major American and European cities such as London, Los Angeles, New York, and Paris.

近来，全世界青年中风行饮用来自台湾省的泡沫茶。这种亚洲时尚 2000 年波及美国，被称为"泡沫茶""珍珠奶茶""波霸"，进而，泡沫茶现在可在伦敦、洛杉矶、纽约和巴黎这样的美国和欧洲城市中找到。

Sans Self Tea Gethering 无我茶会

Wu-Wo Tea Ceremony (once used English name at its early stage) began in Taiwan Province. Mr. Tsai, Rong Tsang the director of "Lu-Yu Tea Culture Institute" and the founder of the "Sans Self Tea Gathering"; he has been an active part in the growth of this once small group from Taiwan in early 1990's to what is now an International Organization.

无我茶会始于台湾省，创始人是陆羽茶艺中心总经理蔡荣章先生。无我茶会从 20 世纪 90 年代早期的活动小组，现已成长为国际性的组织。

三、Hong Kong 香港特别行政区

The English-style tea has evolved into a new local style of drink, the Hong Kong-style milk tea, more often simply "milk tea", in Hong Kong. It is popular at "cha chaan tengs" and fast food shops such as Café de Coral and Maxims Express. Traditional Chinese tea, including green tea, flower tea, jasmine tea and Pu-erh tea, are also common, and are served at dim sum restaurant during "yum cha".

英式茶在当地演化成了新的样式，港式奶茶，在香港就简称为“奶茶”，常见于茶餐厅、大家乐和马克西姆等快餐店。传统中国茶饮，包括绿茶、花茶、茉莉花茶和普洱茶，也是常见的，在“饮茶”时和点心一起用。

四、Japan 日本

1. 9th Century: Importing Tea and Culture 9 世纪：茶的引入和文化

The earliest tea events described in text in Japan were written by the Buddhist monks in the 9th century. Tea became a drink of the religious classes in Japan when Japanese priests and envoys sent to China to learn about its culture brought tea to Japan. The first form of tea brought from China was probably in a teacake. Ancient recordings indicate the first batch of tea seeds were brought by a priest named Saicho in 805 and then by another named Kukai in 806. It became a drink of the royal classes when Emperor Saga, the Japanese emperor, encouraged the growth of tea plants. Seeds were imported from China, and cultivation in Japan began.

最早见诸文字日本茶事，由 9 世纪的佛僧记录。茶在日本成为宗教阶层的饮料，由派往中国学习文化的遣唐使和学问僧带回。从中国带回的茶，最早的形式可能是茶饼。古代记载表明，最早带回茶种的是 805 年的最澄和 806 年的空海。在嵯峨天皇时代，茶成为当时皇室阶层的饮料，且下旨栽种茶树。从此，来自中国的茶种开始种植于日本。

2. 12th Century: Kissa Yojoki-the Book of Tea 12 世纪：《吃茶养生记》——茶之书

In 1191, the famous Zen priest Eisai (1141~1215) brought back tea seeds to Kyoto. Some of the tea seeds were given to the priest Myoe Shonin, and became the basis for Uji tea. The oldest tea specialty book in Japan, Kissa Yojoki (how to stay healthy by drinking tea) was written by Eisai. The two-volume book was written in 1211 after his second and last visit to China. The first sentence states, “Tea is the ultimate mental and medical remedy and has the ability to make one’s life more full and complete.” The preface describes how drinking tea can have a positive effect on the five vital organs, especially the heart. It discusses tea's medicinal qualities which include easing the effects of alcohol, acting as a stimulant, curing blotchiness, quenching thirst, eliminating indigestion, curing beriberi disease, preventing fatigue, and improving urinary and brain function. Part One also explains the shapes of tea plants, tea flowers and tea leaves and covers how to grow tea plants and process tea leaves. In Part Two, the book discusses the specific dosage and method required for individual physical ailments.

1191 年，著名的禅僧明庵荣西（1141~1215 年）将茶种带回京都。茶种的一部分给了明惠上人，为栂尾山本茶（宇治茶）的源头。日本最早的二卷本茶叶专著《吃茶养生记》由荣西撰写，著于他第二次也是最后一次访宋之后的 1211 年。其卷首说："茶也，养生之仙药也，延龄之妙术也。"序文叙述了饮茶怎么会对五脏尤其是心脏有养护效果，探讨了茶的药用价值，包括缓解酒精作用、提神、祛斑、解渴、助消化、治脚气、解乏、利尿和益神。上卷还解说了茶树、茶花、茶树叶和树冠外形，以及如何栽培茶树和生产茶叶。下卷讨论了个人身体疾病所需特殊剂量和方法。

Eisai（荣西）was also instrumental in introducing tea consumption to the warrior class, which rose to political prominence after the Heian Period. Eisai learned that the general Samurai (Shogun) Sanetomo Minamoto had a habit of drinking too much every night. In 1214, Eisai presented a book he had written to the general, lauding the health benefits of tea drinking. After that, the custom of tea drinking became popular among the Samurai.

荣西还对平安时代（Heian Period）已上升为政治统治阶层的武士之茶的消费起到重要作用。荣西获悉源实朝将军有每日酗酒的习惯，于 1214 年奉书给将军，宣扬饮茶对健康的益处。自那以后，饮茶习俗在武士中成为普遍。

Very soon, green tea became a staple among cultured people in Japan— a brew for the gentry and the Buddhist priesthood alike. Production grew and tea became increasingly accessible, though still a privilege enjoyed mostly by the upper classes.

不久，绿茶成为日本有文化人士的主要饮料——绅士和僧侣皆然。出产渐增而茶也日渐可得，然而其享用仍为上层阶级的特权。

3. 16th Century: The Tea Culture Emerges 16 世纪：茶文化的引入

The pastime made popular in China in the twelfth and thirteenth centuries — drinking tea, reading poetry, writing calligraphy, painting, and discussing philosophy while enjoying tea – eventually became popular in Japan and with Samurai society. The modern tea ceremony developed over several centuries by Zen Buddhist monks under the original guidance of the monk Sen-no Rikyu (1522~1591). In fact, both the beverage and the ceremony surrounding it played a prominent role in feudal diplomacy. Many of the most important negotiations among feudal clan leaders were carried out in the austere and serene setting of the tea ceremony. By the end of the sixteenth century, the current "Way of Tea" was established. Eventually, green tea became available to the masses, making it the nation's most popular beverage.

12 和 13 世纪的中国，休闲活动变得普及——饮茶、吟诗、书写、绘画及品茶时的闲谈——在日本武士阶层也最终普及开来。现代茶道源于千利休（1522~1591 年），而在几个世纪中由禅僧发展起来。实际上，茶饮和茶道在大名外交上扮演了举足轻重的角色。大名们之间最重要的谈判举办于朴素安静的茶道环境中。16 世纪末，现代"茶道"得以确立。最终，绿茶供给量大，使之成为这个国家最受欢迎的饮料。

4. 18th Century: Modern Japanese Green Tea Introduced 18 世纪：现代日本的绿茶引进

Soen Nagatani developed Japanese Sencha (unfermented green tea) in 1740. Sencha uses dried crumbled tea leaves and is now a mainstay in Japan. Rather than being ground and mixed with hot water, steamed tea leaves are pressed, rolled and dried into loose tea.

1740 年，永谷宗丹发展出（发明了）日本煎茶（不发酵茶）。散茶是经碾碎叶茶，也是现在日本茶的主流。相对于抹茶的磨成粉末与热水混合，蒸过的经揉捻和干燥制成松散的外观。

5. 19th Century: Machines Replace Hand Rolling 19 世纪：机器代替手工揉捻

At the end of the Meiji period (1868~1912), machine manufacturing of green tea was introduced and began replacing handmade tea. Machines took over the processes of primary drying, tea rolling, secondary drying, final rolling, and steaming.

明治末（1868~1912 年），绿茶引入机制工艺并开始取代手工制茶。机械取代了加工程序中的初干、揉捻、再干、终糅合蒸汽杀青。

6. 20th Century: Automation Creates Superior Tea 20 世纪：自动化创制超级茶

Automation contributed to improved quality control and reduced labor. Sensor and computer controls were introduced to machine automation so that unskilled workers can produce superior tea without compromising in quality. Certain regions in Japan are known for special types of green tea, as well as for teas of exceptional quality, making the leaves themselves a highly valued commodity. This combination of Nature's bounty and manmade technical breakthroughs combine to produce the most exceptional green tea products sold on the market today. Today, roasted green tea is not as common in Japan and powdered tea is used in ceremonial fashion.

自动化利于提升品控和降低人工。感应器和电脑控制引入机械自动化，基于此，非熟练工也可以生产出超级茶而无须在品质上让步。日本的一些地区以特型绿茶闻名，也以品质非凡的茶叶著称，自己把鲜叶制成高价值商品。这一大自然的恩赐与人力制作技术融合产生了今日市场上见售最为优质的绿茶产品。现在，炒青绿茶在日本已不常见，末茶则用于礼仪时尚。

7. 21th Century: Green Tea's Role in Japanese Society 21 世纪：日本社会中绿茶的角色

Green tea's traditional role in Japanese society is as a drink for special guests and special occasions. Green tea is served in many companies during afternoon breaks. Many Japanese are still taught the proper art of the centuries-old Tea Ceremony as well.

日本社会中绿茶的传统角色，是招待贵客和用于特殊时刻的饮品。许多公司的下午茶歇会用到绿茶。许多日本人还在学习传承数百年的茶道。

Green tea ("ryoku-cha") is very popular in Japan. Simply ordering "cha" (tea) or "o-cha" normally brings green tea. In cafeterias and lunch-type restaurants, hot or cold green tea usually accompanies the meal according to the customer's preferences. It is the beverage of the workplace, and employees drink it during breaks in the day. Hosts provide green tea to visitors to the home or office by dispensing hot water from insulated electric pots through a strainer containing leaves into a ceramic teapot.

绿茶（ryoku-cha）在日本很常见，“点茶”或“奥茶”会奉上绿茶。在自助餐厅和午餐式饭店，热的或冷的绿茶常按客需随餐供应。绿茶也是工人在白天暂歇时的工地饮料。主人用附滤胆电加热的瓷壶泡制绿茶，来招待到家或办公室的客人。

8. Other things about tea in Japan 日本茶的其他

Black tea, often with milk or lemon, is served in Western style restaurants. Most of the ubiquitous vending machines also carry a wide selection of both hot and cold bottled teas. Oolong tea enjoys considerable popularity.

红茶，常调以牛奶或柠檬，常奉于西式餐厅。随处可见的自动贩卖机也提供冷热瓶装茶饮的宽泛选择，其中，乌龙茶广受欢迎。

Gen Mai Cha (genmaicha): A Japanese tea with roasted rice added, and favoured by adherents of a macrobiotic diet.

玄米茶：加了烤麦的日本茶，爱好者视为养生茶。

Historically, the rituals and the traditional dark pottery of China were adopted in Japan beginning in the 12th century, and gave rise to the Japanese tea ceremony, which took its final form in the 16th century.

历史上，日本从 12 世纪起就从中国引入行茶仪轨和传统黑瓷，并兴起于 16 世纪成形的茶道。

Major tea-producing areas in Japan include Shizuoka Prefecture and the city of Uji in Kyoto Prefecture.

日本主要茶产地，包括静冈县和京都县的宇治市。

五、Vietnam 越南

Vietnam's land areas are immense and suitable for development of various industrial crops. It has a long standing tradition and customs of growing and drinking tea.

越南陆地广大且适于发展各种产业化庄稼，它具有种茶和饮茶的悠久传统和习俗。

Tea is cultivated extensively in the north of the country, making Vietnam one of the world exporters. The tea is normally drunk green, and strongly brewed. The word in the Vietnamese language is tra (pronounced cha/ja) or che.

越南北方广种茶，从而使得这个国家成为世界茶出口国之一。越南茶通常为绿茶，较浓，越南语称为“tra”或“che”。

Eastern European countries, Middle East, North Africa, Japan, UK, France etc. are the Export destinations of Vietnam's tea.

东欧国家、中东、北非、日本、英国、法国等国家和地区，是越南的主要茶叶出口地。

六、Kenya 肯尼亚

Kenya is Africa's largest tea producer, ranking third in the world according to the statistics of the year 2020.

肯尼亚是非洲最大的产茶国，根据 2020 年的数据，在世界上排名第三。

The country's equatorial positioning makes year-round production possible, all but guaranteeing a perpetually fresh product. The bushes flourish on the high-altitude estates, growing slowly, which makes for a better quality leaf.

因位于赤道，该国得以全年产茶，产品四季时新。高海拔茶园的茶树，生长慢，鲜叶原料更好。

Following a successful season, harvesting takes place from January through March, and again in June and July. Most of this becomes Kenya Black Tea, although some Kenya White and Green Tea varieties also exist.

茶叶采制于每年的 3~5 月和 6~7 月，主要制成肯尼亚红茶，也有一些白茶和绿茶。

When brewed, Kenya Tea produces a bright coppery liquor and a distinctly brisk flavour. It boasts a liveliness like no other, with a balance of astringency and tannin that's easily recognizable. Some even note a subtle resemblance to Indian Assam Tea. This is in part due to the history of Kenya Tea.

冲泡时，肯尼亚茶汤色呈亮紫铜色，风味爽口，活泼而独特，易于感受到其收敛性和单宁的平衡。

Figure9-4（a） worker from a tea company tastes tea samples in Mombasa, Kenya (Xinhua/Joy Nabukewa)（肯尼亚蒙巴萨，茶叶公司的职工在试茶样）

Figure-9-4（b） A farmer picks tea leaves at a tea garden in Nairobi, Kenya, Aug. 4, 2019. (Xinhua/Li Yan)（肯尼亚奈罗比，一位农民在茶园采摘）

Pakistan was the leading export destination for Kenyan tea. Other key export destinations include Egypt, Britain and Russia.

巴基斯坦是肯尼亚茶的主要出口目的地，其他重要的销地有埃及、英国和俄国。

七、Iran 伊朗

Tea found its way to Persia (Iran) from India and soon became the national drink. The whole part of northern Iran along the shores of the Caspian Sea is suitable for the cultivation of tea. Especially in the Gilan province on the slopes of Alborz large areas are under tea cultivation and millions of people work in the tea industry for their livelihood. That region covers a large part of Iran's need for tea.

茶自印度传入波斯（伊朗）并很快成为国饮。沿里海海岸的北部伊朗全都适于种茶，尤其是处于厄尔布尔士山脉广大地域坡地的吉兰省，那里广泛种茶，数以百万计的人们从事茶业以谋生。该区域为伊朗提供了茶需的一大部分。

Iranians have one of the highest per capita rate of tea consumption in the world and from old times every street has had a "Châikhâne" (Tea House). Châikhâne's are still an important social place. Iranians traditionally drink tea by pouring it into the saucer and putting a lump of sugar in the mouth before drinking the tea. This is seen nowhere else in the world.

伊朗是世界人均茶消费最高的国家之一，很久以前茶馆已遍布街巷，茶馆还是重要的社交场所。伊朗的传统是将茶斟入碟子，喝入之前在嘴里先放上方糖，这是在世界其他地方看不到的。

八、India 印度

India is undoubtedly one of the world's largest tea producers. Tea is popular all over India as a breakfast and evening drink. It is often served as masala chai with milk and sugar, and sometimes scented. Almost all the tea consumed is black Indian tea. Usually tea leaves are boiled in water while making tea, and milk is added.

印度无疑是世界产茶大国，茶在全境普遍作为早餐和夜饮，经常以玛莎拉茶，即加牛奶和糖的方式来调饮，有时也加香料。所用几乎都是印度红茶，放入水中煮沸，再加奶。

Offering tea to almost every visitor to a family is a cultural norm. Tea has entered the common idiom; for example, asking money for "chai-pani" means asking for a tip; in certain states, it may mean asking for a bribe.

习俗上，到家的客人都有被茶敬，茶也进入日常生活用语，如为"chai-pani"要钱是索要消费的意思，而在有些邦，意思可能是索贿。

ASSAM: In the far North-East of India lies the world's largest single geographically distinct tea growing area. The land of the one-horned rhino, Assam is a bountiful state with rich, dense forests and wildlife. Yielding rich, full-bodied and bright liquor, the tea grown here is referred to as Assam.

阿萨姆：在印度远东北部，生长着世界上最大单一地理品种的茶树。作为独角犀牛的领地，阿萨姆是一个富于茂密森林和聚集野生动物的大省。这里生长的茶树称为阿萨姆种，茶汤层次丰富、饱满而明亮。

DARJEELING: In the foothills of the snow-covered Himalayan range, Darjeeling has a cool and moist climate where teas gardens are found at altitudes ranging from 600 to 2,000 metres! Known popularly as the -Champagne of Teas-, the Darjeeling variety (of the unique -Muscatel- flavour and exquisite bouquet) gives maybe the world's most exclusive tea.

大吉岭：在白雪覆盖的喜马拉雅山脚，大吉岭气候凉爽而潮湿，茶园位于海拔600~2000米的地区。以茶中香槟驰名的大吉岭茶（独特的麝香葡萄风味和微妙的陈酿酒香）给世界带来的可能是最高档的茶叶。

Spiced teas : Include the Indian chai, flavoured with sweet spices such as ginger, cardamom, cinnamon, black pepper, clove, Indian bay leaf and sometimes nutmeg are common in southern Asia and the Middle East.

五香茶：以姜、豆蔻、桂皮、黑胡椒、丁香、印度月桂叶及偶尔的肉豆蔻入茶，常见于南亚和中东。

九、Sri Lanka 斯里兰卡

Tea plant in Sri Lanka were first established in 1839 at the Botanical Garden in

Peradeniya, and the first tea estate was planted in 1840.

斯里兰卡茶树的最初种植，是在佩勒代尼耶省的植物园里，最早的茶庄园建于1840年。

In Sri Lanka, tea is served in the English style, with milk and sugar, but the milk is always warmed. Tea is a hugely popular beverage among the Sri-Lankan people, and part of its land is surrounded by the many hills of tea plantations that spread for miles and miles round. Drinking tea has become part of the culture of Sri Lanka.

在斯里兰卡，茶以加奶和糖的英国方式饮用，不过，奶总是先热过的。茶在斯里兰卡人中大为普及，其中部分国土为绵延不断的茶山所包围。饮茶是斯里兰卡的文化构成。

Tea from Sri Lanka, called Silan tea, acclaimed as the best tea in the world has its inherent unique characteristics and reputation running through more than a century. The influence of climatic conditions of its plantation imparts to the product a variety of flavors and aromas, synonymous with quality.

斯里兰卡茶称为"锡兰茶"，具有独特的品质并享有盛誉已历一个多世纪。源于茶园气候条件的影响，所出茶叶富于风味、香气和品质的变化。

十、Turkey 土耳其

Turkish tea or Çay is produced on the eastern Black Sea coast, which has a mild climate with high precipitation and fertile soil. Turkish tea is prepared in a samovar and can be served strong ("koyu"/dark) or weak ("açık" / light). It is drunk from small glasses in order to show the colour of the tea, with lumps of beetroot sugar. To a lesser extent than in other Muslim countries, tea replaces alcohol as the social beverage.

土耳其茶产于黑海东岸，那里气候温和、降水充沛、土壤肥沃。土耳其茶用茶炊准备，可浓可淡，用小玻璃杯饮用以看汤色，调以甜菜方糖。相对于其他伊斯兰国家，土耳其较少以茶代酒。

Touareg Tea: Strong green tea with Nana mint, prepared in desert areas of North Africa and the Middle East.

摩洛哥薄荷茶：浓绿茶加薄荷，流行于北非和中东沙漠地区。

十一、Britain 英国

English use of tea dates from about 1650 and is attributed to Catherine of Braganza (Portuguese princess, and queen consort of Charles II of England). The high demand for tea in Britain caused a huge trade deficit with China. The British set up tea plantations in colonial India to provide their own supply. They also tried to balance the trade deficit by selling opium to the Chinese, which later led to the First Opium War in 1838~1842.

Figure 9-5 Portrait of the Alexandrina Victoria: Tea's being accepted and addicted was a landmark
（维多利亚女王肖像：英国对茶叶的接纳和依赖是一个里程碑事件）

英国人饮茶始于 1650 年，源于凯瑟琳·布拉甘萨（葡萄牙公主，英格兰查尔斯二世的皇后）。不列颠对茶叶的高需求量导致与中国的巨额贸易赤字。英国人在印度殖民地建立茶种植园来提供所需。他们还试图通过售华鸦片来平衡贸易赤字，并引发后来 1838~1842 年的第一次鸦片战争。

The British are amongst the largest per capita tea consumers in the world - each person consuming on average 2.5 kg per year. The popularity of tea dates back to the 19th Century when India was part of the British Empire, and British interests controlled tea production in the subcontinent. "Tea" is not only the name of the beverage, but of a late afternoon light meal, irrespective of beverage drunk. Frequently (outside the UK) this is referred to as "high tea", however in the UK high tea is an evening meal. The term evidently comes from the meal being eaten at the "high" (main) table, rather than the smaller table common in living rooms. Tea is usually served with milk (not cream) and sugar, although taking sugar is increasingly less common. There is a tradition of tea rooms in the UK which usually provide the traditional fare of cream and jam on scones, but these have declined in popularity since World War II. In Devon and Cornwall particularly, cream teas are a speciality. "Lyons Corner Houses" were a successful chain of such establishments.

英国属于世界上人均消费茶叶最大的国家之一，年人均消费约 2.5 千克。茶的流行可回溯至 19 世纪，当时印度还是不列颠王国的一部分，英国控制着这个次大陆的茶叶产出。茶不仅是一种饮料的名称，还是晏午的轻食而无关乎茶。英伦之外，这常被称为"high tea"，而在英国"high tea"是指一种晚餐。这个名词来自用于晚餐的"高"桌，而不是一般用于居室的小桌。茶通常调以奶（或奶油）和糖，虽说糖现在用得越来越少。英国茶室有个传统，即提供涂了奶油或果酱的司康，而第二次世界大战后已渐少。在德文郡和康沃尔郡，奶茶则为特色。里昂街角馆是这类连锁企业的成功者。

Some scholars suggest the tea played a role in British industrial revolution. Afternoon tea possibly became a way to increase the number of hours laborers could work in factories; the stimulants in the tea, accompanied by sugary snacks would give workers energy to finish out the days work. Further, tea helped alleviate some of the consequences of the urbanization that accompanied the industrial revolution: drinking tea required boiling one's water, thereby killing water-borne diseases like dysentery, cholera, and typhoid.

有学者认为，茶在英国工业革命中扮演了重要角色。下午茶可能成为工人在工厂增加工作时间的途径：茶中的刺激性物质佐以甜点可以给予工人超额完成工作的能量。进而，茶饮有助于缓解伴随工业革命而来的城市化所带来的某些影响：饮茶需要把水煮开，由此可抑制由饮水传染的痢疾、霍乱和伤寒等疾病。

Breakfast tea: Generally a blend of different black teas that are robust and full-bodied, and go well with milk. Some flavours are "English", "Irish" and "Scottish".

早餐茶：大致为各种红茶的混合，强、浓且与奶融合，有英式、爱尔兰式和苏格兰式。

Afternoon blends are lighter. Both blends are popular in the British Isles.

下午茶：口味较轻，普遍见于英伦三岛。

Earl Grey tea: Usually a mix of black teas, with essence of the citrus fruit bergamot added.

伯爵茶：配入佛手柑精油的红茶。

十二、Ireland 爱尔兰

Ireland has, for a long time, been one of the biggest per-capita consumers of tea in the world. The national average is four cups per person per day, with many people drinking six cups or more.

很久以来，爱尔兰都是世界上茶叶人均消费最高的国家之一。其国民日均饮茶量为每人 4 杯，许多人饮 6 杯甚至更多。

As with Britain tea in Ireland is usually taken with milk and/or sugar. The two main brands of tea sold in Ireland are "Lyons" and "Barrys". There is a considerable amount of light-hearted debate over which brand is superior. The Irish love of tea is perhaps best illustrated by the stereotypical housekeeper, Mrs Doyle in the popular sit-com *Father Ted*.

在爱尔兰，英式茶都调以奶或糖饮用，那里销售的两个主要品牌是"Lyons"和"Barrys"。有关哪个品牌更棒的探讨已经很多，爱尔兰人对茶的喜爱可以由 1995 年开始出品的电视剧《特德神父》里古板的女管家多伊尔来作最佳诠释。

十三、Commonwealth countries 英联邦国家

Afternoon tea and the variant cream tea (called "Devonshire Tea" in Australia) is the staple "tea ceremony" of the English speaking Commonwealth countries, available in homes and tea rooms throughout the United Kingdom, Australia, India, Africa and New Zealand, although in most of these places it is no longer a daily routine. . Note that "tea" may also refer to a meal in Commonwealth nations, as in England, regardless of the beverage served with the meal. This could lead to confusion over the meaning of an invitation to "tea". The solution, in countries such as New Zealand, is to refer to the drink as a "cuppa" (as in a "cup of tea").

下午茶和多样的奶油茶点（澳大利亚称为“德文郡奶茶”）是英联邦国家的基本“茶道”，在联合王国、澳大利亚、印度、非洲和新西兰这些国度的家里和茶室里可以获得，虽然它再也不是这些场所日常的供应。请注意，“茶”在英联邦国家也指餐，而不管是否饮料带餐。这可能导致对约茶的误解。在新西兰这样的国家，解决之道是把饮茶称为“cuppa”（意思是“一杯茶”）。

十四、United States 美国

1. Historical background 历史背景

During the colonial period, tea and tea taxes were a bone of contention between the American Colonies and England. In 1773 this led to the Boston Tea Party, a precipitating event of the American Revolution, where angry Colonists, Boston residents, destroyed the tea cargo of three British ships by dumping them into Boston Harbor. Prior to the Boston Tea Party, residents of Britain's North American 13 colonies drank far more tea than coffee.Boycotts of tea by the colonists during this period led to an increase in consumption of other beverages, such as coffee or herbal tea. To this day, coffee remains more popular than tea in the United States.

殖民时期，美洲殖民地和英国因茶和茶税而起争执。在 1773 年，这导致了美

洲革命的突发事件——波士顿倾茶，愤怒的殖民地定居者（波士顿市民）毁坏了三艘英国船上的货茶，将其倒入波士顿港湾。在此之前，英据北美 13 州的居住者喝茶远多于咖啡。这一时期对茶的抵制导致其他饮料消费的增长，如咖啡和药草茶。时至今日，在美国咖啡还是比喝茶更为普遍。

2. Tea drinks in America 美国茶饮

Afternoon tea is rarely served in the United States except in ritualized special occasions such as the tea party or an afternoon out at a high-end hotel or restaurant, which may also have cream teas on the menu. In the United States, about 80% of the tea consumed is served cold, or "iced". Iced tea can be purchased, like soda, in canned or bottled form at vending machines and convenience stores; usually, this pre-made tea is sweetened, and sometimes some other flavouring, such as lemon or raspberry, is added. Also, like soda, it can be purchased as a fountain drink, though in some establishments it is pumped from a Bag-In-Box, and in others, from a separate container near the fountain that contains freshly brewed tea. Sometimes there are two containers, one with sweet tea and one with unsweetened tea. In addition to tea bags and loose tea, powdered "instant iced tea mix" is available in stores. This is made by preparing tea and then dehydrating it, similar to instant coffee.

美国很少有下午茶提供，只在一些特别的场合，如茶会或高端酒店、餐厅的下午会有，且茶单上也有奶茶。在美国，约 80% 的茶饮是冷的或冰的。冰茶就像苏打水，可以在贩售机或便利店买到罐装的，通常，这些预制茶是甜的，有时也添加柠檬或山莓风味。同时，也像苏打水，茶被买来用作基液，从衬袋箱或其他新沏茶桶吸出。通常会有两个茶桶，一个盛装甜的，一个盛不甜的。除了袋泡茶和散茶，粉末型的"即饮冰茶"也在店里有售。这是一种浸泡后再脱水制成的饮料，就像速溶咖啡。

Iced tea is more frequently ordered during periods of hot weather, and hot tea is likewise more common in cold weather. Any confusion when one is visiting different parts of the country can easily be solved by explicitly asking for either "hot tea" or "iced tea". Beware, however, that "iced tea" may, or may not, be presweetened, depending on the restaurant. The reason for the presweetening is that it may be difficult to dissolve sugar in iced tea, even with constant stirring. The result can be insufficiently sweetened tea and/or gritty, undissolved sugar crystals in the tea. Iced tea debuted in 1904 in the United States.

天热时，冰茶有更多需求，热茶则在天冷时更受待见。当行走于这个国家的不同地方时，任何相关困惑只要明确询问“热茶”或“冰茶”就都可以解决。还须明白，“冰茶”的预加甜或不甜取决于餐厅。预加甜的原因，在于冰茶难融化糖，即便不断搅拌也不行。其结果是茶不能有效变甜，或者茶里的糖呈晶体状。冰茶在美国的初次登场是在 1904 年。

“Sweet tea”, with sugar or corn syrup added (usually while the tea is still hot from brewing), the mixture then being cooled with ice, is ubiquitous in the Southern U.S. states. In these states, when a person says “tea”, he or she normally means sweetened iced tea.

“甜茶”，调以蔗糖或玉米甜浆（通常在茶已泡好还热的时候），用冰来冷却，在美国南部州几乎无处不见。在这些州，当人们说“茶”的时候，他或她其实是指冰甜茶。

In the North, “tea” generally means the hot beverage. Hot tea is often consumed “black” but sugar or honey can be added; milk or creamer is less common. It is also common for tea to be flavoured by adding a slice of lemon, or lemon juice. When cream is added to tea, it may be called “English style”.

在北方，“茶”是指热饮。热茶通常纯饮，但也会加糖或蜂蜜，牛奶或奶油不常用。茶中添加一片柠檬或柠檬汁也是常见用来增加风味的做法。茶中添加蜂蜜，就特别“英式”了。

Decaffeinated tea is widely available in the United States, for those who wish to reduce the negative physiological effects of caffeine. Recently, many coffee houses have begun to serve a milky, sweet, spiced tea called “chai”, based on Indian “masala chai”. Bubble tea from Taiwan has also become popular in the United States in recent years. This beverage contains spheres of sweet tapioca, which settle to the bottom of the glass or cup prior to serving.

去咖啡因茶在美国到处可得，用来满足希望降低咖啡因对人的负面生理作用的人群。近年来，咖啡馆开始供应称为“chai”的奶色、甜并经香料调制的茶，其基底是印度的玛莎拉茶。近些年，来自中国台湾省的珍珠奶茶开始在美国普及，这种饮料含有木薯淀粉制的圆形颗粒，饮用时堆在杯底。

"Sun tea" is frequently brewed in temperate areas by placing tea and water together in a glass jar left outdoors in direct sunlight. Steeping times are necessarily long. Tea may also be brewed with no heat at all by simply immersing the tea bags or infuser in room-temperature water and allowing a period of several hours (typically overnight) for steeping.

“太阳茶”常制于气候温和地区，在玻璃缸中混合茶与水置于户外直射阳光下。浸泡时间必须足够长。茶也可不加温而简单地用沉浸式茶包或冲泡器以室温水制成，放置数小时（通常经夜）浸泡。

The so-called Long Island Iced Tea usually contains no tea; it is an alcoholic cocktail that looks like and (if made correctly) tastes similiar to iced tea. A variant recipe uses actual iced tea as a mixer.

称为“长岛冰茶”的饮品其实不含茶，而是一款鸡尾酒，看似（若制作正确）并味似冰茶。其变通配方用了真正的茶作为调用饮料。

十五、Russia 俄罗斯

In Russia, it is customary to drink tea brewed separately in a teapot and diluted with freshly boiled water ('pair-of-teapots tea', 'чай парой чайников'). The traditional implement for boiling water for tea used to be the samovar. The podstakannik, or tea glass holder, is also a part of Russian tea tradition. Tea is a family event, and is usually served with sugar and lemon, and an assortment of jams, pastries and confections, including "pastila", pressed apple paste.

在俄国，饮茶习惯上先冲泡一壶再以新鲜开水冲淡于另一壶（对壶茶）。传统用于煮水泡茶的器物是茶炊，玻璃杯托架也是俄国茶饮传统的一部分。饮茶是家务事，通常调以糖和柠檬，及各种果酱、油酥糕点和精美甜点，包括“pastila”，一种压榨苹果酱。

Figure 9-6　Russian samovar（俄罗斯茶炊）

十六、Czech Republic 捷克

Specific tea culture developed in the Czech Republic in recent years, including many styles of tearooms. Despite having the same name, they are mostly different from the British style tea rooms. Pure teas are usually prepared with respect to their country of origin and good tea palaces may offer 80 teas from almost all tea-producing countries. Different tea rooms have also created various blends and methods of preparation and serving.

近年来，捷克共和国发展出了独特的茶文化，包括多种样式的茶室。尽管名称都是茶室，但它们跟英式不同。以尊重原产国原样的方式来提供纯茶饮，好的茶室可能提供来自几乎所有产茶国的 80 种茶叶。不同的茶室也会创新各种调饮茶及行茶和奉茶方式。

参考文献

［1］吴觉农 . 茶经述评：第 2 版［M］. 北京：中国农业出版社，2005.

［2］陈宗懋，杨亚军 . 中国茶经：修订版［M］. 上海：上海文化出版社，2011.

［3］陈宗懋 . 中国茶叶大辞典［M］. 北京：中国轻工业出版社，2015.

［4］关剑平 . 茶与中国文化［M］. 北京：人民出版社，2001.

［5］扬之水 . 古诗文名物新证［M］. 北京：紫禁城出版社，2010.

［6］沈冬梅 . 茶与宋代社会生活［M］. 北京：中国社会科学出版社，2007.

［7］宛晓春 . 茶叶生物化学：第 3 版［M］. 北京：中国农业出版社，2003.

［8］夏涛 . 制茶学：第 3 版［M］. 北京：中国农业出版社，2014.

［9］施兆鹏 . 茶叶审评与检验［M］：第 4 版 . 北京：中国农业出版社，2010.

［10］万秀峰 . 清代贡茶研究［M］. 北京：故宫出版社，2014.

［11］宋志敏 . 茗饮物事——茶文化小百科［M］. 安徽：安徽科学技术出版社，2019.

［12］周星娣 . 海上茗谭［M］. 上海：上海科学普及出版社，2019.

［13］王玲 . 中国茶文化［M］. 北京：九州出版社，2020.

［14］方健 . 刍议茶的起源［J］. 中国农史，1991（3）：48–55。

［15］庄晚芳 . 茶树原产于我国何地［J］. 浙江农业大学学报，1981，7（3）：111~115。

［16］朱自振 . 茶的起源时间和地区［J］. 茶叶，1982（3）：42–44.

［17］刘其志 . 茶的起源演化及分类问题的商榷［J］. 茶叶科学，1966（1）：36–40.

［18］滕军 . 日本茶道文化概论［M］. 北京：东方出版社，1992.

[19] 陈文华 . 中国茶文化学［ M ］. 北京：中国农业出版社，2006.

[20] 叶羽 . 茶事服务［ M ］. 北京：中国轻工业出版社，2004.

[21] 丁以寿 . 中韩茶文化交流与比较［ J ］. 农业考古，2002（4）：317–323.

[22] 丁俊之 . 中韩茶文化交流源远流长［ J ］. 农业考古，1996（2）：243–244.

[23] 王岳飞 . 茶文化与茶健康［ M ］. 杭州：浙江大学出版社，2021.

[24] 余悦 . 中国茶俗学［ M ］. 西安：世界图书出版先有限公司，2014.

项目统筹：谯　洁
责任编辑：李冉冉
责任印制：冯冬青
封面设计：中文天地

图书在版编目（CIP）数据

茶饮文化 / 余杨主编 ; 宋志敏副主编 . -- 北京 : 中国旅游出版社, 2022.1
全国旅游高等院校精品课程
ISBN 978-7-5032-6885-4

Ⅰ. ①茶… Ⅱ. ①余… ②宋… Ⅲ. ①茶文化－高等学校－教材 Ⅳ. ① TS971.21

中国版本图书馆CIP数据核字(2021)第279345号

书　　名：茶饮文化

作　　者：余杨主编；宋志敏副主编
出版发行：中国旅游出版社
（北京静安东里 6 号　邮编：100028）
http://www.cttp.net.cn　E-mail:cttp@mct.gov.cn
营销中心电话：010-57377108，010-57377109
读者服务部电话：010-57377151
排　　版：北京旅教文化传播有限公司
经　　销：全国各地新华书店
印　　刷：三河市灵山芝兰印刷有限公司
版　　次：2022 年 1 月第 1 版　2022 年 1 月第 1 次印刷
开　　本：787 毫米 × 1092 毫米　1/16
印　　张：21.5
字　　数：353 千
定　　价：42.00 元
ISBN　978-7-5032-6885-4